JN079357

土 木 学 会

General Advisory Association for Civil Works

- State-of-the-art Measures to Deal with Site Issues - Case Studies -

June, 2021

Japan Society of Civil Engineers

ま え が き

2020 年，新型コロナウイルスが多くの尊い命を奪い，世界のあらゆる活動を停滞させました．私達は，自分達の信じてきたさまざまな生活様式やシステムの脆弱性に，改めて気付かされました．先行きが不透明な状況に怯え，悩み，この状況を乗り越えるために，今後も継続してさまざまな模索が続けられることでしょう．

このまえがきを読んでくださっている皆様も，新しい働き方，コミュニケーション方法，生活スタイルを確立するために，多くの制約条件の下で奮闘されていることと思います．この試練を奇貨として，これまでの習慣や方法を変えるチャンスととらえましょう．

土木学会建設技術研究委員会では，次世代を担う皆様の力を遺憾なく発揮してもらうために，全ての調査・研究成果をオープンに活用してもらえるよう活動してきました．本書は，このような目的に適う一冊です．

「土木施工なんでも相談室」シリーズは，若手土木技術者の皆様が日々の業務の中で遭遇する課題を取り上げ，解決のためのノウハウの実施例とともに，疑似体験ができるようにまとめた Q&A 集です．

これまで，「仮設工編 2004 年改訂版」，「コンクリート工編 2006 年改訂版」，「基礎工・地盤改良工編 2011 年改訂版」，「環境対策工編 2015 年版」，「土工・掘削編 2018 年改訂版」を刊行し，ご好評をいただいています．今回，「最新の現場課題とその対策事例集編 2021 年版」と題して，様々な工種に着目して編集しました．技術やノウハウの習得もさることながら，自ら課題に気付くためのトレーニングにも，ぜひご活用ください．

土木建設技術研究委員会は 1984 年 10 月に旧土木施工研究委員会として設置以来，36 年間にわたり，最先端技術の紹介，普及活動の展開，海外交流，建設技術についての社会的啓蒙活動を中心に，建設技術に関する調査・研究を推進してまいりました．これからも皆様のご期待，ご要望に応えるべく活発な活動を展開してまいりますので，さらなるご支援をお願い致します．

コロナ禍の中，活動方法の工夫により編集作業を継続した委員各位，ならびに質問・回答にご協力くださった方々に厚く御礼申し上げます．

2021 年 6 月

土木学会　建設技術研究委員会
委員長　太田　誠

土木施工なんでも相談室［最新の現場課題とその対策事例集編］
2021年版

質問対象工種

（各工種の質問は次頁からの目次を参照）

土木施工なんでも相談室［最新の現場課題とその対策事例集編］
2021年版

目　次

1．仮設工事

2．地盤改良工

３．シールド

４．山岳トンネル

５．基礎工

６．コンクリート工

7．港湾・河川・海岸

８．土工・ＩＣＴ

※　本書編集にあたり，引用または参考にさせていただいた文献を下記のように標記させていただきました.

出　　典：土木学会全国大会年次学術講演会集に掲載されたもので，転載または引用させていただいた文献
参考文献：図，表，写真等を転載または引用させていただいた文献
関連文献：読者が内容理解する上で有用な文献

1

仮設工事

Q1－1　埋設管以浅で土留め支保工を設置できない場合の対処方法について教えて下さい．

1．はじめに

都市部には，電気・ガス・水道など多くの配管が地中の浅い位置に埋設されている．このような都市部での開削工事では，土留め壁頭部から1m以内に設ける土留め支保工と埋設管が干渉する場合がある．

この場合，埋設管の下まで掘り下げて支保工を設置せざるを得ないため，自立高が大きくなり，土留め壁頭部の変位量が増加する．そのため，土留め壁背面の地表面沈下や付近の埋設管，または周辺構造物に影響を与える可能性がある（図－1参照）．

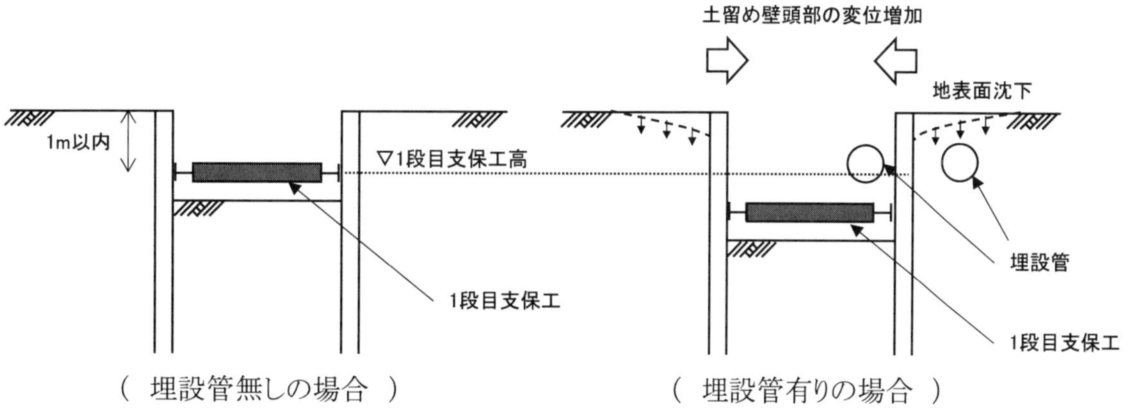

図－1　埋設管の有無による浅い位置での土留め支保工の違い

2．対処方法

土留め支保工と埋設管が干渉する場合の対処方法を表－1に示す．

表－1　対処方法

対策	土留め壁の剛性アップ	先行地中ばり造成
概要	土留め壁の剛性を上げることで，土留め壁頭部の変位量を抑制する．	地盤改良による掘削地盤の強度増加で，土留め壁頭部の変位量を抑制する．
留意点	・土留め壁の剛性を上げることで，掘削幅が狭くなるため，後工程の躯体構築などに支障が無いか確認が必要である． ・土留め壁の占有が大きくなるため，付近の埋設管との離隔が十分確保できているか確認が必要である．	・後工程で地盤改良部の掘削に時間を要する． ・地盤改良前に埋設管の養生を確実に行う必要がある． ・軟弱粘性土地盤の場合，掘削面側の地盤改良により，土留壁が背面側に過大に変形しないよう注意する必要がある．
イメージ図	土留め壁頭部の変位抑制 地表面沈下の低減 埋設管 1段目支保工	土留め壁頭部の変位抑制 地表面沈下の低減 埋設管 先行地中ばり 1段目支保工

関連文献　道路土工 仮設構造物工指針(平成11年度版):(公社)日本道路協会，1999.3

Q1－2　土留め工において，切ばりや中間杭を低減したり，省略したりする方法を教えて下さい．

1．はじめに

土留め工は通常，掘削深度が大きくなると多段支保工となる．また，掘削幅が広くなると切ばりの座屈スパン長を低減させるために，中間杭を打設する必要がある（図－1参照）．

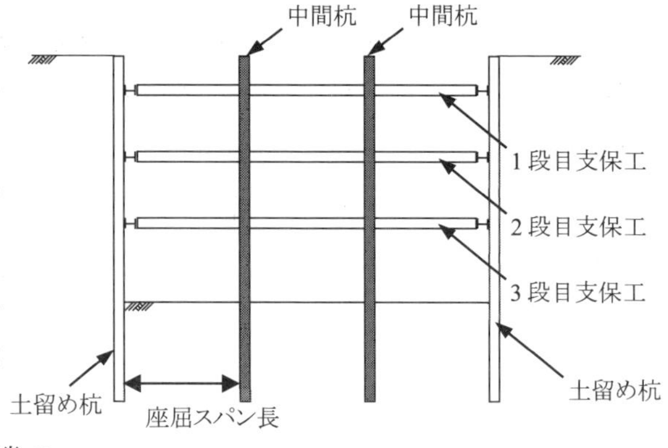

図－1　土留め工断面図

これらの支保工形状の場合，以下のような問題点が発生し，作業性の低下および躯体品質の低下となることがある．

- 多段支保工，中間杭が密に配置されると，重機の移動が困難となり，掘削の施工効率が低下する．
- 切ばりの配置により，切ばり部材と本体構造物が干渉する場合，干渉を回避するために立ち上がりの鉄筋（例えば柱の軸方向鉄筋）に追加の継ぎ手を設ける必要がある．また，コンクリート打設回数の増加と工程遅延が発生する．
- 本体構造物の底版コンクリートを中間杭が貫通する場合，中間杭打設位置に鉄筋の開口補強，躯体の防水加工および躯体施工後の中間杭切断処理が発生する．また床付け以深に透水層がある場合，杭周りが水みちとなり，地下水や土砂が噴出することがある．

2．切ばりや中間杭の低減・省略方法

（1）腹起しの補強

腹起しに高強度鋼材を採用したり，腹起しの軸方向に緊張力を作用させたりして補強し，部材の曲げスパン長を長くすることで，切ばり設置間隔を大きくしたり，切ばり本数を低減したりできる．条件によっては，切ばり形式から隅火打ちに支保工形式を変更することで，中間杭も省略することができ，掘削作業や躯体構築作業の施工効率が向上する（図－2参照）．

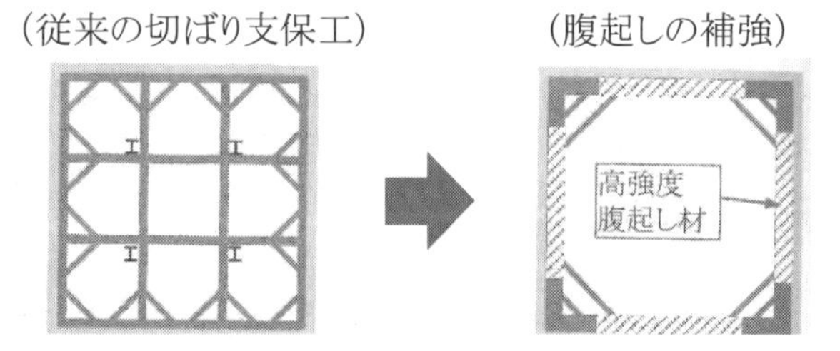

図－2　切ばり・中間杭省略の事例[1)]

（2）切ばりの補強

函渠施工時のように土留めが締切りとならない場合は，切ばり設置間隔を大きくしたり，中間杭を省略した方が，小型重機が稼働しやすく，効率的に施工ができる．この場合，図－3のような火打ちブロックを使用したり，二重腹起しや二段腹起しを使用することで，切ばり設置間隔を大きくすることができる．

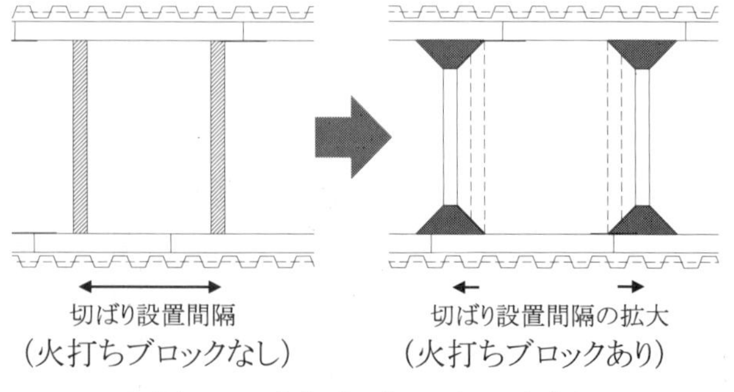

図－3　火打ちブロックの事例

その他にも，軸剛性の高い切ばり（例えば，

角型鋼管)の使用により，中間杭を省略し，施工効率の向上を図ることができる(図－4参照)．

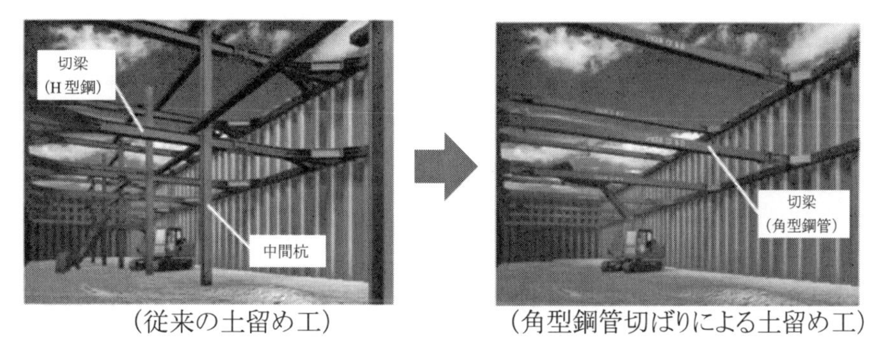

図－4　軸剛性の高い切ばりの事例2)

(3)土留め壁のランクアップ

土留め壁のランクアップにより，鉛直方向の切ばり段数を減らし，工程短縮を図ることができる(図－5参照)．

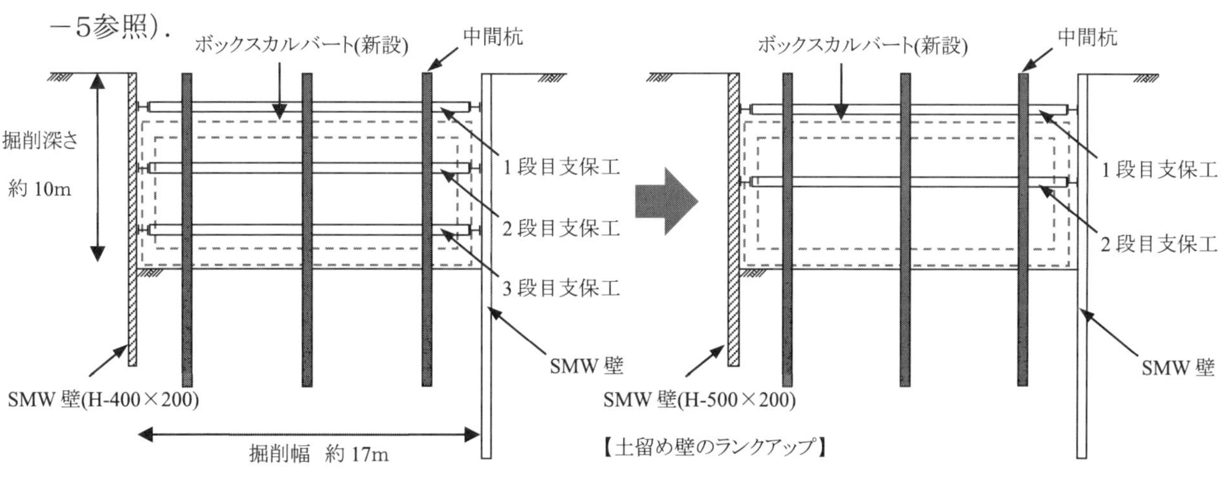

図－5　土留め壁ランクアップの事例

(4)自立式土留め壁

掘削時に切ばりや腹起しなどが不要な自立式土留め壁として，鋼矢板などによる斜め土留め(図－6参照)や地盤改良による土留め壁がある．これらの場合，以下のような特徴がある．

- 構造物の水平打継目が少なくでき，中間杭の省略により，止水処理の必要な構造物貫通がなくなることで，構造物の品質が向上する．
- 支保工架設・撤去にかかる工程に加えて，掘削や構造物構築にかかる工程を削減できる．
- オープンな地下空間を確保できるため，掘削および構造物構築の施工性が向上する．

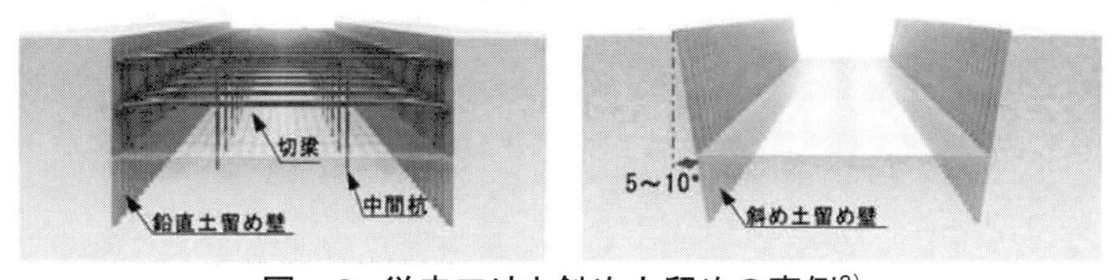

図－6　従来工法と斜め土留めの事例3)

参考文献　1)土木施工なんでも相談室[土工・掘削編]2018年改訂版：(公社)土木学会，2018.11
2)第18回国土技術開発賞-国土技術研究センター：(一財)国土技術研究センター，HP：http://www.jice.or.jp/award/detail/205 (最終アクセス2020年12月2日)
3)第16回国土技術開発賞-国土技術研究センター：(一財)国土技術研究センター，HP：http://www.jice.or.jp/award/detail/2 (最終アクセス2020年12月2日)
関連文献　道路土工 仮設構造物工指針：(公社)日本道路協会，1999.3

Q1－3 鉄道軌道に近接した場所でライナープレートによる土留めを行う場合の留意点について教えて下さい.

1. はじめに[1)]

鉄道軌道に近接して基礎杭の施工を行う場合，ライナープレートを仮土留め材料として用いることが多い. ライナープレートによる掘削は1段（高さ500mm）ごとに設置・組立を同時に施工するが，ライナープレートと地山との間には余掘りによる空隙が生じる.

特に軌道に近接した箇所では，施工ヤードが狭隘なうえ，ライナープレートと地山との間の空隙によって大規模な地山の崩壊や道床陥没，軌道変状の発生が懸念される.

2. ライナープレートによる土留めを行う場合の留意点と一般的な対策[2)を改変]

ライナープレートによる土留めの施工は，一般に孔壁の押さえが完全でなく，掘削時間も長期に渡るため，周辺地盤に及ぼす影響が大きい. 特に湧水の多い場所，緩い砂質土層および軟弱な沖積粘性土層では崩壊する可能性があるので注意が必要である. 鉄道軌道に近接してライナープレートによる土留めを施工する場合の影響防止対策の例を以下に示す.

(1) 土留め背面の裏込め

鉄道軌道に近接してライナープレートによる土留めを施工する場合には，軌道変位を極力防止するため施工基面から3～5m程度の深さまでは早期に裏込めを施工する.

(2) 注入などによる地盤強化，止水

掘削に伴う周辺地盤のゆるみの防止や地下水位以下における砂質土の止水のため，薬液注入等を施工する. なお，軌道に極めて近接している場合には，BH杭や高圧噴射撹拌工法で地盤強化を行う.

(3) 土留め材の残置

鉄道軌道に近接してライナープレートを施工する場合は，掘削地盤の崩壊や緩みを防止するため，土留め材を残置する.

3. 本現場での対策事例[1)]

本現場では軌道変状を極力防止するため，対策工として土留め背面に裏込めを施工した.

なお，ライナープレート背面の裏込め充填管理を確実に行うため，充填材料の流動特性に着目し，充填性能に関する確認試験（流動性試験，施工性確認試験）を行った（図－1参照）. 充填材料は調達性，施工性に優れたモルタルを充填材とした.

図－1 施工性確認試験[1)]

出 典 1)堤・小泉・鈴木：深礎工に用いる仮土留背面の裏込め充填性状，土木学会全国大会年次学術講演会集2018，VI-792，pp.1583-1584，(公社)土木学会，2018.9の一部を再構成したものである.

参考文献 2)都市部鉄道構造物の近接施工対策マニュアル：(公財)鉄道総合技術研究所，2007.1

Q1－4　TRD工法を用いて大深度土留め壁を施工する際の工夫について教えて下さい．

1．はじめに[1)]

当該現場は給水所の更新工事に伴い，ポンプ所および管廊の新設のために開削工法を用いて，掘削・躯体構築を行う工事である．掘削深さは24.5m程度であるが，掘削底面の安定のためソイルセメント壁体長は55.5mとなり，TRD工法の適応可能深度の最大60mに近い深度であった（図－1参照）．また，地盤条件としては，表層は軟弱なローム層・凝灰質粘土層が主体でありGL-約20m以深ではN値50以上（最も深いところでN値200～300）の硬質な細砂層，砂礫層により構成されていた．

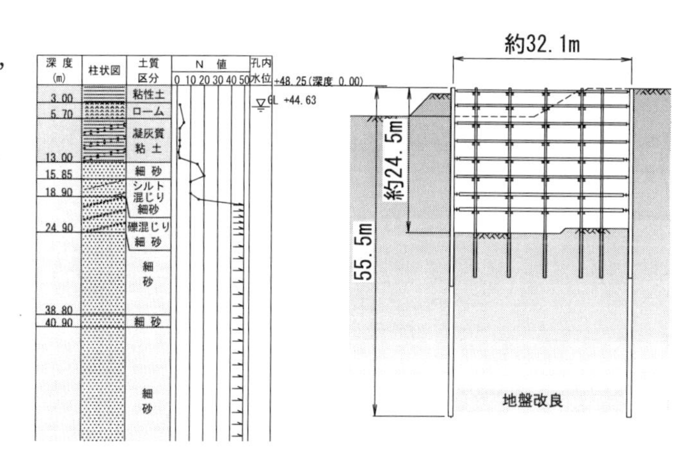

図－1 現場概要[1)]

2．TRD工法

TRD工法は，地中に建て込んだチェーンソー型のカッターポストをベースマシンと接続し，横方向に移動させて，溝の掘削と固化液の注入，原位置土との混合・撹拌を行い，地中に連続した壁を造成する工法である（図－2参照）．H鋼などの芯材を建て込み，地下掘削時の土留め壁として適用できる．

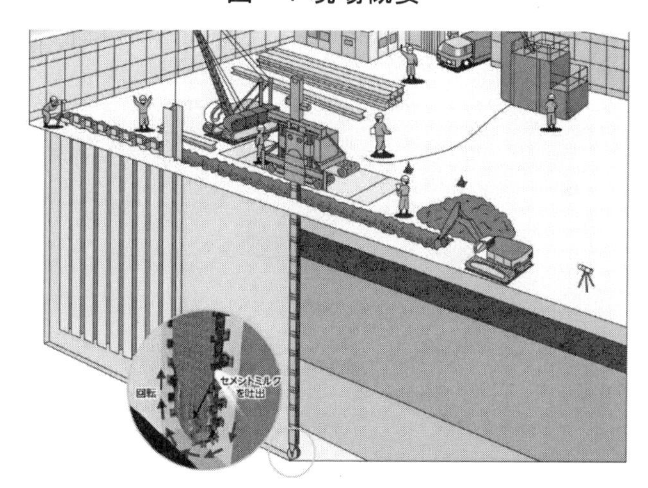

図－2 TRD工法概要図[1)]

3．当該現場における問題点とその対策[1)]

当該現場における問題点とその対策について表－1に示す．

表－1 問題点と対策

問題点	現象	対策
大深度	造成時間が長くなることから，固化液によるカッターポストの拘束	掘削開放長を確保
地表面の軟弱地盤	逸水および溝壁崩壊	地盤改良による溝壁防護
硬質砂礫地盤	砂礫分の沈降によるカッターポストの拘束	岩盤用ビットの採用

（1）掘削開放長の確保

大深度のため造成時間が長くなることに起因し，カッターポストが固化液で拘束されることを防止するため，TRD機の掘削開放長さを 2 ポスト（3.4m 以上）確保する（図－3参照）．

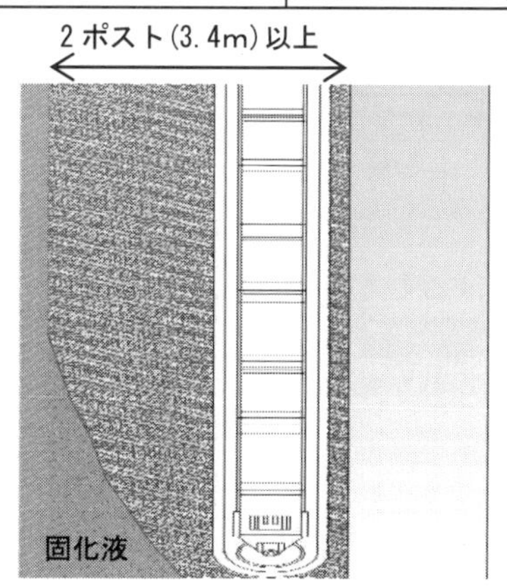

図－3 掘削開放長について

(2) 地盤改良（溝壁防護）

溝内の浅い部分において掘削液の比重が低下する恐れがあることや，TRD 掘削機の上載荷重による溝壁の崩壊が懸念された．この条件で安定性を検討すると溝壁の崩壊が予想されたため，地盤改良工を実施して溝壁防護を行った（図－4参照）．

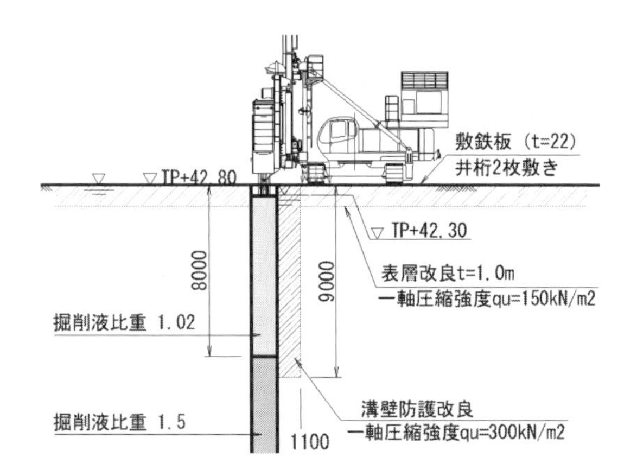

図－4 溝壁防護概要[1)]

(3) 岩盤削孔用ビット

岩盤削孔用のビットを使用することで，硬質な砂層を掘削する際や作業再開時においても，カッターポストによる掘削作業を円滑にした（図－5参照）．

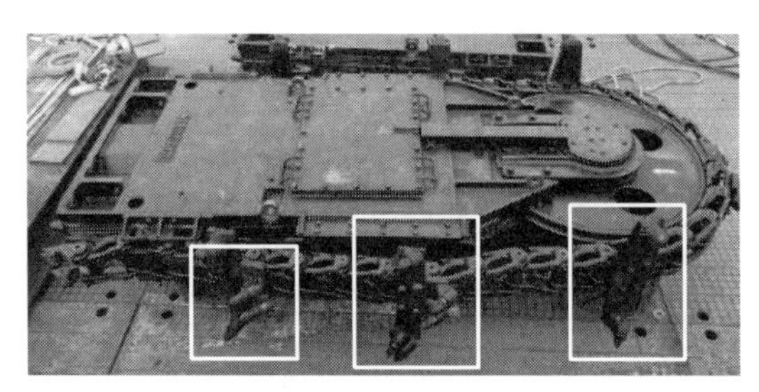

図－5 岩盤削孔用ビット[1)]

出　典　1) 平田・高橋・上嶋：大深度土留め壁への TRD 工法の適用について，土木学会全国大会年次学術講演会集 2019, VI-1043,（公社）土木学会, 2019.9 の一部を再構成したものである．

Q1－5　敷地境界に近接して土留め壁を施工する際の離隔距離について教えて下さい．

1．はじめに[1)]

本工事は既設建物の改修工事において，既設建物の外周に新たに土留め壁を構築する工事である．経済性や工期短縮の観点から既設建物を供用しながら工事を行うため，狭隘な施工ヤードで供用建物に近接して土留め壁を安全に短工期で施工することが求められた．

2．土留め壁の施工方法による敷地境界との一般的な離隔距離[2), 3)を改変]

敷地境界に近接して構造物を構築する場合，境界から土留め壁施工位置までの離隔距離が施工方法を選定するうえで重要である．土留め壁施工に必要な離隔は施工方法により異なるため，離隔距離に余裕がない場合，工法を変更するなどの対策が必要となる．隣接する敷地境界から土留め壁中心までの一般的な離隔距離の例を示す（表－1，図－1参照）．

表－1　隣接境界と土留め壁中心までの距離[2), 3)を改変]

施工方法		a	b
親杭	プレボーリング	150mm	450mm 程度
親杭	圧入	150mm	(H 形鋼せい)/2 程度
親杭	振動	600mm	400～700mm 程度
鋼矢板（圧入）		100mm	600～700mm 程度
ソイルセメント壁		150mm	450mm 程度（※）
場所打ち RC 地中壁		500mm	(壁厚)/2+100mm 程度

※オーガカバー装着時はさらに離隔必要

図－1　施工方法による土留め壁中心までの距離[2), 3)を改変]

3．狭隘な施工ヤードで土留め壁を打設した事例

敷地境界と土留め壁，構築する本体構造物との離隔に余裕がない場合，土留め壁を本体構造物と一体化して離隔を確保する方法や施工機械をコンパクトに改良し，敷地境界との離隔を確保する方法などがある．施工機械を改良した事例として鋼矢板壁（たとえばゼロパイラー工法[4)]）について示す（図－2参照）．

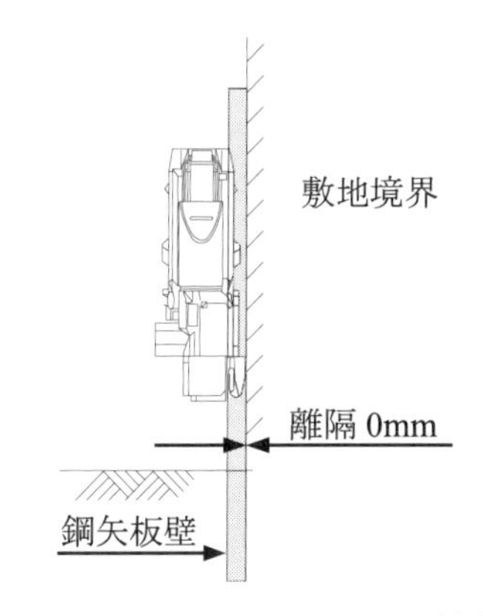

図－2　ゼロパイラー適用例[4)を改変]

出　典　1)黄・北出・後藤ら：本仮設兼用合成壁の免震建物地下外壁への適用，土木学会全国大会年次学術講演会集 2018，VI-1012，pp.2023-2024，(公社)土木学会，2018.9 の一部を再構成したものである．

参考文献　2)山留め設計指針：(公社)日本建築学会，2017.11

3)建築工事標準仕様書・同解説 JASS3 土工事および山留め工事・JASS4 杭・地業および基礎工事：(公社)日本建築学会，2009.10

4)リーフレット「SILENTPILER ZERO JZ100A ゼロパイラーJZ100A」：(株)技研製作所

Q1－6　巨礫を含む地盤における掘削土留め工について教えて下さい.

1. はじめに[1)]

当現場は，巨礫層（最大礫径 8m，10m程度の深度まで分布）を含む地すべり地帯に道路橋を構築する工事である（図－1参照）. 巨礫層を取り囲むように地すべりブロックが存在しており，地すべり変位を吸収するため，P1･P2 橋脚柱の周囲に土留め構造を構築し，柱と地盤の間に所定の空間を設ける計画であった（図－2参照）.

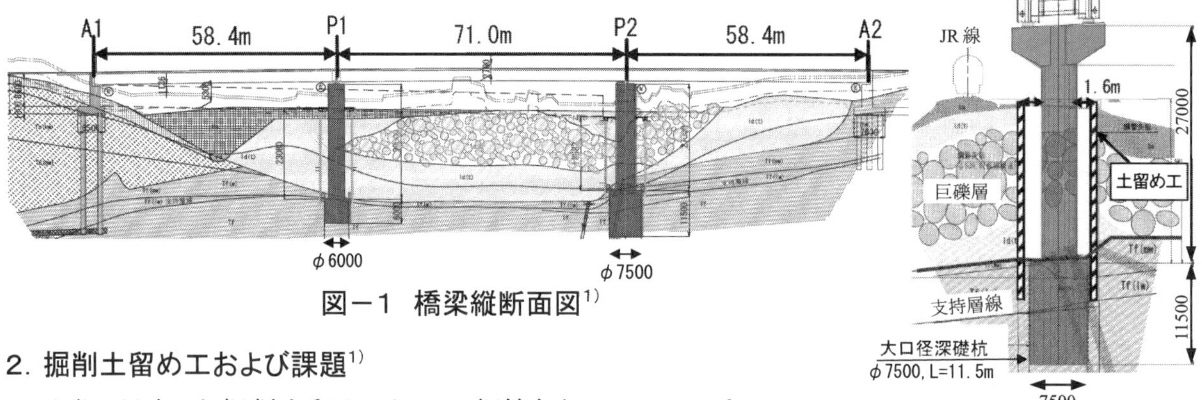

図－1　橋梁縦断面図[1)]

JR 線
1.6m
27000
巨礫層
土留め工
支持層線
11500
大口径深礎杭
φ7500, L=11.5m
7500

図－2　P2 断面図[1)]

2. 掘削土留め工および課題[1)]

巨礫に対応した掘削土留め工として，鋼管矢板，ライナープレートの 2 つがある. 当現場での課題を表－1に示す.

表－1　掘削土留め工の課題

	鋼管矢板	ライナープレート
課題	近隣施設より騒音作業に対する時間制限（実質作業時間が4時間程度）の要望があり，ダウンザホールハンマ工法による施工では当初計画より工程が延びる.	ライナープレート高さ（h=500mm）と設置余裕を考えて，500mm以上の掘削を行った後に，プレートを設置しなければいけないため，地山を開放する時間が長くなり，巨礫の滑動などへの影響が懸念される.

3. 課題への対応[1)]

巨礫層の掘削土留め工として，RC セグメントを用いた深礎工を採用した. RC セグメントを用いた深礎工とは，鋼製刃口を組立て，刃口内にプレキャスト製セグメントを組み，地表部にあらかじめ施工した固定コンクリートに RC セグメントを吊り下げ，刃口を RC セグメントに反力を取り，油圧ジャッキで押し下げ，刃口と RC セグメントの間に空間を作り，セグメントを組立て，所定の深度まで掘り下げて，土留めを行うものである（図－3参照）.

- 巨礫の滑動などへの影響を懸念し，掘削開放高さは，常に 200～300mm 以下となるよう日々の管理を実施し，周辺地盤の変状を抑えることができる.
- RC セグメントにより，現場打ちコンクリートは不要となり，工期の短縮とコストダウンを図ることができる.

固定コンクリート
RC セグメント
鉄板
鋼製刃口

図－3　RC セグメントを用いた深礎工[2)を改変]

また，巨礫同士の噛み合わせが安定している状態を掘削時に巨礫を部分的に壊すこととなり，巨礫のバランスが崩れることが想定された. そのため，巨礫層の不安定化防止として，巨礫の空隙を塞ぎ，巨礫の挙動を抑制できる強度が発現する薬液注入工を掘削土留め前に実施している.

出　典　1)山本･吉田･藤岡ら：地層間に巨礫を含む地盤における掘削土留工の設計について，土木学会全国大会年次学術講演会集 2017，VI-263，pp.525-526，(公社)土木学会，2017.9 の一部を再構成したものである.

参考文献　2)地すべり抑制工法 組立集水井筒 シールド式：(株)アドヴァンス

Q1－7　密実な地盤における既設鋼管矢板の引抜き方法について教えて下さい.

1. はじめに[1)]

当該現場は，稼働している排水機場・水門・高潮護岸の機能を維持しながら，既設水門の護岸と干渉する鋼管矢板を撤去する工事である（図－1参照）．当初計画されていた撤去方法は，水面に仮設構台を設置して全周回転式工法による撤去を行う予定であった．しかし，関連工事との輻輳作業のため，仮設構台を設置できず，他工法での鋼管矢板の撤去が必要となった．

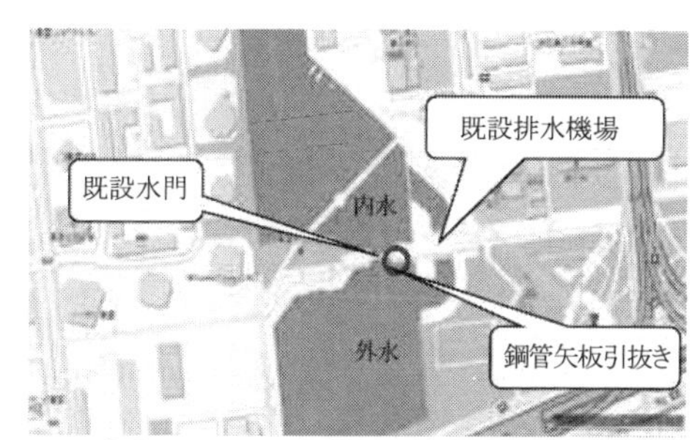

図－1　工事施工位置図[1)]

そこで，圧入機を用いて鋼管矢板の引抜きを行うこととした．しかしながら，本工事で引き抜く鋼管矢板は，平成 7 年に施工され，地盤は密実に締っていることが想定されたため，引抜き時の周面摩擦の低減が引抜き作業の成否にかかわる重要課題であった．

2. 既設鋼管矢板の引抜き方法

一般的な既設鋼管矢板の撤去方法を表－1に示す．

表－1　撤去方法一覧

撤去方法	概要
バイブロハンマ引抜き	バイブロハンマの振動で杭周囲のフリクションをカットし，杭抜機または相伴機にて杭を引き抜く
圧入機引抜き	鋼管パイラーを用い，回転圧入時と逆回転で施工することにより，鋼管杭を撤去する
全周回転	ケーシングを高トルクで回転させ，既存杭や地中障害物を掘削し，ケーシング内の杭や障害物をチゼルで破砕しハンマーグラブで障害物を取り除く

3. 当該現場における撤去方法の検討[1)]

引抜き時の周面摩擦を低減させるために下記の対策を実施した.

(1) 鋼管矢板内の周面摩擦低減と付着土による重量増の低減を目的とし，H 型鋼にジェット管を装着し，鋼管矢板内面に沿うように 4 方向で先行掘りを実施（図－2参照）．

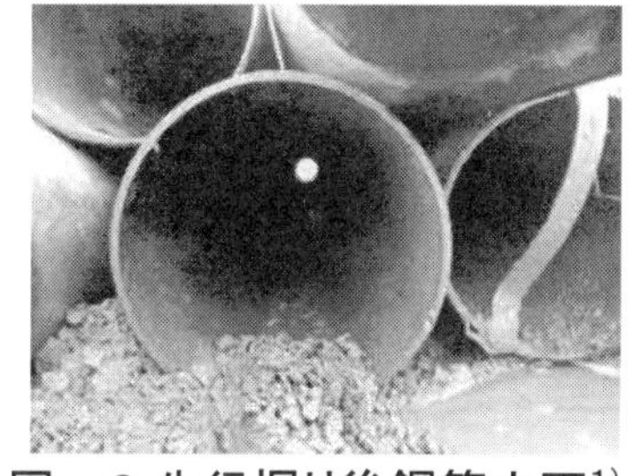
図－2 先行掘り後鋼管内面[1)]

(2) 鋼管矢板圧入工法は，既製杭を地盤中の所定の深度まで貫入し設置する既製杭設置方法の一つで，施工が完了した杭を反力としながら，杭の頭部を自走して鋼管矢板を順次圧入する工法である．本工事においては，この工程を逆にたどることで鋼管矢板の撤去を試みた．圧入機のチャック部を円周方向に 4°（±2° 程度）揺動（図－3参照）することで，まず地盤との縁切りを行い，その後，鋼管矢板を引き抜いた．揺動による縁切りを実施しない場合，引抜き力が 280t 超かかったが，揺動を実施すると引抜き力は 220t 程度（22%低減）に低減できた.

図－3 チャック部の動き[1)]

出　典　1) 古賀・藤井：鋼管圧入機による既設更換矢板引抜施工，土木学会全国大会年次学術講演会集 2018, VI-629, pp.1257-1258,（公社）土木学会, 2018.9 の一部を再構成したものである.

Q1－8　開削工事における躯体構築完了後の土留め杭の撤去方法について教えて下さい.

1. はじめに[1)]

近年都市部の開削工事において，仮設の桟橋杭，中間杭および土留め杭といった鋼材について，将来の埋設管などの設置を考慮し，地表面から浅い位置（4m以浅程度）で撤去するニーズが高まっている（図－1参照）.

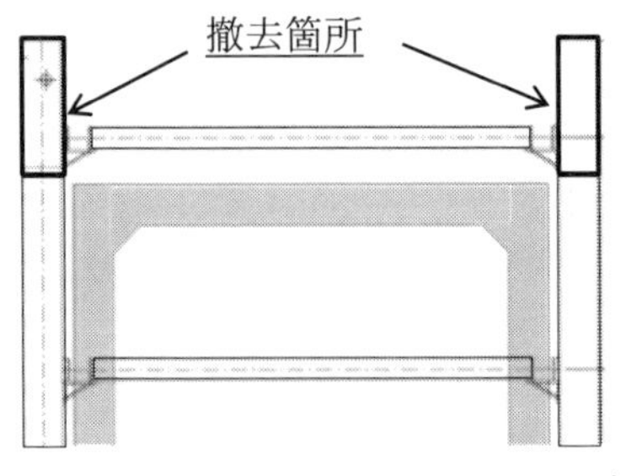

図－1 頭部撤去工適用箇所[1)]

2. SMW の一般的な頭部撤去方法

従来，土留め杭においては埋戻し前の土留め杭前面が露出している段階で切断加工し，埋戻し後に撤去する方法が一般的である（図－2参照）. しかし，ソイルはつり→芯材切断→補強鋼材取付けの繰返しで作業手順が多く時間と手間がかかることや，芯材補強鋼材の取付け前に切断を行うことによるリスクがあること，地下水位が高いときはソイルセメントをはつる際に出水のおそれがあり，補助工法（地盤改良）が必要となり費用が増大するなど，適用にあたり多くの問題点があった.

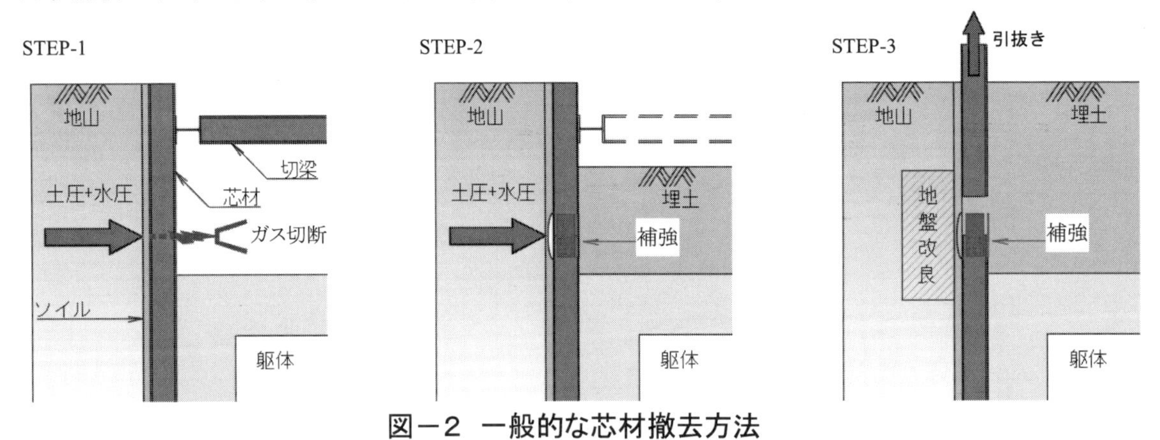

図－2　一般的な芯材撤去方法

3. 効率的な頭部撤去方法

一般的な頭部撤去工の問題点を解決するため多くの工法が開発されている. そのひとつとして，引抜きジョイント工法を紹介する. この工法は，長ボルトを抜き取るだけで芯材が引き抜ける構造となっている（図－3参照）. ソイルセメントのはつり，ガス切断，PL 取付け等の作業が不要であることや，出水防止の薬液注入が不要となるなどメリットがあり，多くの現場で用いられている.

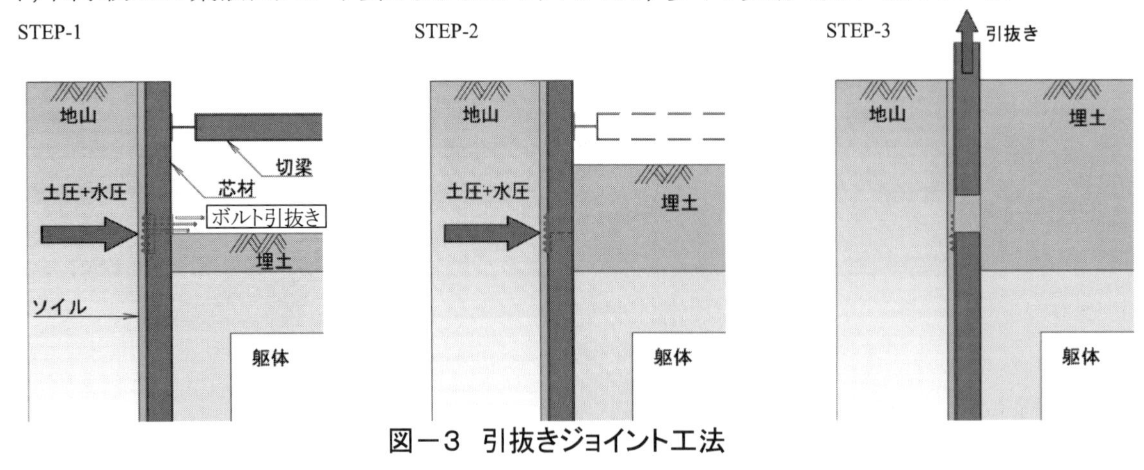

図－3　引抜きジョイント工法

出　典　1) 柄沢・一宮・平ら：撤去工事の効率化を目的とした土留め杭合理化工法，土木学会全国大会年次学術講演会集 2018, VI-1026, pp.2051-2052, (公社)土木学会, 2018.9 の一部を再構成したものである.

Q1－9　既設構造物直上に覆工支持杭を着底させる方法について教えて下さい.

1. はじめに[1)]

当該現場は供用中の既設構造物頂版直上に覆工支持杭を設置し路面覆工を架設したのち，開削工事にて道路トンネルを築造するものである．既設構造物への施工時の影響をいかに低減させるかが課題であった（図－１参照）．

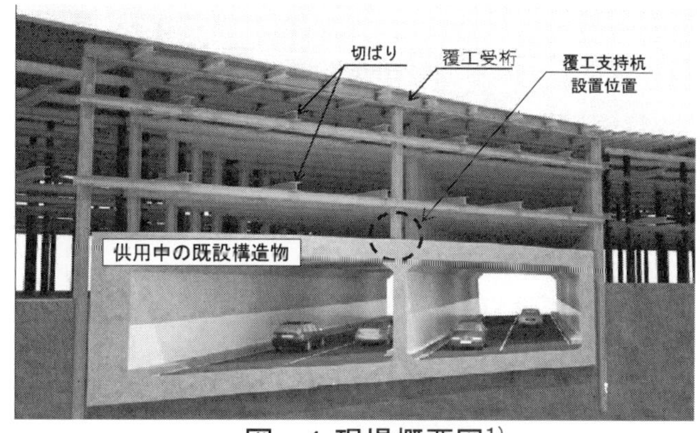

図－1 現場概要図[1)]

2. 当初計画と問題点[1)]

既設構造物頂版上に着底させる支持杭は，その影響を最小限とするためオーガー削孔は行わず，圧入工法を用いた施工が計画されていた．しかし，当該現場では，①既設構造物上に地中障害物が点在していると予測されること，②1960 年代に建設された構造物であるため正確な土被りが不明であることなどの問題点が判明した．

3. 対応策[1)]

上記の問題点を踏まえ，圧入工法と比較して，より確実に既設構造物上に着底できる施工方法に変更することとした．障害物の発生が予測される箇所に関しては多機能大口径削孔工法（BG 工法），先端部は深礎掘削により既設構造物の頂版を露出し，杭を直接建込む工法とした．施工方法を図－2に示す．また，建込み後は根固めモルタルを打設し杭下端を固定した（図－3参照）．

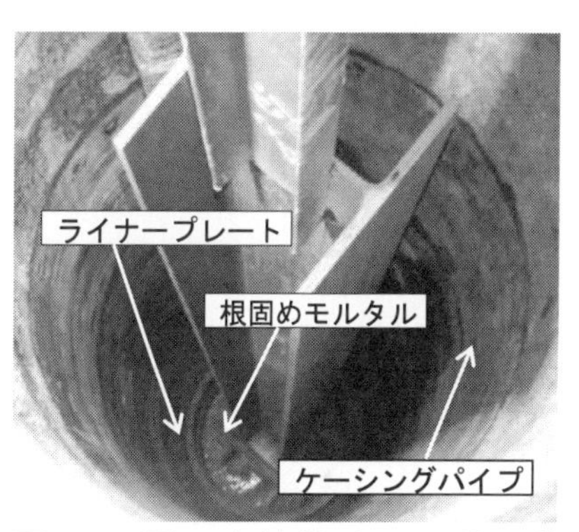

図－3 覆工支持杭建込み状況[1)]

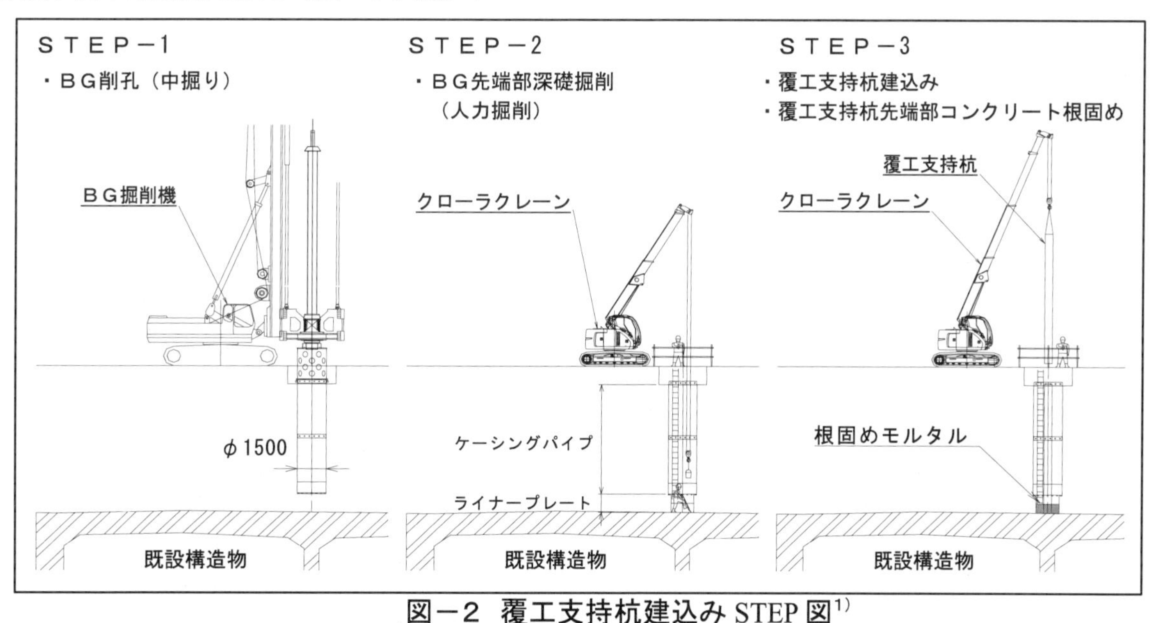

図－２ 覆工支持杭建込み STEP 図[1)]

出　典　1) 前田・永峯・渡邊ら：重要構造物に近接した開削道路トンネルの仮設設計・施工，地下空間シンポジウム論文・報告集－第 25 巻－，(公社)土木学会，2020.1 の一部を再構成したものである.

Q1－10　河川橋脚の耐震補強工事における工程短縮方法について教えて下さい．

1．はじめに[1]

当現場は，低水路に位置する橋脚の耐震補強工事（RC 巻き立て工法（t=200mm）による全断面補強）である．工期は非出水期内（10 月～翌年 3 月）の 6 ヶ月間であったが，流水部の橋脚が位置する河床が硬質地盤（φ50 ㎜以上の礫が存在）であり，仮桟橋の基礎杭や仮締切の鋼矢板などの打込み・圧入には多くの時間を要することが想定され，工期内の施工完了は極めて難しい条件であった．

2．工程短縮案の検討[1]

（1）アプローチ方法

ボーリング調査の結果より，地盤から支持する工法（仮桟橋工法）の採用は難しいと判断し，ユニフロートと呼ばれる函体を数隻ジョイントして台船を構築するユニフロート台船を採用した（図－1参照）．陸上からユニフロートを水上に吊り降し，ジョイントしていくだけで構築できるため，仮桟橋工法に比べ大きな工期短縮となる．

図－1　ユニフロート台船[1]

（2）締切方法

浮力やバランスの制限によりユニフロート台船に大型重機は積載できず，また鋼矢板打設不能となるリスクを回避するため鋼矢板締切は不採用とした．

図－2　円形ライナープレート沈設前・沈設後[2]

よって，当現場では既設の橋脚躯体を囲むように気中部で円形ライナープレートを組み立てた後，仮締切が必要な深さまで沈設することとした（図－2参照）．その後，ドーナツ形の底版と躯体との隙間に水中でコンクリートを充填，止水してドライな空間を構築する方法（以下，「簡易締切工法」とする）を採用した（図－3参照）．簡易締切工法施工時は潜水士による水中作業を伴うが，大型重機を使用せずに主に人力によって組み上げることが可能なため，河床への基礎杭や鋼矢板の打込みを不要とすることができる．

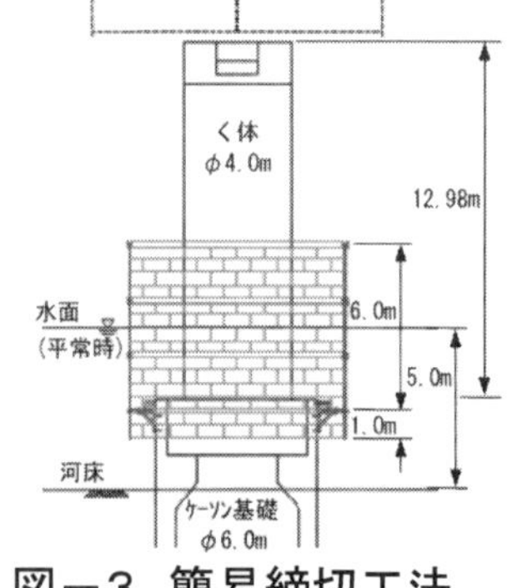

図－3　簡易締切工法断面図[2]

3．成果と評価[1]

- 「ユニフロート台船＋簡易締切工法」の採用により非出水期内での施工を完了できた．
- 「ユニフロート台船＋簡易締切工法」の方が「仮桟橋工法＋鋼矢板締切」に比べ仮設全体費用が安価となった（締切作業に伴う大型重機が不要であることと工期が短縮されるため）．
- 簡易締切工法は潜水士による水中作業が多くなるため，河川増水時は作業不可能となる．
また，ユニフロート台船は流れの影響を受けやすいため，係留・固定方法の検討が必要である．

出　典　1）大澤・長岡・村田：河川橋脚の耐震補強における工期短縮の取り組みについて，土木学会全国大会年次学術講演会集 2017，VI-115，pp.229-230，（公社）土木学会，2017.9 の一部を再構成したものである．
2）丸山・高橋・武部ら：流水部に位置する橋脚への任意深度定着型仮締切り工法の適用，土木学会全国大会年次学術講演会集 2017，VI-517，pp.1033-1034，（公社）土木学会，2017.9 の一部を再構成したものである．

Q1－11 アンダーピニング工法の受替え方式および施工上の留意点を教えて下さい．

1. はじめに[1)]

当該工事は，供用中の鉄道高架橋直下に新設構造物を構築するため，仮受架構を用いたアンダーピニング工法で受け替えるものである(図－1参照)．受替えの際には，既設構造物に影響を及ぼさないように，十分に留意する必要がある．

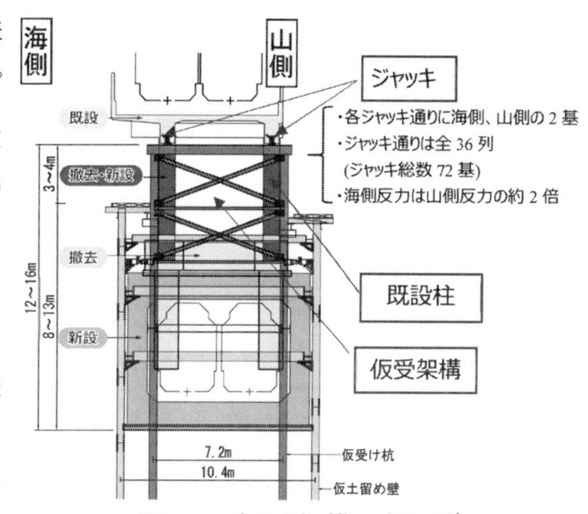

図－1 仮受架構の概要[1)]

2. アンダーピニング工法の受替え方式

アンダーピニング工法の受替え方式には，既設構造物を仮受け杭などにより直接受け替える方式と，シールドなどが通過する場合に既設構造物を地盤改良やパイプルーフなどにより間接的に防護する方式とがある．ここでは，直接受替え方式について，その適用性を表－1，種類を図－2に示す．

表－1 直接受替え方式の適用性[2)]

受替え方式		適用性	既設構造物の種類	備考
直接支持方式	杭直受け方式	柱や壁の近傍を仮受け杭で直接支持する．既設構造物と新設構造物との離隔が小さい場合や既設構造物の幅が大きい場合，底面に凹凸がある場合に有効．	・開削トンネル ・大型地下構造物(ex.地下街など)	・既設構造物の下部での掘削や杭の施工または坑内からの貫通杭の施工が必要となる． ・既設構造物の剛性が低い場合，杭の本数が増加する．
	構造物直受け方式(トレンチ方式)	新設構造物の横断方向の壁や柱のスパンが比較的狭く，地耐力が大きい良好な地盤で適用が可能．とくに仮受け部材を必要としない．既設構造物と新設構造物との離隔が小さい場合にも有効．	・開削トンネル	・既設構造物の下部での掘削が必要． ・新設構造物を分割施工するため，ジョイントが多くなり止水対策が重要． ・十分な地耐力が必要．
下受けばり方式	下受け桁方式	開削トンネルのように線状で，かつ直接基礎の既設構造物で，下部に桁を配置して，仮受け杭にて支持する．	・開削トンネル	・既設構造物の下部での掘削が必要． ・下受けばりを挿入するスペースが必要．
	受替え版方式	建物のように面的に広く，かつ杭基礎の既設構造物で，新設構造物の築造時に既設構造物の杭基礎が支障する場合に適用される．	・建物	・既設構造物の下部での掘削が必要． ・受替え版を築造するスペースが必要． ・調整プレロードが必要．
耐圧版方式		建物のように面的に広い構造物の基礎の下を，シールドなどが通過する場合の不同沈下対策として適用，地耐力が大きい良好な地盤に適用が可能．	・建物(杭基礎)	・既設構造物の下部での掘削が必要． ・本受け工の際に，地盤が緩んでいる可能性がある． ・調整プレロードが必要．
添えばり方式		橋脚など柱状の構造物に適している．基礎の上面で受け替えるため，地上もしくは浅い掘削で施工が可能．	・橋脚 ・ラーメン高架橋	・既設構造物と添えばりとの間で荷重が十分に伝達できる締結構造が必要． ・添えばりを設置するスペースが必要．

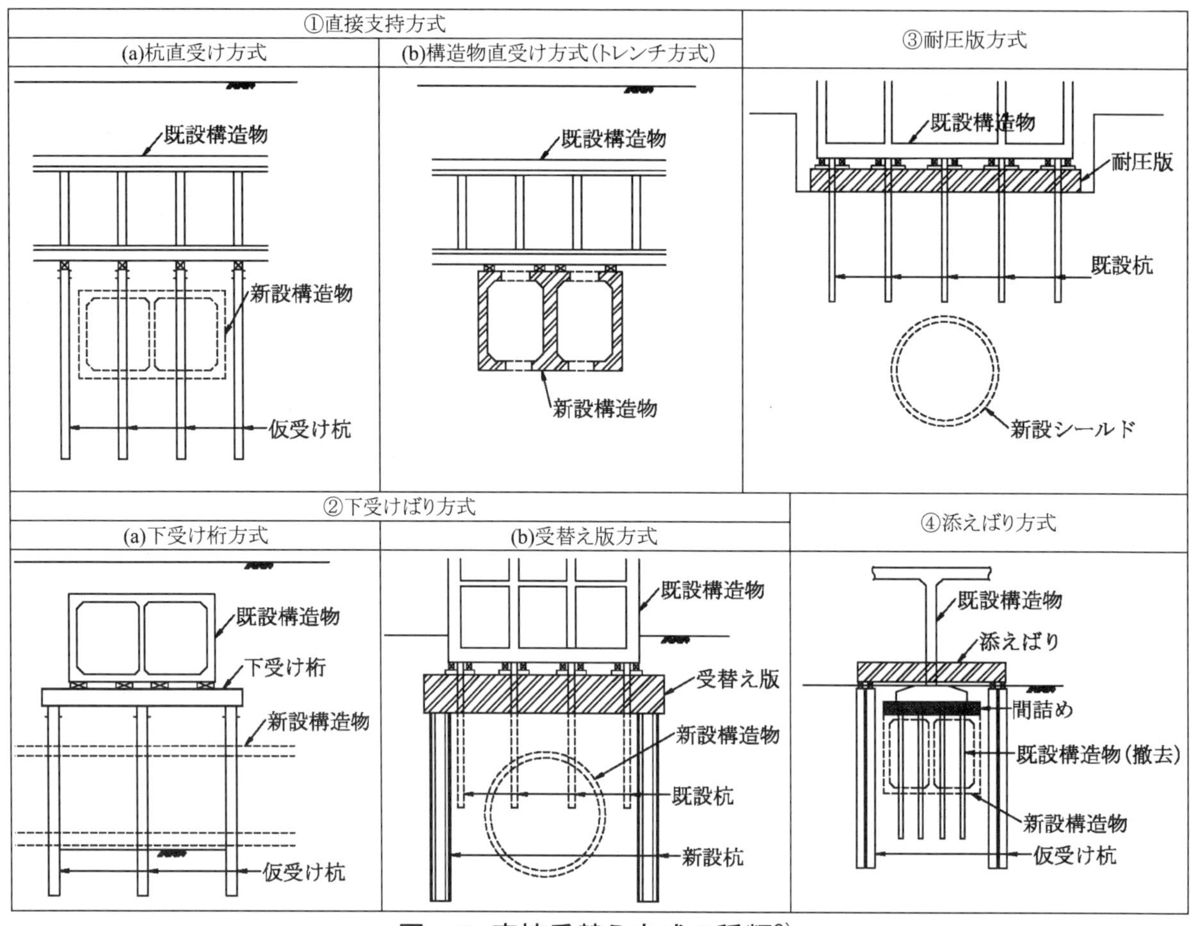

図－2 直接受替え方式の種類[2)]

3. 施工上の留意点[1)]

当該工事では下受け桁方式を採用した. 受替え施工を行う際に, 留意した内容を以下に示す.

- 先行プレロードにて仮受架構に試験的に載荷し, 支持力および既設躯体変状の有無を確認した結果, 高架橋の変位がわずかであったため, 軌道への影響が小さいと判断し, 本プレロード導入荷重は先行プレロード時と同様とした.
- 受替え後の既設柱切断は, 荷重が偏らないよう設計死荷重が小さい側を先行した.
- 高架橋の変状が軌道変位に直接影響することから, 自動計測計による鉛直・水平変位の監視を行った. また, 軌道変位・目開き・躯体変状を手動測量と目視による監視を行い, ジャッキ調整による高架橋変位抑制などの迅速な対応ができる軌道保守の体制を整えた.
- 先行プレロード工では柱列ごとに載荷したが, 本プレロード工では区間内全ジャッキへ同時載荷を行うことから, 先行プレロード時よりも変位が大きくなることが懸念された. 先行プレロード時の各測点で発生した変位を合成して推定し, 管理値を大きく下回ることを確認したため, 計画通り同時載荷を行っても軌道への影響は小さいと判断した.
- 先行プレロード時の結果を踏まえて, 許容変位以内であれば線閉前に 80%まで載荷を行い, 100%載荷までの到達時間を早めることで, 軌道内でのレベル計測や既設上部工の変状確認に十分な時間を割くことができるよう配慮した.

出　典　1)石川・田中・山本ら：連続した鉄道高架橋アンダーピニング工事の計画と施工実績(その2), 土木学会全国大会年次学術講演会集 2018, VI-789, pp.1577-1578, (公社)土木学会, 2018.9 の一部を再構成したものである.

参考文献　2)アンダーピニング工法設計・施工マニュアル：新アンダーピニング工法等研究会編, 2007.5

Q1−12　土留め支保工で既設，新設構造物に支障とならない配置上の工夫はありますか？

1．はじめに[1)]

本工事は既設水路（L 型擁壁）の背面に土留め壁を設置し，杭天端まで開削工法にて掘削する計画である．当初計画では切ばりスパンが 20m を超えるため，掘削時は水路中央部に中間杭を打設し，切ばり撤去時はカルバート頂版設置作業に支障とならないように，中間杭を L 型擁壁の外側に盛替える必要があった（図−1参照）．

2．施工上の課題[1)]

施工当初より盛替え後の中間杭を先行設置すれば，盛替え工程を省略できる．しかし，既設護岸背面は未掘削であるため，地上から盛替え用中間杭を打設しても，既設護岸に固定できない．このため，深礎工法にて杭設置部を掘削して建て込む方法が考えられる．この施工方法であると，杭設置作業完了まで周囲の掘削ができず，大幅に工程の遅延が予想されることから，工程短縮が施工上の課題であった．

3．配置上の工夫[1)]

工程短縮を図るため，図−2に示すような配置上の工夫を行った．

（1）既設護岸の天端を利用し，切ばり座屈防止

中間杭設置の目的は切ばり座屈防止であり，切ばりと中間杭の交点を緊結することで，座屈防止が図れる．このことから，中間杭の代わりに既設護岸天端を利用し，護岸天端と切ばりを固定することで，切ばりの座屈防止を図った．これにより既設護岸背面の掘削工程を先行して行うことが可能となった．

（2）既設水路残置部を利用し，切ばり削減

掘削床付けまでは地表面から 8.8m であり，当初設計では 2 段切ばりを配置し，カルバートを築造する計画であった．しかし，さらなる工程短縮を図るため，既設護岸のフーチングおよび基礎杭を残置予定であったため，底面の摩擦抵抗と杭の曲げ剛性を土留め壁の支保効果として評価することで，2 段切ばりを削減することが可能となった．これにより大型プレキャスト部材へと変更し，工程短縮が可能となった．

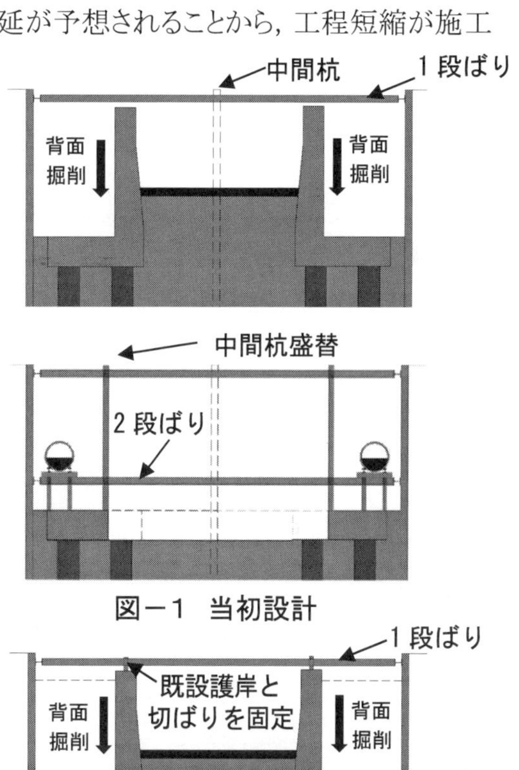

図−1　当初設計

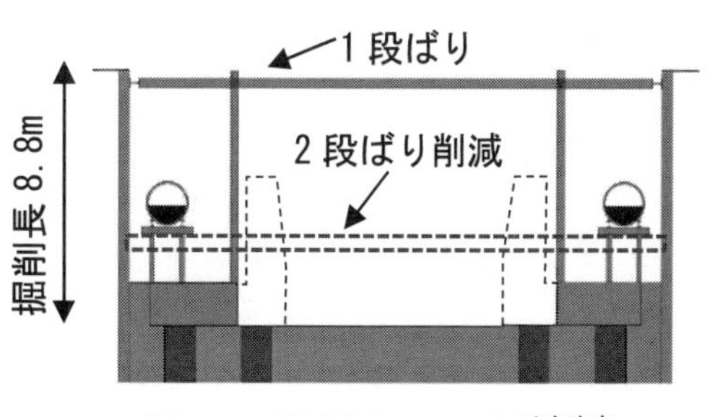

図−2　配置上の工夫[1)]を改変

出　典　1)山浦・上原・富所ら：護岸改修工事における既設構造物を活用した仮設計画と狭隘作業の合理化，土木学会全国大会年次学術講演会集 2017, VI-830, pp.1659-1660, (公社)土木学会, 2017.9 の一部を再構成したものである．

Q1－13　自然沈澱方式の濁水処理能力を向上させる方法にはどのようなものがありますか？

1．はじめに

大量の土砂を掘削・運搬する大規模な造成工事では，施工範囲が広く降雨に伴い切土のり面や盛土の表面から濁水が発生する可能性がある．このような工事では，仮設沈澱池を設置し濁水中の土粒子を重力で沈澱分離する自然沈澱方式などによって処理し排水基準を満たすように計画し，必要に応じて処理能力の向上策を検討する．

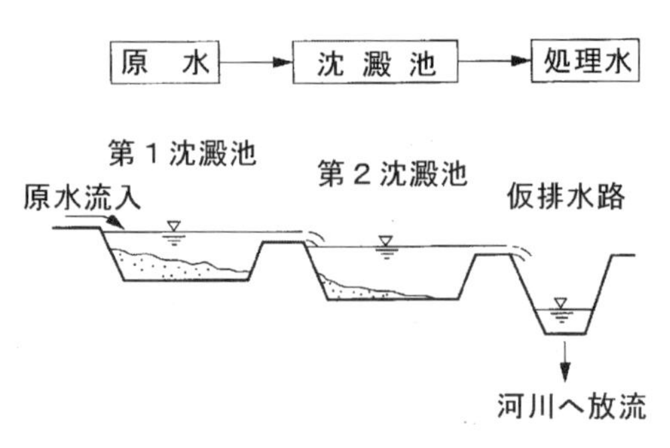

図－1　自然沈澱方式の概念図[1)]

2．自然沈澱方式とは

自然沈澱方式は，凝集剤を用いず濁水中の浮遊物を沈澱池で自然沈降させるものであり，その概念図を図－1に示す．この方式は，運転経費が少なく，沈澱池だけで処理でき，かつ処理水規制もあまり厳しくない場合に採用される．広い場所があれば簡単に施工でき，管理が容易である．

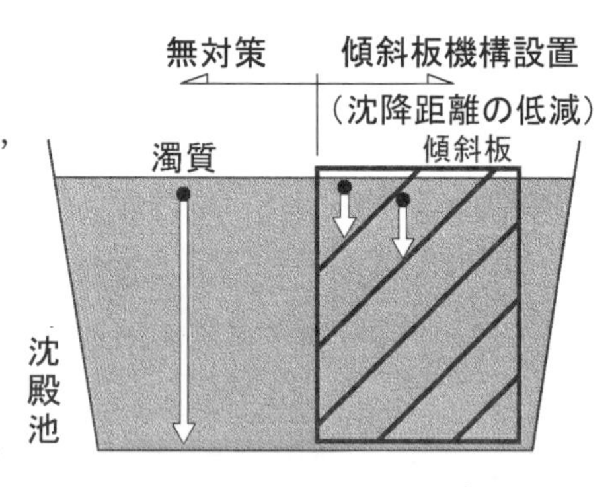

図－2　傾斜板機構[2)]

3．自然沈澱方式における濁水処理向上策[2)]

自然沈澱方式は懸濁物質を自然沈降させるだけなので，他の方式に比べ処理能力が低い．そこで，沈澱池の濁水処理能力の向上策として，一般に，沈降時間に対して滞留時間が長くなるような沈澱池の形状改良や沈澱池の多段設置，接触ろ材の設置などが採用される．また，浄水場などで活用されている傾斜板機構を用いた事例がある（図－2，図－3参照）．傾斜板機構は，水中に一定の角度で板を層状に配置し，浮遊粒子の沈降距離を低減することで，自然沈降を促進するものである．事例では，沈澱池（深さ 1m）の構成は上流から整流フェンス，傾斜板ユニット，ヤシ繊維フィルターおよび土のう堰堤として，濁水処理を向上させている（図－4，図－5参照）．

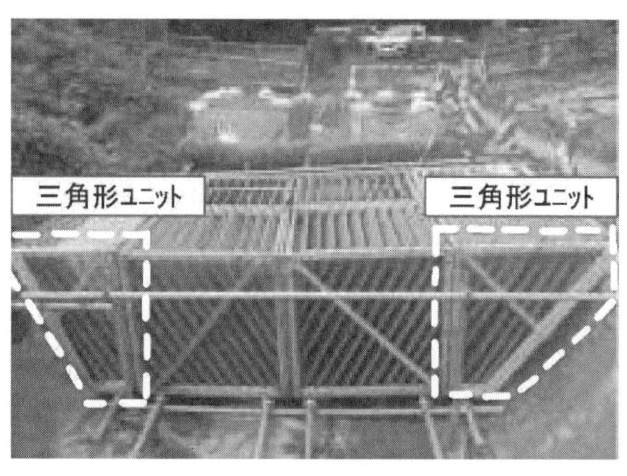

図－3　傾斜板機構設置状況[2)]

図－4　沈澱池の使用状況[2)]

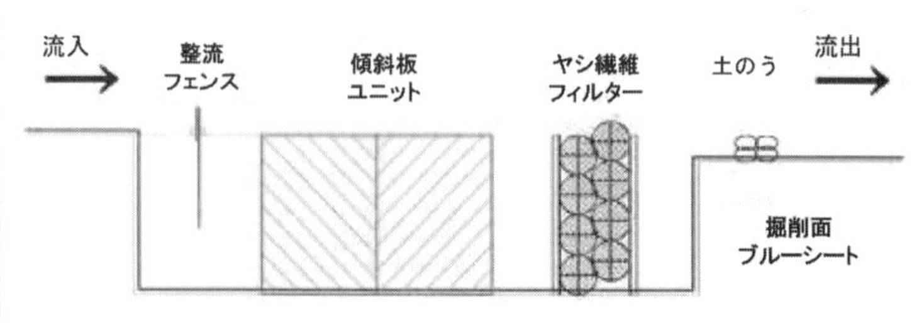

図－5　沈澱池の構成[2)]

参考文献　1)改訂 ダム施工機械設備設計指針(案):(一財)ダム技術センター，2005.1
出　典　2)末吉・有馬・小川ら：仮設沈砂池への傾斜板機構の活用，土木学会全国大会年次学術講演会集 2018，VI-526，pp.1051-1052，(公社)土木学会，2018.9 の一部を再構成したものである．

2 地盤改良工

Q2－1　営業線直下にて，軌道への影響を抑制可能な地盤改良工法について教えて下さい．

1．はじめに[1)]

当該工事は，首都直下地震に備え営業線の盛土区間に対し，軟弱地盤（液状化）対策工事として浸透固化処理工法の一種である脈状地盤改良工法を施工している（図－1参照）．営業線直下では法尻から斜めや曲線で施工可能な薬液注入工法が一般的に用いられる．本工事では，①軌道への影響防止②夜間施工となるため工期の短縮③対象範囲が長大なため低コスト化などが課題であった．

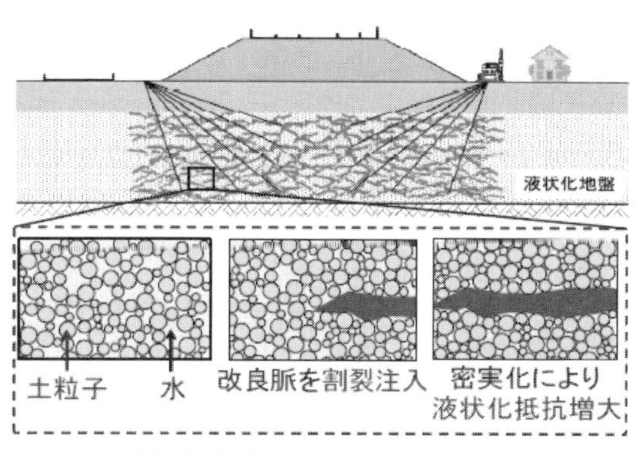

図－1 鉄道構造物下の注入イメージ[1)]

2．一般的な浸透固化処理工法

浸透固化処理工法は，液状化が予想される地盤内に溶液型の恒久薬液を低圧力で注入することにより地盤を低強度固化し，液状化を防止する地盤改良工法である．浸透性の高い薬液を低圧力で地盤内に注入し，土粒子骨格を壊すことなく間隙水を薬液に置き換える．そのため，周辺構造物に影響を与えず，施設を稼働しながら施工することが可能である．使用する薬液は，従来の水ガラスから劣化成分を除去した恒久薬液であるため，長期的に劣化することが無いのも特徴の一つである．

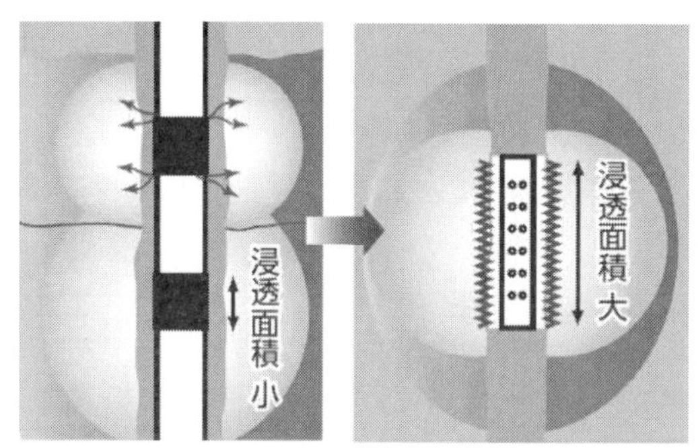

図－2　低圧浸透注入工法の概要[2)]

3．脈状地盤改良工法[1)]

薬液注入の基本は浸透注入である．土粒子を移動させることなく，間隙内を注入材で置換し均一な改良体を形成するような完全な浸透注入がなされれば，地盤の体積変化を抑え，隆起現象を抑制することができる．このような浸透注入形態となる最大の注入速度が限界注入速度である．この点に着目した工法に低圧浸透注入工法がある（図－2参照）．注入速度と注入圧力を意図的に変化させることにより，限界注入速度を向上させ，浸透注入による均一な改良体の形成を目的とした工法として，動的注入工法がある（図－3参照）．これら低圧浸透注入工法に，動的注入工法を併用し，変位計と連動した自動注入制御システムを組み合わせることで，軌道等既設構造物への影響を最小にする工法が変位抑制注入工法である．注入する速度や薬液を固める速度を調整することで，液状化地盤において広範囲に薬液が固化した脈状の塊（改良脈）を形成する．また，改良脈が多方向に広がると当時に，周囲の地盤を締め固めるため，対策する地盤の体積当たり従来の1/3の量の薬液で，液状化対策が可能となる．

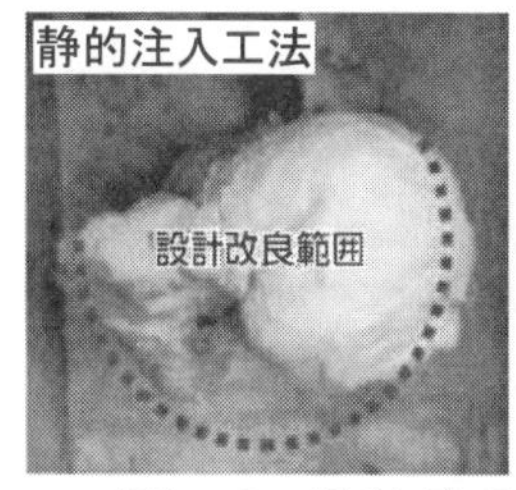

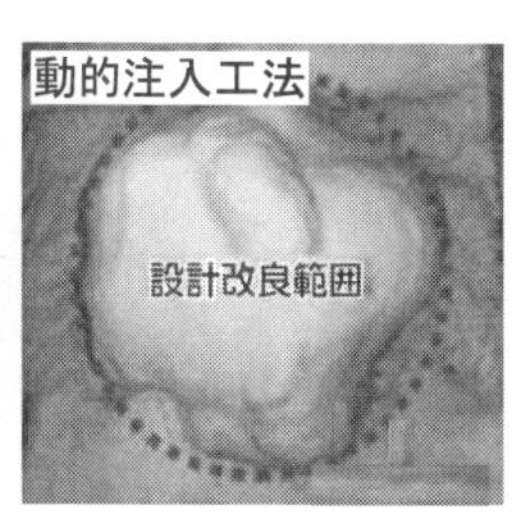

図－3　動的注入による改良効果[1)]

出　典　1)薄田・蓮見・安藤ら：営業線直下における脈状地盤改良工法の適用および安全・品質管理について，土木学会全国大会年次学術講演会集 2018，VI-186，pp.371-372，(公社)土木学会，2018.9 の一部を再構成したものである．

参考文献　2)パンフレット「ノンアップ注入工法 変位抑制注入工法」：ライト工業(株)

Q2－2　鉄道軌道直下での土留め壁不連続箇所で，薬液注入工法を施工した場合の計測管理事例について教えて下さい．

1．はじめに[1)]

当現場では，軌道直下に土留鋼矢板を一部打設できず，土留め壁として不連続な箇所が発生した．不連続部を掘削するにあたり，止水性の確保や地盤の崩壊を防止するため，薬液注入工法を施工することとなり，注入による分岐部などの変状が懸念された．

2．薬液注入工法の施工順序[1)]

分岐器・転轍機付近の作業では軌道変状を抑制する必要がある．そのため，地盤内の注入圧を分散させることが地表面への影響を抑制すると考え，以下の点に留意し，注入順序を検討した（図－1参照）．

- 注入圧を分散するべく，隣接孔の同時施工は行わない．
- 欠損部は最後に施工し，欠損防護の確実性を向上させる．
- 軌道中心側には機械を配置しない（軌道外側へ配置）．

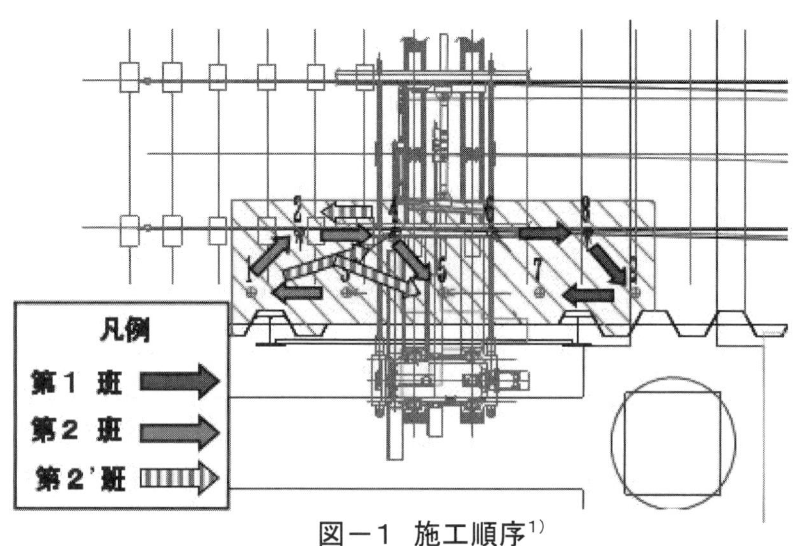

図－1　施工順序[1)]

3．軌道測定結果[1)]

表－1に測定方法と頻度，表－2に測定内容と管理値，図－2に軌道測定結果を示す．測定結果より，軌道隆起傾向が見られたものの，吐出量を低減するなどの適正な対応により，一次管理値を下回る状態で施工管理を行うことが可能となった．

表－1　測定方法と頻度[1)]

測定方法	使用測定器	測定頻度
四項目測定	レールゲージ	1回/30分
レベル測定	オートレベル・絶縁スタッフ	1回/10分
自動追尾TS	トータルステーション・受光ミラー	1回/ 5分

表－2　測定内容と管理値[1)]

四項目測定管理値（分岐器部）　　単位:mm

項　目	二次管理値	一次管理値
軌　間	+6，－4	+4，－2
水　準	±15	±7
高　低	±15	±7
通　り	±15	±7

レール高レベル計測管理値

項　目	二次管理値	一次管理値
標　高	+15.0	±7.0

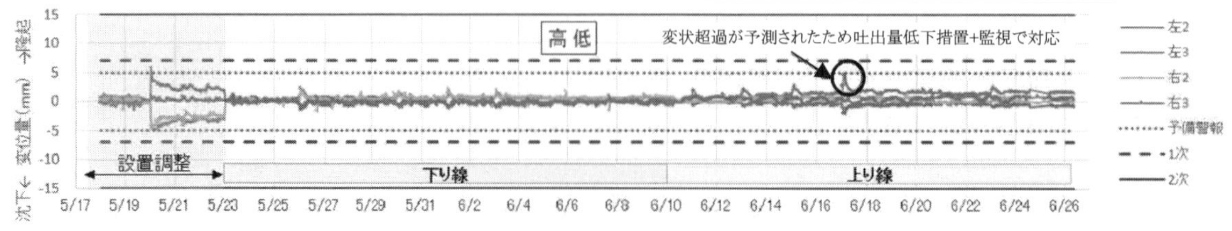

図－2　軌道測定結果[1)]

出　典　1)永嶋・井口・江藤ら：分岐器・転轍機直下での薬液注入工法による欠損防護施工実績，土木学会全国大会年次学術講演会集 2018，VI-788，pp.1575-1576，(公社)土木学会，2018.8 の一部を再構成したものである．

Q2－3　営業線低土被り部における非開削工法の軌道変状抑制対策について教えて下さい.

1．はじめに[1)]

当該現場は，県道拡幅事業に伴い，営業線軌道直下にアンダーパスとなる 2 径間ボックスカルバート(W14.1m×H7.2m×L10.5m)を非開削工法で新設するものである．ボックスカルバート上端からレール上端までの土被りが約 1.1m と非常に小さく，また対象区間には転轍器が位置しているため，施工に起因する軌道の変状により列車の運行に支障をきたすおそれがあった(図－1 参照)．

図－1　現場全景[1)]

2．一般的な非開削工法

非開削工法の例を表－1 に示す．

表－1　非開削工法の例

	フロンテジャッキング工法	HEP＆JES工法	R&C工法
概要図	パイプルーフ φ800@900	鋼製エレメント	箱形ルーフ □800×800　ガイド導坑
工法概要	・パイプルーフで道路下，側面を防護し，牽引用のＰＣ鋼線を水平ボーリングで設置 ・あらかじめ両側の立坑で函体を製作 ・反対側の函体を反力として，フロンテジャッキにより函体を相互牽引し，函体前面の土砂を掘削しながら所定の位置で接続	・鋼製エレメントをＨＥＰ工法で線路下に牽引 ・鋼製エレメントの継手にグラウト注入 ・鋼製エレメント内部に高流動コンクリート打設 ・函体内部を掘削し，内装施工	・箱形ルーフで道路下および側面を防護し，牽引用のＰＣ鋼線とガイド導坑を設置 ・あらかじめ立坑で函体を製作 ・反力体を反対側の立坑で製作し，箱形ルーフを押抜きながら函体をジャッキで牽引 ・函体前面の土砂を掘削し，函体牽引を実施
コスト	中位～高価	高価	中位～高価
選定条件	・設備が大きいので立坑は大きい ・躯体外側にパイプルーフが位置するため周囲に既設構造物があるときは適用が困難	・設備が小さいので立坑は小さい ・エレメントが本体利用となるので，周囲との干渉しない	・設備が大きいので立坑は大きい ・箱型ルーフ設置位置と函体が同位置となるので周囲と干渉しない

3．当現場の対策事例[1)]

当現場では非開削工法として，軌道への変状が少ないR&C工法が適用された．また，軌道変状を抑制するために下記の 2 点の対策を実施している．

(1)薬液注入工法の工夫

薬液注入工はガイド導坑施工時の遮水および掘削防護，地盤のゆるみ防止を目的に注入範囲が設定されていた．当初二重管ダブルパッカー工法で計画されていたが，過去の事例から軌道隆起の懸念があったため，低速度による注入が可能な多点注入工法による施工を行った．

(2)箱型ルーフ推進時の工夫(転石への対処)

箱形ルーフは外形 80cm の矩形鋼管で，管内での人力切羽掘削により 30cm～50cm の先行掘りの後，油圧ジャッキを用いて推進するものである．掘削時には管径大の転石が多数出土したため，撤去を行いながらの施工となった．転石の形状はルーフ内ではその全てを確認できないため，転石が土被りを侵し，撤去と同時に天端崩落を招くおそれがあった．このため，支障物の情報は随時関係機関と共有し，撤去に際しては軌道整備を要請し体制を整えることとした．

出　典　1)中村浩・宇都智治：営業線軌道直下低土被り部における R&C 工法の施工，土木学会全国大会年次学術講演会集 2018, VI-545, pp.1089-1090, (公社)土木学会, 2018.9 の一部を再構成したものである．

Q2－4　高圧噴射撹拌工法の出来形確認方法について教えて下さい.

1. はじめに

高圧噴射撹拌工法は超高圧水・圧縮空気・硬化材などを同時または数回に分けて地盤内に噴射することで地盤を切削し，硬化材を充填して改良杭を造成する工法である.

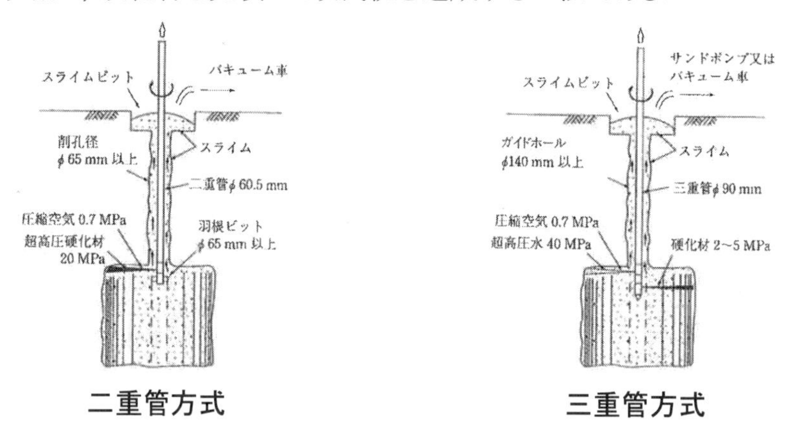

図－1　高圧噴射撹拌工法[1)]

2. 従来の出来形確認方法の課題[2)]

高圧噴射撹拌工法の有効径の確認方法は，ボーリングによるコアサンプリング目視確認が一般的である. このコアサンプリングにより強度確認を目的とする場合，改良体の中心からある程度離れた位置で出来形を確認する. ただし，この方法では改良体が設計改良径を満足しているか確認できず，改良径の出来形の確認方法としては不確実性が残る. また，深度が大きくなると，ボーリングでの鉛直精度が劣るので，留意する必要がある.

なお，鉛直精度の確保として，ケーシングをジャイロで精度確認する方法があるが，出来形確認は改良体造成前や造成後にボーリングにより出来形確認用の試験孔を設ける必要があり，計測できる点数には限りがあるため，限られた断面のみでの確認となる.

3. 新たな出来形確認方法

高圧噴射撹拌工法では，同一の噴射条件でも改良径は地盤によって大きく変化することが予測され，これまでの確認方法では前述のような課題がある. そこで，造成中や造成直後に出来形確認が可能となる新たな確認方法を表－1に示す.

表－1　新たな出来形確認手法[2), 3)を改変]

試験名	ビデオコーン	集音マイク	光ファイバ温度計	音波計測
時期	造成直後	造成中	造成中	造成中
試験概要	造成直後に小型カメラを内蔵したコーンを貫入し，未固結改良体を直接目視確認	地盤中の改良範囲に設置した複数の建込み管を設置し，その内部に集音マイクを設置し，切削音をモニタリング	事前に改良体境界付近に光ファイバ温度計を設置し，造成中にリアルタイムで温度計測して改良材の到達を確認	造成中，先端ロッドに内蔵した音波計測装置により，リアルタイムで改良径の出来形を確認

参考文献 1)土木施工なんでも相談室［基礎工・地盤改良工編］2011 年改訂版：(公社)土木学会，2011.9
出　典 2)西尾・足立・グエンら：音波探査による高圧噴射撹拌工法の改良形状の確認試験，土木学会全国大会年次学術講演会集 2018，VI-973，pp.1945-1946，(公社)土木学会，2018.9 の一部を再構成したものである.
3)手塚・山内・川西：高圧噴射撹拌工法で改良された地盤の品質管理手法，地盤工学ジャーナル Vol.8，No.2，pp.251-263，(公社)地盤工学会，2013.5

Q2－5　盤ぶくれ対策として地盤改良を計画していた現場で，当初設計より被圧地下水位が高いことが判明した場合の対策について教えて下さい．

1．はじめに[1)]

当現場は，RC 地下構造物 1 層 2 径間（躯体延長 L=320m）を築造する工事である．当初設計では，盤ぶくれ対策を目的として，床付け以深の被圧砂層に対して薬液注入工法による地盤改良が計画されていた（図－1参照）．

しかし，施工開始後の追加地盤調査結果より，被圧地下水位が当初設計より 3.56m 高いことが判明した．これにより，揚圧力の増加に伴う盤ぶくれ対策の設計変更が必要となった．

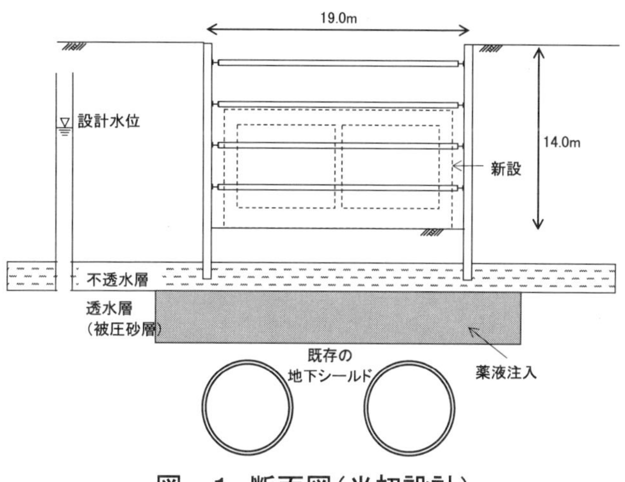

図－1　断面図（当初設計）

2．対策案の検討[1)]

当現場では，既存の地下シールドと離隔 3.5m以上を確保する必要があり，対策案③を採用した（表－1参照）．

表－1　当現場で検討した対策案

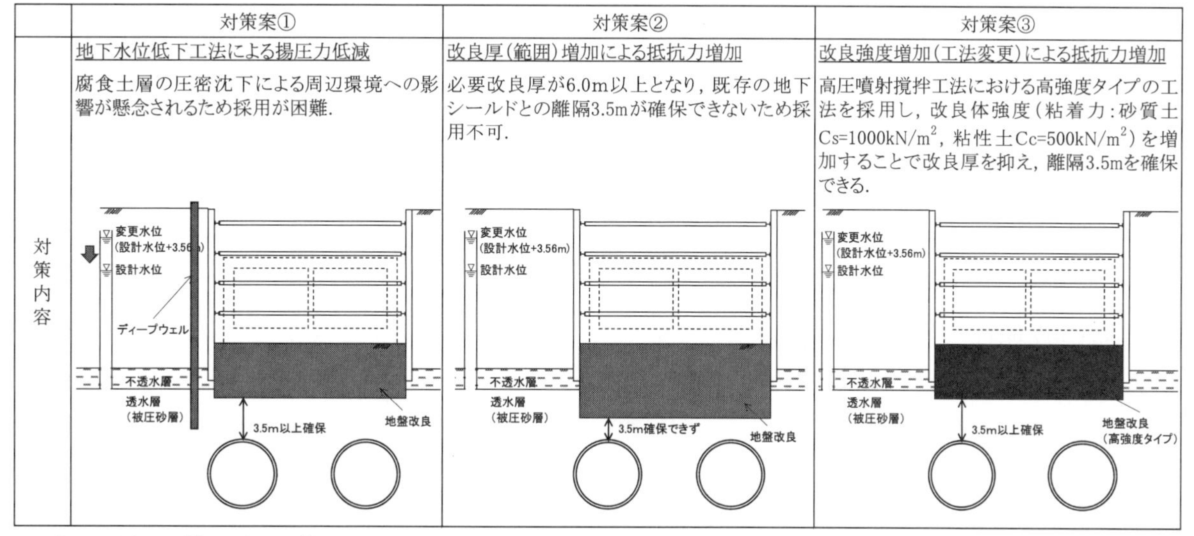

	対策案①	対策案②	対策案③
対策内容	地下水位低下工法による揚圧力低減 腐食土層の圧密沈下による周辺環境への影響が懸念されるため採用が困難．	改良厚（範囲）増加による抵抗力増加 必要改良厚が6.0m以上となり，既存の地下シールドとの離隔3.5mが確保できないため採用不可．	改良強度増加（工法変更）による抵抗力増加 高圧噴射撹拌工法における高強度タイプの工法を採用し，改良体強度（粘着力：砂質土 Cs=1000kN/m^2，粘性土Cc=500kN/m^2）を増加することで改良厚を抑え，離隔3.5mを確保できる．

3．盤ぶくれ対策の効果[1)]

高圧噴射撹拌工法（高強度タイプ）の採用で，以下の効果により，改良厚（範囲）を低減できた．

- 土留め壁根入れ部の摩擦抵抗力の増加

  改良体強度の増加により土留め壁根入れ部の摩擦抵抗力を増加させることで，揚圧力による鉛直上向きの荷重に対する抵抗力を確保できた．

- 改良体の曲げ・せん断耐力の増加

  改良体強度（曲げ引張，せん断）の増加により，改良体自体の梁としての部材耐力を確保することができた．

出　典　1)宮元・濱田・西川ら：環状第5の1号線地下道路建設工事における盤ぶくれ対策の工法変更，土木学会全国大会年次学術講演会集 2017，VI-897，pp1793-1794，（公社）土木学会，2017.9 の一部を再構成したものである．

Q2－6　既設躯体直下に高圧噴射撹拌工を行う場合の問題点と対策について教えて下さい.

1. はじめに[1)]

当該工事は，地下鉄駅拡幅工事に伴い駅構内から底版下に地盤改良を行うものである（図－1参照）．地盤改良は先行地中梁の造成を目的として，高圧噴射撹拌工法にて直径 3.3m，厚さ 2.0m の改良体を連続的に構築する．既設躯体は N 値が 0～1 の超軟弱な地盤内にあり，変位が生じやすいため，地盤改良に伴う軌道の変状と既設躯体の損傷が懸念された．実際，施工を開始すると既設躯体の沈下が確認された．

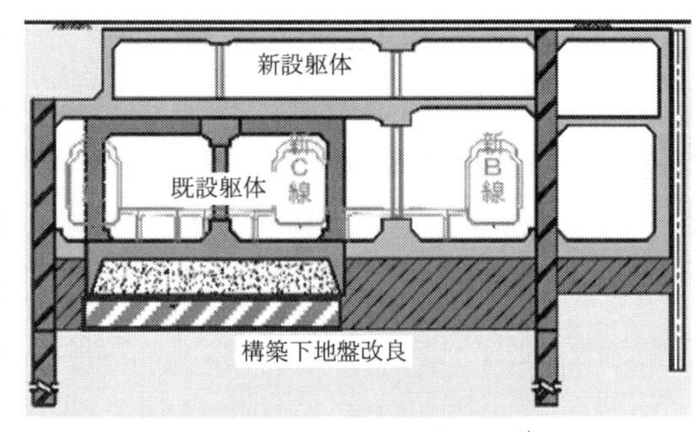

図－1　現場概要[1)]

2. 既設躯体の沈下の原因[1)]

地盤改良工により既設躯体が沈下する要因として，以下の4点を想定した（表－1，図－2参照）．

表－1　既設躯体沈下要因[1)]

	撤去方法	概要
①	改良体のブリーディング	改良体が硬化する前に，比重の小さい水が改良体上部に遊離上昇して，脆弱な層が形成される．
②	過剰間隙水圧の消散	プレジェット及び造成時に圧が作用し，周辺地山（沖積粘土）に作用して，過剰間隙水圧が上昇．その過剰間隙水圧の消散に伴って圧密沈下を誘発した．
③	支持力の低下	地山を切削したことにより一時的には支持力をなくすが，改良体が固化すると強い支持力を発揮する．
④	空気溜まり	間詰めコンクリート下端（改良体天端と接する部分）は水平ではなく，不陸があるため，プレジェット・造成時の噴射で送ったエアーが改良体上に留まる．

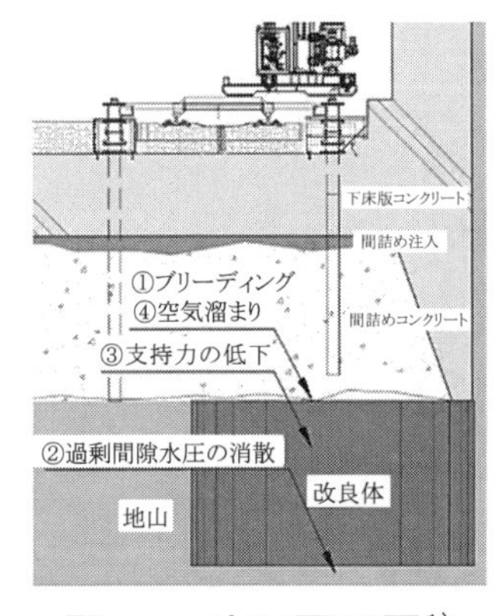

図－2　沈下要因図[1)]

地盤改良施工直後から昼間の電車が走り始める頃までは徐々に沈下が進行するものの，その後沈下が収束することから，③の支持力低下によるところが大きいと考える．

3. 課題への対応[1)]

地盤改良による既設躯体の沈下を止めることはできないが，局所的な沈下を防ぐよう制御することで影響を小さくすることとした．

沈下対策としては，Ⓐ施工箇所の分散化Ⓑケーソン刃口部の後施工Ⓒ速やかな後追い注入Ⓓ躯体継ぎ目の観察Ⓔ壁のクラック観察Ⓕ漏水箇所の観察Ⓖ軌道計測Ⓗホーム限界計測Ⓘ架線の高さ確認などを実施した（図－3参照）．また，既設躯体に自動計測機（水盛式沈下計）を設置し，【沈下予測】→【施工順序検討】→【施工（計測）】→【分析・評価】を繰り返し，慎重に施工を行うことにより地盤改良による既設躯体への影響を抑制できた．

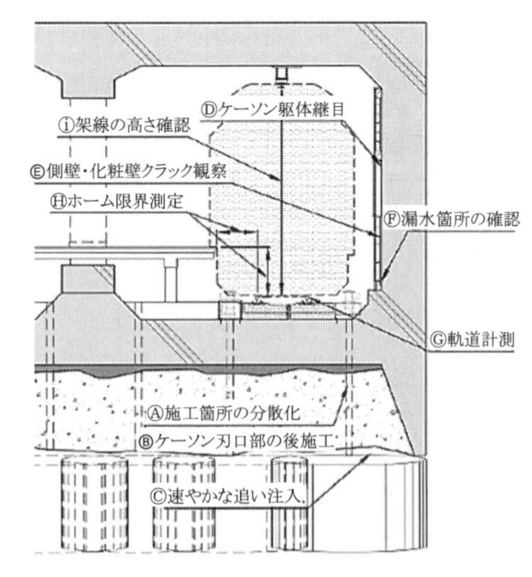

図－3　既設躯体沈下対策[1)]

出　典　1)桑本・近藤・小森ら：地下鉄営業線の変状を制御した構築下地盤改良の施工について，土木学会全国大会年次学術講演会集 2017, VI-887, pp.1773-1774,（公社）土木学会，2017.9 の一部を再構成したものである．

Q2－7　高粘着力粘性土地盤における高圧噴射撹拌工法の施工事例について教えて下さい．

1．はじめに[1)]

当該工事は，掘削時の先行地中梁・液状化対策として路面覆工下で高圧噴射撹拌工法による地盤改良工が計画されていた（図－1参照）．本工事における課題としては，①高粘着力粘性土（支持力は小さいが，噴射切削しにくい）において必要な改良径 φ5.0mを確保すること②市街地において周辺地盤への影響を抑制することが挙げられる．

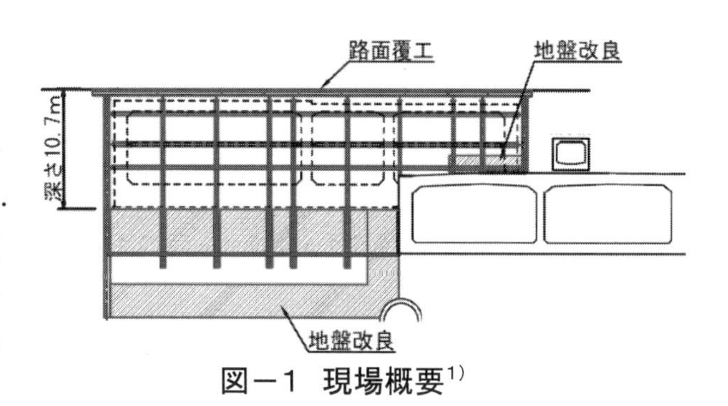

図－1　現場概要[1)]

2．標準的な粘性土における有効径

表－1に高圧噴射撹拌工における標準的な有効径を示す．表中のN値は改良対象地盤の最大N値である．また，粘着力が 50kN/m^2 以上の場合，所定の有効径が確保できないことがあるので注意する必要がある．

表－1　粘性土における標準有効径[2)を改変]

粘性土				
N値	N≦3	3＜N≦5	5＜N≦7	7＜N≦9
有効径(m)	2.0	1.8	1.6	1.2

3．課題への対応

当該工事における地盤改良の対象地盤は，高粘着力（c≒100kN/m^2）であり，一般的な高圧噴射撹拌工法では改良径が φ1.0m を下回るものとなる．適用する超大口径高圧噴射撹拌工法は，地盤条件と施工条件を勘案して，三重管工法による片噴射方式を選定した（図－2，表－2参照）．上段の超高圧水噴射による先行水切削で改良体上部に排泥排出用の空間形成を行うため，二重管式に比べて変位抑制効果をより高くでき，さらに片噴射方式は両噴射方式に比べて，省スペースで施工可能という，二つの工法優位性が存在するためである．

有効改良径の確保にあたっては，改良体造成の噴射時間を増加させた特殊仕様を，試験施工を行って改良径を確認することにした．また，改良体の改良径調査は，地上からのコアボーリングにより実施した．

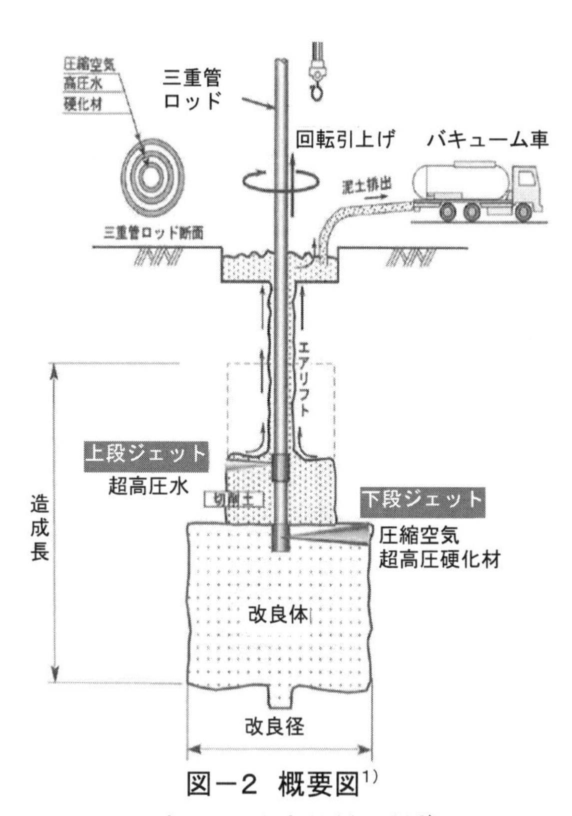

図－2　概要図[1)]

表－2　改良仕様比較[3)]

引上げ時間	土質	設計N値および設計粘着力 c		
	砂質土	0＜N≦30	30＜N≦50	50＜N≦100
	粘性土	0＜c≦20	20＜N≦35	35＜N≦50
13分/m		4.0m	3.7m	3.3m
16分/m		4.5m	4.0m	3.6m
20分/m		5.0m	4.5m	4.0m
25分/m		5.5m	5.0m	4.5m

出　典　1)長崎・大塩・赤松ら：超大口径高圧噴射撹拌工法の高粘着力粘性土地盤への適用，土木学会全国大会年次学術講演会集 2017, VI-887, pp.1775-1776,（公社）土木学会，2017.9の一部を再構成したものである．

参考文献　2)ジェットグラウト工法技術資料(第28版)：日本ジェットグラウト協会，2020.9

3)HP：https://www.raito.co.jp/project/doboku/catalog/images/jep-g.pdf,（最終アクセス2021年1月19日）

Q2－8　転石が多い箇所で高圧噴射撹拌工を実施する際の施工方法および改良径の出来形確認方法について教えて下さい．

1．はじめに[1)]

当該工事は，防潮堤への津波被害を防ぐために既設防潮堤直下に高圧噴射撹拌工にて地盤改良体を造成する工事である（図－1参照）．施工時に実施した調査ボーリングにて，事前調査では確認されていない転石が改良範囲に存在していることが明らかとなった．過去の堤防築造時の捨石層とみられ，このような土質での良好な改良品質の確保が課題であった．

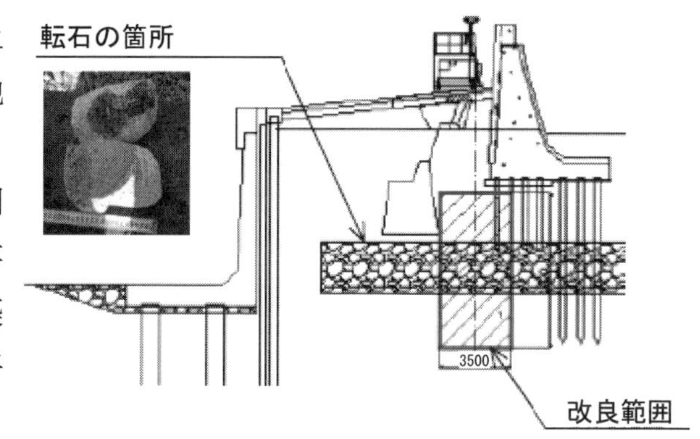

図－1　現場概要[1)]

2．課題への対応[1)]

(1)施工方法

転石層が確認された際は，事前に掘削し撤去・置換をおこなうのが一般的である．しかし，改良範囲は既設防潮堤直下であるため事前の処置が困難であった．そこで，打撃能力を有するドリリングマシンにてガイドホールの先行削孔を行い，削孔用ツールスに拡径したビットを用いて捨石層の破砕削孔を行う．捨石破砕後，孔壁保持として貧配合のCB液を充填する．その後ケーシングを引き抜き，先行削孔を行った箇所から高圧噴射撹拌工を実施した（図－2参照）．

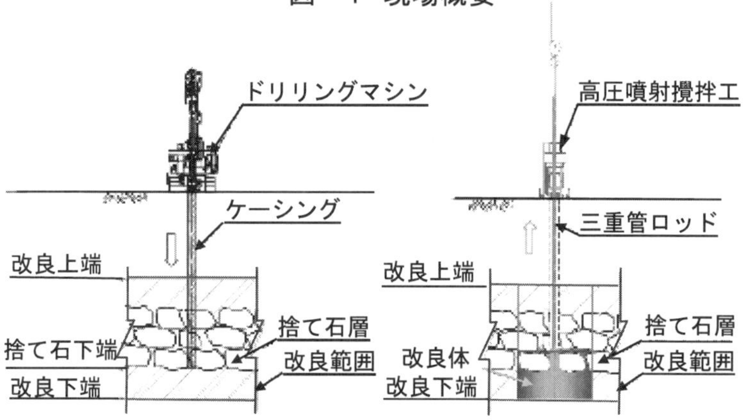

図－2　転石の撤去および改良体の造成[1)]

(2)出来形確認方法

施工中の噴射状況をリアルタイムにて確認するため，孔内カメラを挿入して改良状況を撮影した．あらかじめ改良径の外周部に透明アクリル管を設置し，施工時に造成速度でカメラを引き上げながらジェット噴流を直接撮影し，可視化した．改良前の画像では土砂がアクリル管の周囲に堆積している．改良後は土砂が切削されセメント充填されていることが確認できる（図－3参照）．

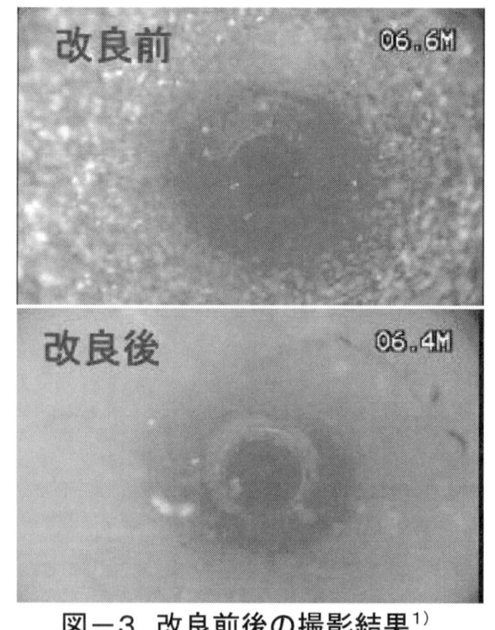

図－3　改良前後の撮影結果[1)]

出　典　1)高木敦生・宇梶伸：防潮堤耐震工事におけるOPTジェット工法の施工事例，土木学会全国大会年次学術講演会集 2017, VI-892, pp.1783-1784,（公社）土木学会，2017.9 の一部を再構成したものである．

Q2－9　液状化対策として深層混合処理工法（機械撹拌工法）を実施する中で，地中障害物に遭遇した際の対応事例について教えて下さい．

1．はじめに[1)]

当該工事は，図－1のような土工構造物築造にあたり，液状化対策として深層混合処理工法による地盤改良が計画されていた．しかし，施工箇所は津波の影響により地中障害物の混入が懸念された．

2．深層混合処理工法

深層混合処理工法の概要を表－1，施工手順を図－2に示す．

表－1　深層混合処理工法の概要

項目	概要
工法概要	粉体状あるいはスラリー状の主としてセメント系の固化材を地中に供給して，原位置の軟弱土と撹拌翼を用いて強制的に撹拌混合することによって，原位置で深層に至る強固な柱状体，ブロック状または壁状の安定処理土を形成する工法である．
改良目的	すべり抵抗の増加，変形の抑止，沈下の低減および液状化対策防止など
特徴	・化学的な反応で地盤を改良するため，短期間に高強度の改良体を造成できる． ・施工時の騒音・振動等の周辺環境への影響が比較的小さい． ・粘性土・砂質土のいずれも改良できる． ・構造物や民家が近接している箇所でも施工できる．
改良形式	・改良柱体を独立に配置する「杭式」 ・改良柱体をオーバーラップさせて複数の改良体を一つの改良体とみなす「ブロック式」 ・改良柱体をオーバーラップさせて複数の改良体を格子状に形成する「格子式」

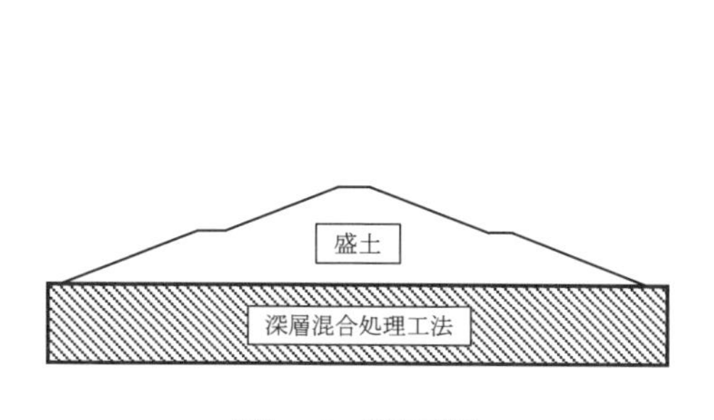

図－1　断面図

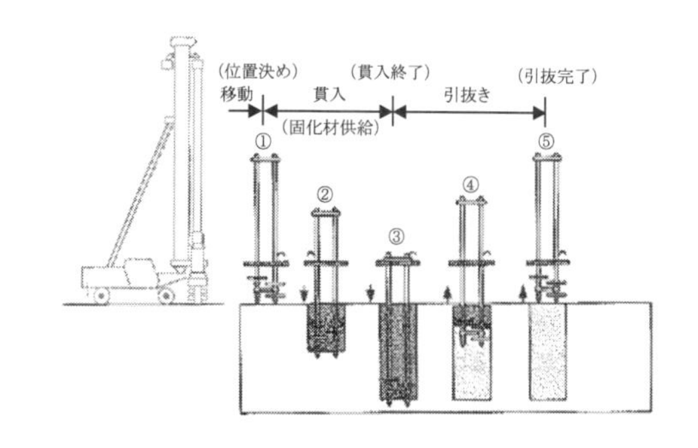

図－2　深層混合処理工法の施工手順[2)]

3．地中障害物に遭遇した際の対応事例[1)]

深層混合処理工法を行った際の地中障害物への対応事例を表－2に示す．

表－2　深層混合処理工法での地中障害物対応事例

地中障害物の深度	5m未満	5m以深	
地中障害物の回避	－	回避不可	回避可能
対応策	バックホウによる掘削作業で地中障害物を除去した後，地盤改良を行う．	全周回転式オールケーシング工にて地中障害物を撤去した後，地盤改良を行う．	地中障害物を残置したまま，改良体を増し打ち施工する．
留意点	地下水位が高く，地山の崩壊が懸念される場合は，全周回転式オールケーシング工にて撤去を行う．	障害物発生個所 増し打ち施工個所 増し打ち施工例	増し打ち施工の位置及び本数の判定は，改良体の外的安定および内的安定と，土工構造物の安定照査を行った上で決定する．

出　典　1)飯田・大久保・石黒ら：深層混合処理工法における地中障害物に対しての施工例，土木学会全国大会年次学術講演会集 2017, VI-886, pp.1771-1772,（公社)土木学会，2017.9 の一部を再構成したものである．
参考文献　2)道路土工 軟弱地盤対策工指針(平成 24 年度版)：(公社)日本道路協会，2012.8

Q2－10　地耐力確保と盤ぶくれ防止を目的とした地盤改良で，建設汚泥を削減した事例について教えて下さい．

1．はじめに[1)]

当現場は地下調整池の築造工事で以下の特徴があった（図－1参照）．

- 床付面から約-5.0m の層は被圧地下水を有しており，盤ぶくれ防止対策が必要である．
- 地下調整池に必要な地耐力を現況地盤（床付面下層N≦10）が有していないため，地耐力の確保が必要である．
- 地盤改良工事の発注仕様である高圧噴射撹拌工法では，改良厚 7.60mが必要である．

発注者からは環境負荷軽減のため，建設汚泥の発生を抑えることが求められた．

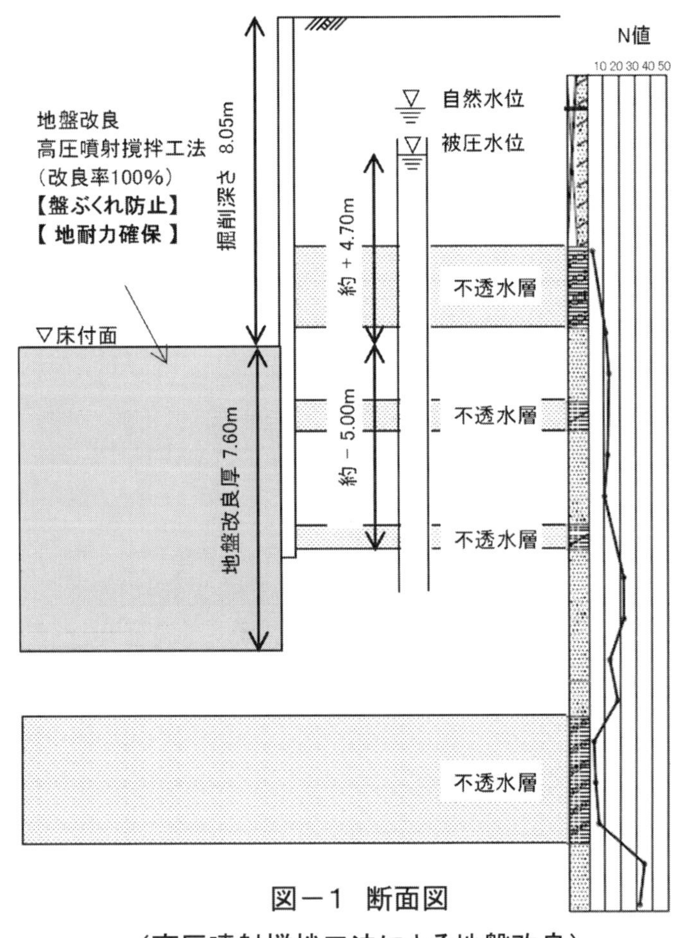

図－1　断面図
（高圧噴射撹拌工法による地盤改良）

2．盤ぶくれ防止対策

一般的な盤ぶくれ防止対策について表－1に示す．

表－1　盤ぶくれ防止対策[2)]を改変

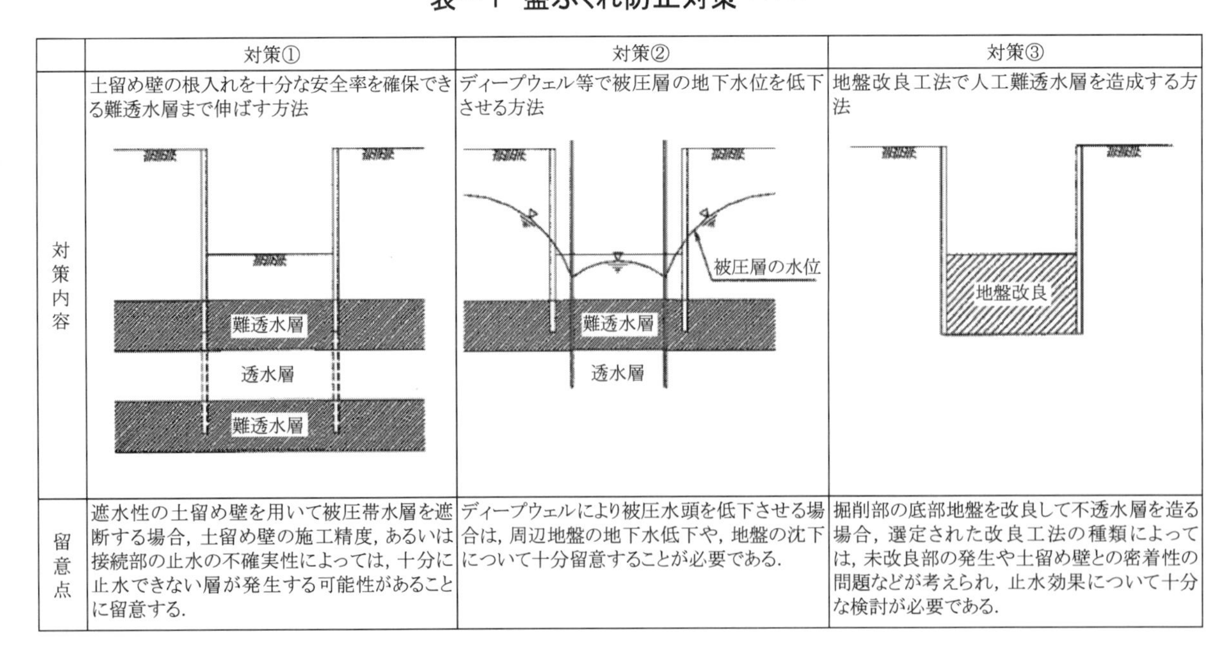

	対策①	対策②	対策③
対策内容	土留め壁の根入れを十分な安全率を確保できる難透水層まで伸ばす方法 （図：難透水層／透水層／難透水層）	ディープウェル等で被圧層の地下水位を低下させる方法 （図：被圧層の水位／難透水層／透水層）	地盤改良工法で人工難透水層を造成する方法 （図：地盤改良）
留意点	遮水性の土留め壁を用いて被圧帯水層を遮断する場合，土留め壁の施工精度，あるいは接続部の止水の不確実性によっては，十分に止水できない層が発生する可能性があることに留意する．	ディープウェルにより被圧水頭を低下させる場合は，周辺地盤の地下水低下や，地盤の沈下について十分留意することが必要である．	掘削部の底部地盤を改良して不透水層を造る場合，選定された改良工法の種類によっては，未改良部の発生や土留め壁との密着性の問題などが考えられ，止水効果について十分な検討が必要である．

3．当現場の対策[1)]

当現場で実施した対策を以下に示す(図－2参照)．

- 粉体やスラリー固化材を原位置で混合撹拌する機械式撹拌工法を採用した．高圧噴射撹拌工法は，高圧で噴射された固化材などで地盤を切削し，その切削土をエアリフトにより地上に排出させる全置換工法のため，機械式撹拌工法に比べ，建設汚泥の発生量が多くなる．
- 機械式撹拌(柱状地盤改良)工法は，改良体をラップさせる全面改良が出来ないため，盤ぶくれ防止対策はディープウェル工法を採用し，被圧水位を1.29m低下させた．
- 必要な地耐力は改良厚 3.0mで確保した．

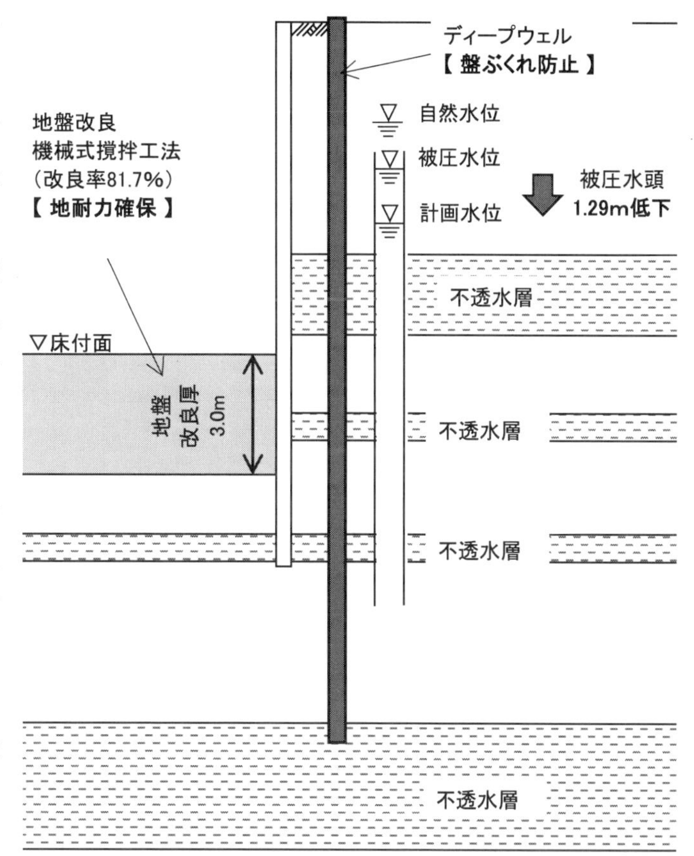

図－2　断面図(機械式撹拌工法による地盤改良)[1)]

掘削中はディープウェルによる被圧水頭低下量を計測管理したほか，機械式撹拌工法の未改良部(四つの改良体円の接点で囲まれた箇所)からの出水の有無を常に確認し，盤ぶくれの兆候を見逃さないように配慮した(図－3参照)．

地盤改良工法の変更と改良厚の低減により，建設汚泥を削減することができた．

図－3　機械式撹拌工法の未改良部[1)]

出　　典　1)福田・巨知・下田ら：地下調整池工事における地盤改良の施工事例，土木学会全国大会年次学術講演会集 2017，VI-907，pp.1813-1814，(公社)土木学会，2017.9 の一部を再構成したものである．

参考文献　2)トンネル標準示方書[開削工法編]・同解説：(公社)土木学会，2016.7

関連文献　道路土工 仮設構造物工指針(平成 11 年度版)：(公社)日本道路協会，1999.3

3

シールド

Q3－1　シールド掘進中に玉石層に遭遇した時の対処方法について教えて下さい．

1．はじめに[1)]

当該工事は，海底下に新設する下水道管(セグメント外径 φ 3.950m，L=1896m)を泥水式シールド工法により築造するものである．事前の土質調査において，掘進部は均質な固結シルト層(Nzc 層)と想定されていたが，海底下掘進中に想定外の玉石層(礫)に遭遇した(図－1参照)．これより，流体輸送設備での閉塞による掘進停止を回避することが課題となった．

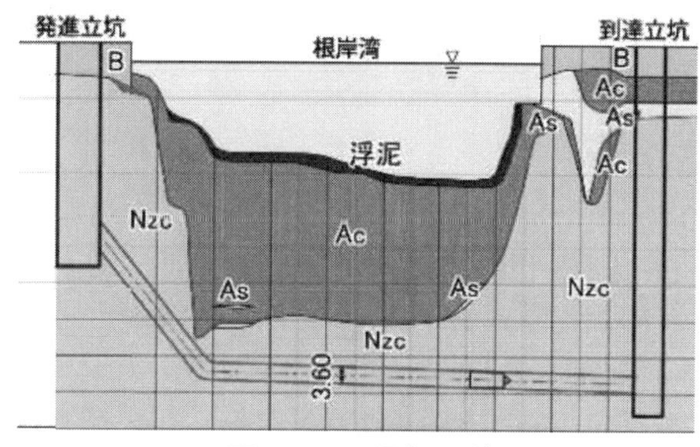

図－1　現場概要[1)]

2．一般的な礫処理方法について

大径の礫は，シールドから排出できずトラブルの原因となるため，礫径をボーリング，大口径調査孔(オールケーシング工法)などの調査によりあらかじめ正確に把握する必要がある．

泥水式シールドでは，取り込まれた礫を除去あるいは破砕するなどにより，配管やポンプで閉塞が生じないようにする．礫処理装置の分類を図－2に示す．

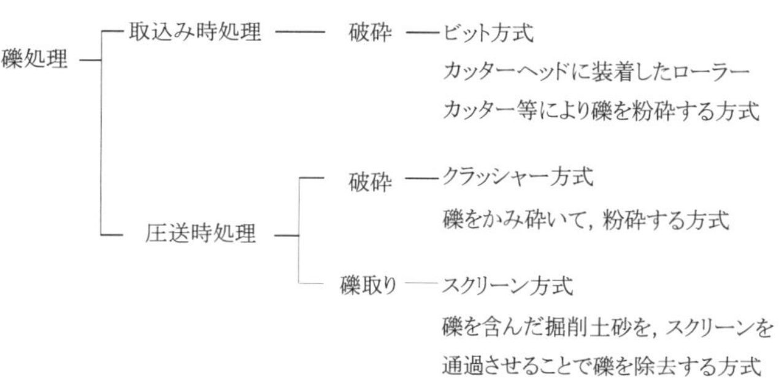

図－2　礫処理方式の分類[2)]

3．対処事例[1)]

当該工事では，配管閉塞対策として以下を実施した．その結果，BとCの併用が有効であった．

表－1　配管閉塞対策[1)]

	対　策	概　要	結　果
A	礫取箱設置(図－3)	排泥管の途中に設置し，礫と泥水を分離することで配管閉塞を防止する．堆積物の定期的な除去作業(掘進停止を伴う)が必要となる．	配管閉塞は解消したが，堆積物除去作業に時間をとられ，掘削の進捗が低下した(掘進長 10cm に 1 回の除去作業が必要となった)．
B	ロータリークラッシャー設置(図－4)	排泥管の途中に設置し，取り込んだ礫を破砕し泥水と共に送泥する．後続台車に乗っていることが多く，掘進停止を伴わない．	順調に掘削することができたが，除去困難な場所(排泥口)での巨礫による配管閉塞が起きた．
C	予備排泥管の使用(図－5)	排泥管を 8 インチから 10 インチに切り替えた(トラブルを想定して準備していた)．	ロータリークラッシャーを併用することで掘進が可能となった．

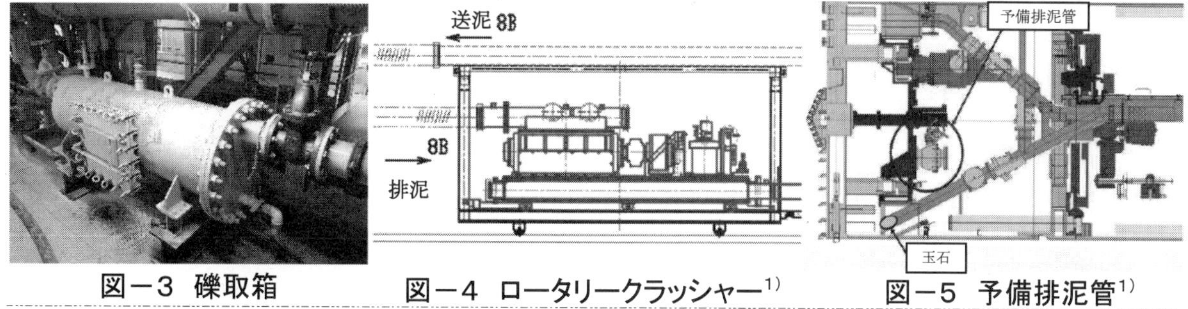

図－3　礫取箱　　図－4　ロータリークラッシャー[1)]　　図－5　予備排泥管[1)]

出　典　1)橋本守：海底下横断シールドにおける玉石層出現に対する対策と施工結果，土木学会全国大会年次学術講演会集 2018，VI-138，pp.275-276，(公社)土木学会，2018.9 の一部を再構成したものである．
参考文献　2)トンネル標準示方書[シールド工法編]・同解説：(公社)土木学会，2016.7

Q3－2　巨礫を含む礫質地盤でのシールド地中接合における位置確認事例を教えて下さい.

1. はじめに[1)]

当該工事は，セグメント内径φ2.7m，L=3.1kmの水道幹線を泥水式シールド工法により構築するものである．図－1に示す3工区が当工事の施工範囲である.

2工区との工区境でシールドトンネルを地中接合する際，鉛直・水平誤差50mm以内，面角度1°以内の精度が必要であった．直径300mmを超える礫が点在する地盤条件のなか，2つのシールドの位置を正確に確認する方法が課題であった.

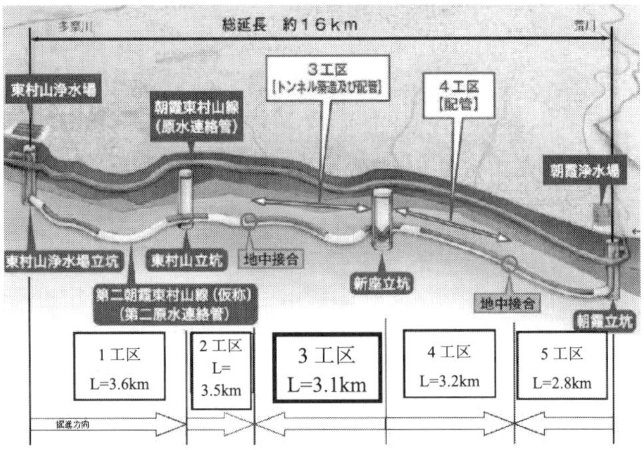

図－1　現場概要[1)]

2. 地中接合における位置確認について[2)]

地中接合は，立坑の設置が困難な場合や，シールド延長が長く工期短縮を求められる事業などに採用されることが多い．フードやカッターの構造を工夫することにより，機械的に接合させる方法が普及している．地山の安定や止水を図るとともに，精度良く施工することが重要である.

水平ボーリングによるシールド機の位置確認概要を図－2に示す．先着シールドから後着シールドに向けてボーリング削孔を行い，後着シールドの位置を確認する．他にも先着シールド側から出た外管ロッドの位置を後着シールドの内側から各種センサにより確認する方法や，ボーリング孔を利用して直接測量する方法などがある.

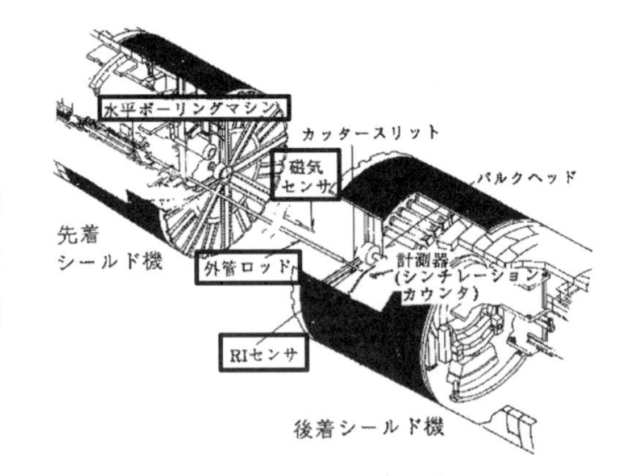

図－2　水平ボーリング概要[2)]

3. 探査ボーリングによるシールドの位置確認事例[1)]

当該工事では，接合位置の20m手前で，後着シールドから水平ボーリングにより先着シールドの位置を確認する予定であったが，巨礫の影響により水平ボーリング時に孔曲がりが発生し正確な位置の把握が困難になることが予想された．そこで，図－3のように地上からセグメントに向けて探査ボーリングを行い，シールド坑内へと座標を落とすことによって，先着側および後着側の各シールドの正確な位置を把握した．測量結果をもとに接合までの掘進を行うことで，非常に良好な精度で施工を終えることができた.

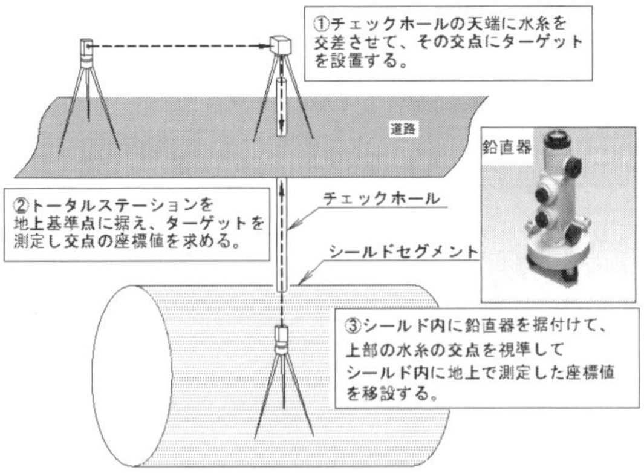

図－3　探査ボーリング概要[1)]

出　典　1)武田・本田・小林ら：礫地盤中の長距離掘進と地中接合を含む水道管シールドの施工事例，土木学会全国大会年次学術講演会集 2018, VI-161, pp.321-322,（公社）土木学会, 2018.9 の一部を再構成したものである.

参考文献　2)土木学会論文集 No.462, VI-18, pp.161-170,（公社）土木学会, 1993.3

Q3－3　シールドの発進坑口から出水のリスクが高い場合の対処方法について教えて下さい.

1. はじめに[1)]

当該工事は，セグメント外径 φ3.95m，L=1.9km の下水道幹線を泥水式シールド工法により構築するものである（図－1 参照）．海が近く，坑口（φ12.9m）が GL-30m と深いことから，坑口コンクリートを撤去した場合の出水リスク回避が課題であった．

図－1　現場概要[1)]

2. 一般的な立坑からの発進方法について

坑口には，エントランスパッキンおよび坑口コンクリートを設置する（図－2参照）．高水圧下では，複数のパッキンやチューブ式の止水装置を設ける場合もある．坑口の背面地山を地盤改良することで，鏡切り時の切羽の安定確保やシールドが地山へ貫入する際の止水性を確保するのが一般的である．

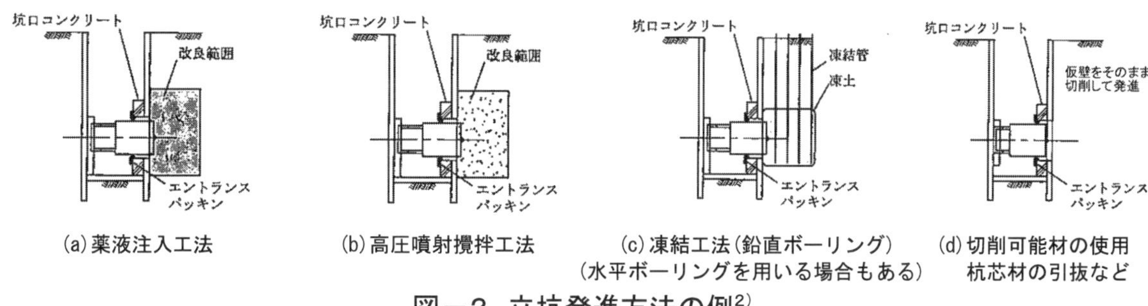

(a)薬液注入工法　(b)高圧噴射攪拌工法　(c)凍結工法（鉛直ボーリング）（水平ボーリングを用いる場合もある）　(d)切削可能材の使用 杭芯材の引抜など

図－2　立坑発進方法の例[2)]

3. 対処事例[1)]

当該工事では，坑口コンクリートと本体壁を兼用することで坑口撤去が不要となり，出水のリスクを回避した．その際の主な問題点と対策を表－1，図－3～5に示す．

表－1　坑口コンクリートと本体構造物を兼用した場合の問題点と対策

No	課題	対策
A	躯体鉄筋は法線方向に組み立てるが，坑口コンクリートはシールドに平行な矩形形状となるため，坑口部以外の側壁鉄筋との機械式継手の連結難度が高くなる.	坑口コンクリートの端部を法線方向に構築した. 曲面を平滑にするため，無筋の坑口コンクリートを打設した.
B	本体構造物の構築順序が「坑口→底版→側壁」となる. 側壁の鉛直方向鉄筋は機械式継手が採用されており，坑口と底版を結ぶ鉄筋の組立精度確保が課題であった.	坑口コンクリート下部と底版コンクリート上部にカプラーを配置し，鉛直方向鉄筋を重ね継手とした．充填性確保のため，流動化コンクリートを採用した.
C	最終掘削版と坑口コンクリートに約 4m の離隔があり，床付け時に坑口コンクリートの荷重を支持する必要がある.	H 形鋼を杭基礎として設置し，坑口コンクリートを支持した.

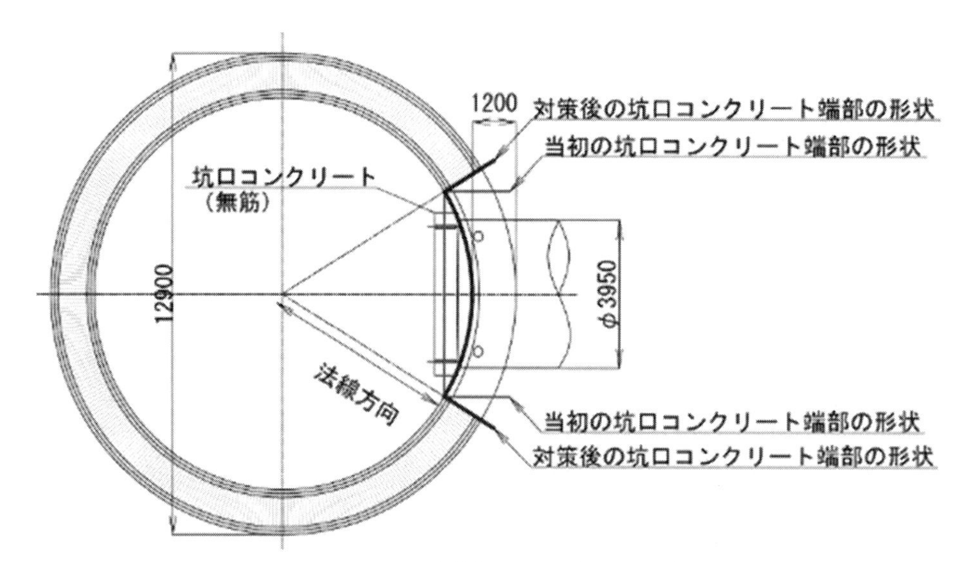

図－3　Aの対策図（立坑平面）[1]

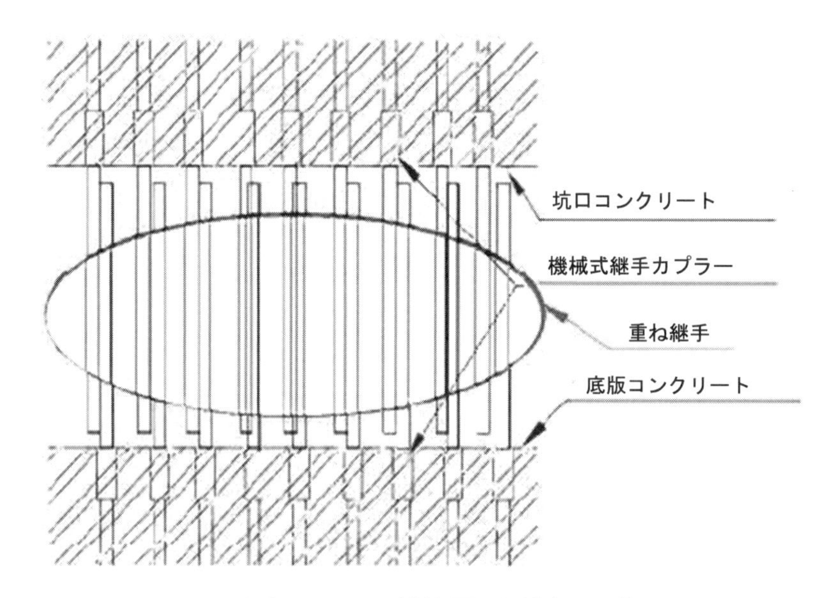

図－4　Bの対策図（立坑側面）[1]

図－5　Cの対策図[1]

出　典　1)山本・村上・橋本：シールド発進坑口の本体兼用に関する計画と設計および施工，土木学会全国大会年次学術講演会集 2018, VI-148, pp.295-296, (公社)土木学会, 2018.9 の一部を再構成したものである.

参考文献　2)トンネル標準示方書[シールド工法編]・同解説：(公社)土木学会，2016.7

Q3－4　シールド工事における地下水への影響と対策について教えて下さい．

1．はじめに[1)]

当現場は，農地に水を安定供給するための農業用水路整備事業のうち，一部区間の幹線水路を泥土圧式シールド工法にて建設するものである．

近傍で井戸を利用している住宅地内における帯水層の掘削であり，帯水層は細粒分含有率が小さいために透水係数が大きく，加えて比較的ゆるい礫質土層であることから，掘削による地下水への影響を最小限に抑制することが課題であった．

2．シールド工事における一般的な地下水対策

地下水への影響として，汚濁水（坑内洗浄水などによる）の流出や加泥材および裏込め注入材などに含まれるセメントや薬液の流出が考えられる．前者では浮遊物質の発生が懸念され，後者では地下水の水素イオン濃度（pH）異常が懸念される．これらに対する一般的な調査と対策を以下に示す．

（1）調査

- 周辺の地盤および地下水の水位，水質，流向などを調査し，全体の傾向を把握する．
- 周辺の井戸（生活用水，営業用水），池，貯水池の有無とその利用状況を調査する．
- 薬液注入を行う場合は，建設省「薬液注入工法による建設工事の施工に関する暫定指針」（1974）の調査項目にもとづいた調査を行う．

（2）対策

- 補助工法の採用（圧気，薬液注入工法，凍結工法，遮水壁など）
- 薬液注入工法による地下水汚染防止

3．地下水への影響に配慮した具体的な施工方法[1)]

以下の対策を実施した結果，路線近傍の井戸の水位・水質に顕著な変化は発生しなかった．

（1）掘削添加剤について

掘削添加剤は，気泡（B タイプ，起泡剤：環境 8 号）が採用されていたが，掘削地盤が透水係数の高い礫質土層であることを考慮し，泥土の流動性と止水性を高めるために気泡に液状増粘剤を混合させたものを使用した．また，井戸を利用している住宅地付近の掘削を行う際は，掘削添加剤の地下水への浸透抑制を目的として，高粘性可塑充てん材に気泡材を混合した，気泡クレーショックを用いた．

（2）裏込め注入について

地山崩壊を防止し，早期にテールボイドを安定させるために，裏込め材に硬化材の添加割合を増やした早硬性裏込材を使用した．また，地山の透水係数が高いことから，地下水への浸透を抑制するために，ゲルタイムが 5 秒以内となる配合とした．裏込め材は注入圧・注入量の両面で管理した．

出　典　1)鈴木・四方・浅井ら：周辺地盤および地下水への影響を考慮したシールド施工の実績，土木学会全国大会年次学術講演会集 2018，VI-134，pp.267-268，(公社)土木学会，2018.9 の一部を再構成したものである．

関連文献　トンネル標準示方書[シールド工法編]・同解説：(公社)土木学会，2016.7

Q3－5　シールド機内から周辺に地盤改良をする場合の留意点と対策例を教えて下さい．

1．はじめに[1)]

当現場は泥土圧式シールド（外径φ2,680mm，L=682m）の雨水幹線築造工事である．シールド機が地中到達した後に，地上部より鋼製ケーシング工法（外径φ2,000mm）にて立坑を掘削し，シールド上部を開口して，現場打ち人孔（内径φ1,500mm）と接続する．立坑接続の補助工法として，シールド機内から薬液注入（二重管ストレーナ工法）を行うが，注入圧により開口補強材（欠損リング，柱部材，梁部材からなる），シールド鋼殻および鋼製セグメントに想定以上の荷重が作用することが懸念された．そのため，注入時の計測管理や計測結果に応じた追加補強を適切に行うことが課題であった（図－1参照）．

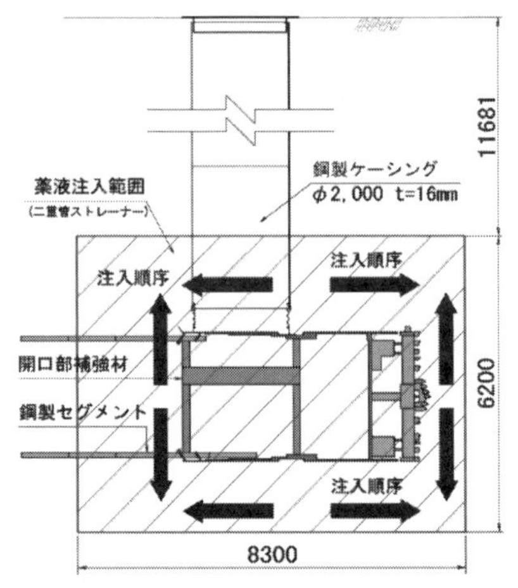

図－1　薬液注入範囲[1)]

2．一般的な留意点と対策について

シールド機内から地盤改良を行う際，薬液注入によるシールドへの影響に留意した低圧浸透方式の工法と材料の選定が必要になる．詳しくは記載の関連文献を参考にしてほしい．

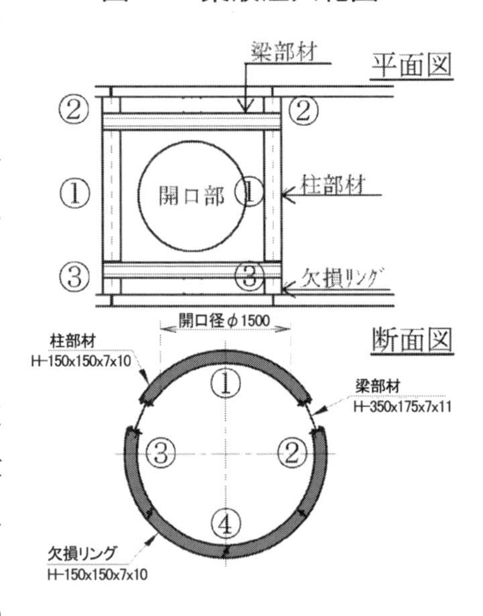

図－2　ひずみ計測位置図[1)]

3．当現場での対策例について[1)]

注入による荷重を計測するため，開口補強材の①～④の位置にひずみ計を設置した（図－2参照）．注入中は，ひずみ量から算出した各部材の応力に，開口後の増分応力を加算した最終応力を推定し，限界管理値（許容応力度）以下となるよう注入流量を管理した（図－3参照）．注入終盤になり，梁部材の応力が限界管理値を超えたため，注入を中止し，開口補強材に厚さ12mmの鋼板を溶接して追加補強を実施した（図－4参照）．これにより，梁部材に発生する増分応力を約6割に低減させ，最終応力を限界管理値以下にして無事注入を終えることができた．

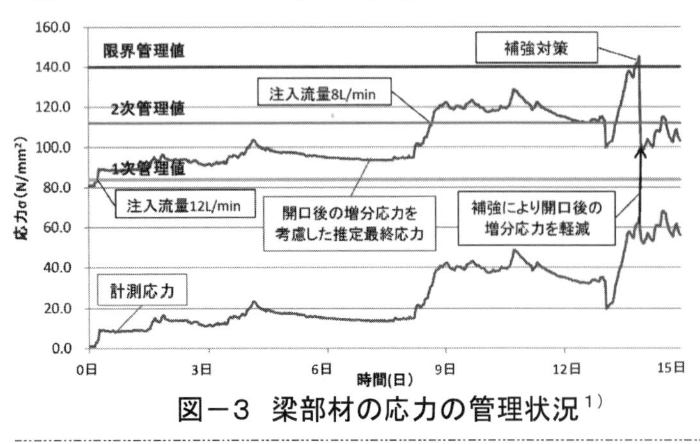

図－3　梁部材の応力の管理状況[1)]

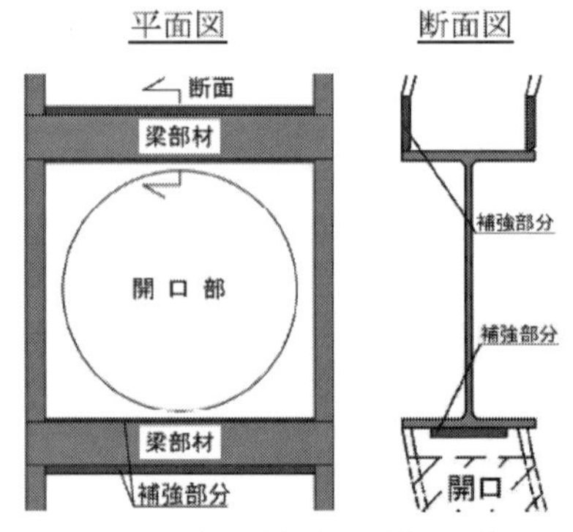

図－4　追加補強対策図[1)]

出　典　1)齋藤・村上・久米：薬液注入圧に対するシールドトンネル開口部の計測施工，土木学会全国大会年次学術講演会集2018，VI-132，pp.263-264，(公社)土木学会，2018.9の一部を再構成したものである．

関連文献　土木施工なんでも相談室[基礎工・地盤改良工編]2011年改訂版：(公社)土木学会，2011.9

Q3－6　シールドの河川横断に伴い，護岸基礎部の地盤改良を行った事例を教えて下さい．

1．はじめに[1), 2)]

当現場は河口部に位置し，軟弱粘土層を泥土圧式シールド工法にて掘削して河川直下を横断する工事である．両岸の護岸の安定を図るため，軟弱層を浚渫し，海砂で置換した後，護岸を構築している(図－1参照)．

海砂にて置換した護岸基礎(以降，「サンドキー」と称す)は，粒形の揃った緩い砂質土で，トンネル掘削断面の天端付近に出現することから，トンネル掘削時に土砂の噴発や裏込め材が河川に流出することが懸念された．このため，トンネル直上 3m，トンネル外側左右 3m の範囲においてサンドキーの地盤改良を求められたが，以下の問題点を解決する必要があった．

- 河川の水は飲料水にも利用されるため，環境負荷の低減が必要である．
- 改良範囲は，河川直下かつ広範囲にわたる．
- 改良体には高い止水性と一定の強度が必要である．

図－1　改良範囲図[2)]

2．工法の検討について[1)]

工法の選定にあたり比較検討した工法を表－1に示す．

表－1　当現場で比較検討した工法一覧

工法	曲り削孔による薬液注入	鉛直削孔による薬液注入	シールドからのグラウト注入工
特徴	地上の任意の箇所から施工が可能．削孔時の施工精度が要求される．	直上に施工ヤードが必要であり，締切にて埋立造成を行う．	シールドから注入を行うため，地上部に施工スペースが不要．養生期間中は掘進できない．

当現場では河川環境への負荷が小さく，かつ工程に影響を与えずに，陸上から広範囲にわたる改良範囲への注入が可能となる曲り削孔による薬液注入を採用した(図－2参照)．

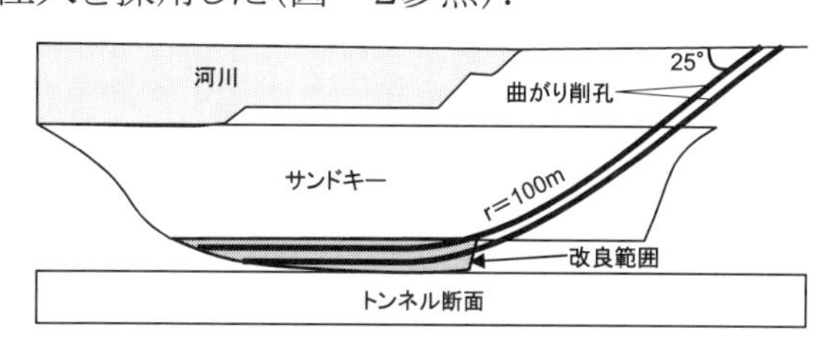

図－2　曲がり削孔配置図

3．管理方法と施工手順について[1), 2)]

当現場における施工上の工夫を下記に示す．

- 削孔精度を向上させるため，測量用参照点を複数設けた．また，表層近くは石などの障害物が多いため，ロータリーパーカッションタイプの削孔機で削孔を行い，直線部の削孔精度を確保した．
- 試験施工により，注入材の逸散を抑えることが透水係数の向上に有効であると判明した．そこで，上層を先行注入して河川への逸散を防止するとともに，平面的には，地下水を排除しながら注入を進める目的で，両端を先行注入した．

出　典　1)草野・山崎・吉田：シールド河川横断に伴う護岸基部改良工－ その1 施工方法と薬液注入材の検討 －，土木学会全国大会年次学術講演会集 2018, VI-976, pp.1951-1952, (公社)土木学会, 2018.9 の一部を再構成したものである．

2)山崎・村川・草野：シールド河川横断に伴う護岸基部改良工－ その2 曲がり削孔施工管理 －，土木学会全国大会年次学術講演会集 2018, VI-977, pp.1953-1954, (公社)土木学会, 2018.9 の一部を再構成したものである．

Q3－7　既設構造物に近接してシールド工事を行う場合の防護事例について教えて下さい．

1．はじめに[1)]

当現場は，都市部における大雨などの異常気象時の雨水対策として下水管（シールド工法，土被り約 13m，φ5,250mm）を築造する工事である．その中でシールドが鉄道営業線直下を通過する区間があり，鉄道構造物への影響を防止する必要があった（図－1参照）．

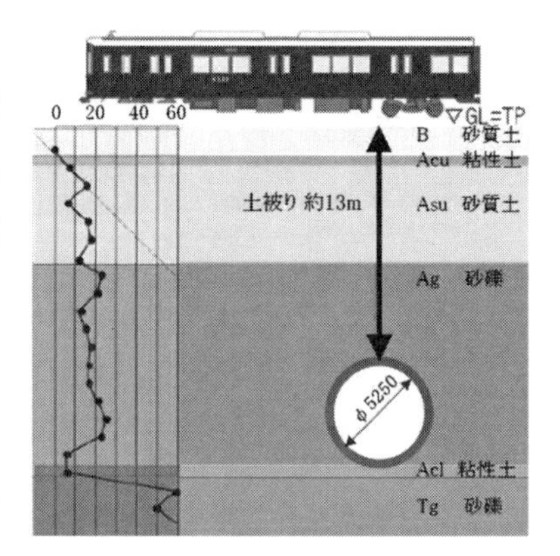

図－1　断面図[1)]

2．既設構造物の防護方法

既設構造物に近接してシールド掘削を行う場合の一般的な防護方法を表－1に示す．

表－1　既設構造物の防護方法

対策工法	既設構造物の補強		遮断防護	地盤強化，改良防護
	直接補強	アンダーピーニング		
概要	近接施工の影響による既設構造物の変形に対して，既設構造物を直接補強することによって変形に対する抵抗力を高める．構造物内部を直接補強する方法と下部構造・基礎構造を補強する方法がある．	既設構造物直下を施工する場合，上部の既設構造物を直接受けて下の影響範囲外の地盤に支持させる．施工法には，耐圧版方式，基礎新設方式がある．	既設構造物と新設構造物の間を遮断することにより，変位の伝播を防止する．施工法としては，トンネルと既設構造物の間にシートパイル，柱列杭，地下連続壁，または撹拌混合工法などにより遮断壁を設けて防護する．	近接施工の影響により，既設構造物の変形が問題となる場合に，薬液注入工法や撹拌混合工法により既設構造物の支持地盤の強度を増加し，既設構造物の沈下を抑制する．
留意点	他の対策工と併用して用いられる場合が多い．直接補強の採用にあたっては，補強を実施することによる既設構造物への影響を検討する必要がある．	工事規模，費用が大きくなる．	施工法も比較的簡単であるためよく用いられているが，遮断壁も既設構造物に近接して施工されるため，施工による構造物への影響も考慮する必要がある．	地盤改良により，直接基礎構造物に影響を与えることとなるので注意が必要である．

3．当現場の対策[1)]

当現場では，営業線外側より斜め施工にて改良防護（高圧噴射撹拌工法）を実施した（図－2参照）．なお，以下の工夫を行った．

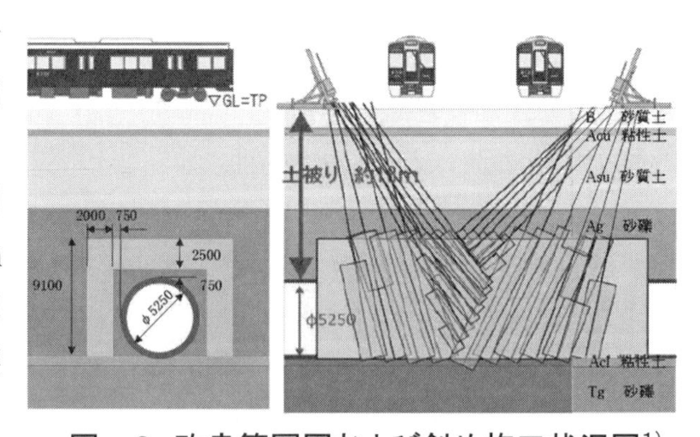

図－2　改良範囲図および斜め施工状況図[1)]

- 緩い砂質土層でのジャーミングや孔壁周辺地盤の乱れを防止するため，φ200mm のケーシングによる先行削孔を実施し，削孔時およびケーシング引抜後の孔壁防護として高粘性のベントナイト液を使用した．
- 軌道直下部では，地盤内圧力の増加や減少に伴う周辺地盤への影響を抑えるため，削孔から造成までの軌道下での地盤内圧力の管理値（上限，下限）を設定した．管理にあたっては，地盤内圧力，硬化材噴出圧力，硬化材噴出量，エアー量，エアー圧力などを統括的に計測管理できるシステムを使用した．
- 削孔時には，約 5m ごとにジャイロを多孔管ロッド内に挿入して削孔位置及び方向の計測を行い，必要に応じて方向を修正しながら削孔した．

出　典　1)長谷・丸山・金田ら：鉄道営業線直下部における下水管渠築造に伴う線路防護用地盤改良工事，土木学会全国大会年次学術講演会集 2018，VI-775，pp1549-1550，(公社)土木学会，2018.8 の一部を再構成したものである．

関連文献　トンネル標準示方書[シールド工法編]・同解説：(公社)土木学会，2016.7
都市部構造物の近接施工対策マニュアル：(公財)鉄道総合技術研究所，2006.3

Q3－8　シールドが鉄道営業線直下を横断する際の地盤変状対策について教えて下さい.

1. はじめに[1)]

当該工事は，シールド外径 ϕ 12.5m，往復で L=4km の道路トンネルをシールド工法にて施工するものである(図－1参照). 途中，鉄道直下を 1.0D 程度の土被りで横断する. その際に発生する鉛直変位は，鉄道会社の定める管理基準値を満たす必要がある. 事前の影響検討解析により，鉄道の管理基準値を大幅に超えることが予測された場合，管理基準値を満足するための対策が必要となる.

図－1　鉄道横断部の状況[1)]

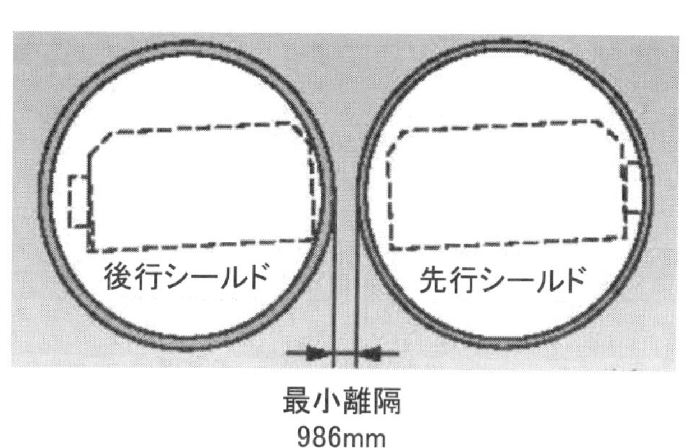

図－2　シールド断面図[1)]

2. 一般的なシールド掘進時の地盤への影響について

シールド掘進時の一般的な地盤変状の種類と特徴を表－1，図－3に示す.

表－1　シールド掘進時の地盤変状の種類と特徴[2)]

段階	種別	特徴
第1段階	先行沈下	シールド切羽のかなり前方から発生する地盤変状. 間隙水圧減少や切羽で地山を呼込むことにより発生する.
第2段階	切羽前沈下(隆起)	シールド切羽が到達する直前に発生する地盤変状. 切羽に作用する土水圧の不均衡が原因で発生する.
第3段階	通過時沈下(隆起)	シールドが通過するときに発生する地盤変状. シールド外周面と地山との摩擦や余掘りに伴う乱れ，3次元的な支持効果が減じることによる応力解放などが主な原因で発生する.
第4段階	テールボイド沈下(隆起)	シールドテールが通過した直後に生じる地盤変状. テールボイドの発生による応力解放や過大な裏込め注入圧等が原因で発生する. 密閉型シールドで生じる地盤沈下の多くは，このテールボイド沈下である.
第5段階	後続沈下	軟弱粘性土の場合で，主として，シールド掘進による全体的な地盤の緩みや乱れ，過剰な裏込め注入等に起因して発生する.

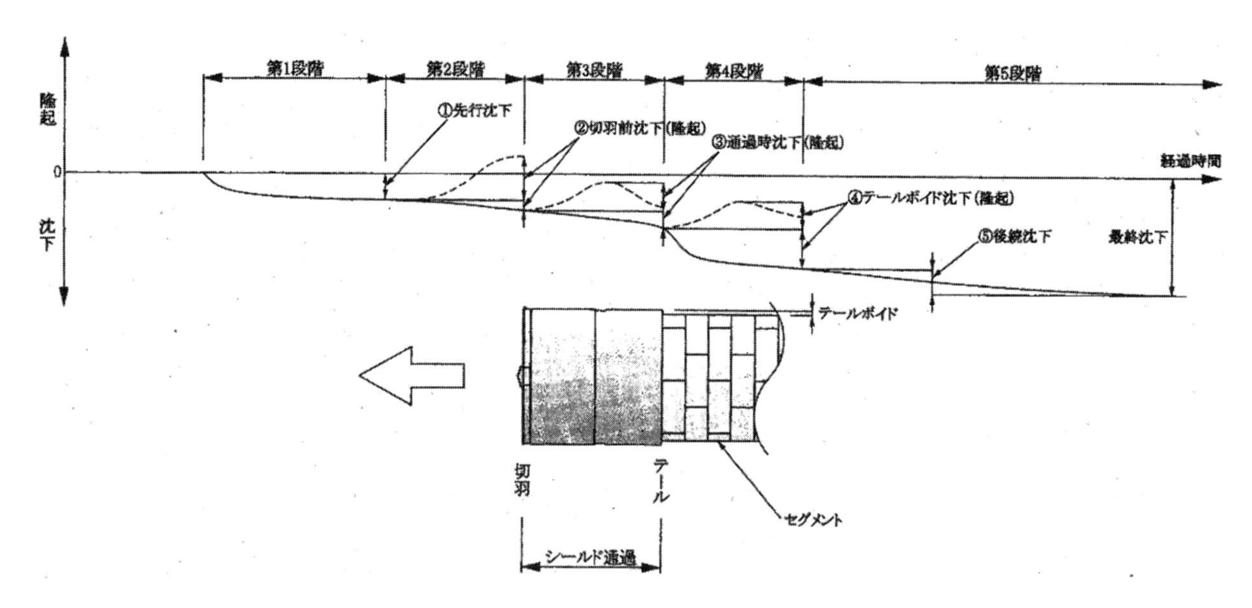

図－3 シールド掘進による地盤変位の分類[2)]

3. 地盤変状抑制対策[1)]

当該工事において，事前の FEM 解析では最大 14mm の沈下が予想されたが，以下の対策により，2.1mm 程度（収束値 0.0mm）に抑え，管理基準値（今回は 3~7mm）を満足する結果となった.

- 切羽土圧の管理値（主働（静止）土圧+水圧+予備圧）の予備圧を，隣接トンネルの掘進データを参考に 50kPa とした結果，先行隆起後の鉛直変位が 0mm に収束した.
- 鉄道営業線直下の平面線形は R=650 だったが，余掘りをせずフリクションカットで対応した.
- 軌道直下のマシン通過時影響を考慮し，可塑性充填材をシールド胴体上部から直接注入した.

出　典　1)紀伊吉隆・松川直史：大断面シールド後行掘進時における鉄道営業線横断実績，土木学会全国大会年次学術講演会集 2018, Ⅳ-121, pp.241-242, (公社)土木学会，2018.9 の一部を再構成したものである.
参考文献　2)トンネル標準示方書[シールド工法編]・同解説：(公社)土木学会，2016.7

Q3－9　近接施工におけるシールド掘進時の変位抑制事例について教えて下さい．

1．はじめに[1)]

当該工事は，シールド外径 φ 3.9m，L=580m の導水路を泥水式シールド工法により施工するものである．主要県道直下を土被り 10m（約 2.6D）で掘進するため，影響範囲内の下水道管や路面および河川にかかる橋への影響を掘進管理の面から抑制することが課題であった（図－1参照）．

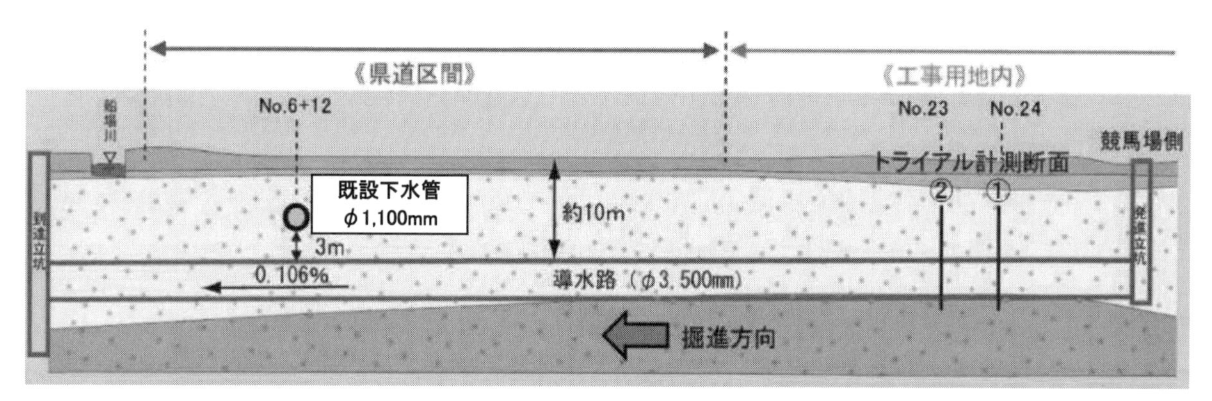

図－1　現場概要[1)]

2．シールド掘進における一般的な変位抑制対策

シールド掘進時の一般的な変位抑制対策を表－1に示す．

表－1　シールド掘進時の変位抑制対策

項　目	内　容
切羽に作用する土水圧の不均衡対策	切羽の安定管理（土圧式と泥水式で異なる）を実施するとともに，必要に応じて補助工法を使うなど地山の安定を図る．
掘進中の地山の乱れ抑制対策	シールドと地山の摩擦の低減，周辺地山をできる限り乱さないためヨーイングやピッチングなどを少なくし蛇行を抑制する．
テールボイド沈下と裏込め注入による隆起抑制対策	地山状態に応じた裏込め注入材の選定，シールド掘進と同時に裏込め材を注入，二次注入による沈下抑制などの対策を行う．
一次覆工の変形抑制対策	セグメントリング変形抑制対策（形状保持装置の使用，継手ボルトの確実な締結など）が必要となる．
地下水位の低下抑制対策	シールド内への漏水による地下水位低下抑制のため，セグメントの組立や防水は入念に行わなければならない．

※掘進管理の対策だけでは不十分な場合は，既設構造物の補強が必要となる．

3．近接施工における掘進管理事例[1)]

当該工事では，表－2に示す掘進管理を実施した．

表－2　掘進管理事例

項　目	内　容
事前解析	掘進に先立ち，図－1に示すトライアル計測断面での変位量（解析予測値）をFEM解析により算出した結果，管上1m地点で6.5mmの沈下が予想された．
掘進管理項目および掘進管理値（初期設定値）の決定	掘進管理項目は，地盤変状に密接に関わる切羽泥水圧と裏込め注入圧とした．各々の管理値は，本工事や他工事での実績を勘案し以下のように設定した（初期設定値）． • 切羽泥水圧　：切羽位置における水平土水圧±20% • 裏込め注入圧：切羽泥水圧～300(kPa)
トライアル計測	初期設定値でシールド掘進し変位計測を実施した結果，管上1m地点での沈下量は3.0mmであった．解析予測値の50%以下に収まっていることから，初期設定値の妥当性を確認した．

トライアル計測の最終沈下量が予測変位量より少なかったため，上記掘進管理値を採用して施工を完了させた．工事完了後の路面変状調査や空洞調査にも異常は確認されなかった．

出　典　1)川口達也・古川哲也：トライアル計測を反映した幹線道路直下でのシールド掘進管理，土木学会全国大会年次学術講演会集2018，VI-127，pp.253-254，(公社)土木学会，2018.9の一部を再構成したものである．

関連文献　トンネル標準示方書[シールド工法編]・同解説：(公社)土木学会，2016.7

Q3－10　大断面泥土圧式シールドにおける可燃性ガス対策事例について教えて下さい．

1．はじめに[1)]

大断面泥土圧式シールド工事（シールド外径 φ13.59m，L=5.4km）において，シールド路線内の複数箇所を対象に可燃性ガスの事前調査をした結果，全ての測点で可燃性ガスが検出された．

大断面，長距離かつ高速施工が求められるなか，「換気設備」，「機内設備」，「土砂搬送設備」について可燃性ガスに関する技術的課題を解決する必要があった．

2．一般的な可燃性ガスへの対策方針[1)]

安全衛生法や安全衛生規則では，「防爆危険場所で使用する電気機械器具を防爆構造とすること」，「通風・換気の措置をとること」などの方針が記されているが，危険箇所での必要風速および可燃性ガス管理濃度などの管理値は明記されていない（表－1参照）．そのため各種技術指針，施工マニュアルなどを参考に具体的な対策を立案する必要がある．また，掘削土砂の搬送方式は，可燃性ガスを大気に放出することなく密閉状態のまま坑外に搬送することができる土砂圧送とすることを推奨している．「掘削土質が一部不適合である」，「圧送設備が掘進速度に影響する」などの理由により圧送方式の採用が困難な場合は，その代替として別途安全管理対策を追加する必要がある．

表－1　防爆構造に関する種類の例[1)]

項　目	内　容
安全増防爆構造	正常な動作時に電気火花や異常高温を発生しない機器に特別に安全度を大きくした構造
耐圧防爆構造	密閉構造であり，容器内部で爆発性ガスの爆発が起こった場合に，容器がその圧力に耐え，かつ外部の爆発性ガスに引火する恐れのないようにした構造
本質安全防爆構造	弱電流回路の機器において正常時にも故障時にも発生する電気火花および高温部でガスに点火しないことが公的機関において試験などにより確認された構造

3．対策事例[1)]

可燃性ガスへの対策事例を下記に示す．また，換気設備計画概要を図－1に示す．

- エアーカーテンの設置，局所排気，坑内風速 0.5m/s の確保などの換気設備対策を実施した．
- 「シールド機内の電気機器（モーター類）を耐圧防爆または本質安全防爆構造とする」，「防爆構造化が困難な設備（エレクター他）を電動式から油圧式に変更する」，「電源用トランス，油圧ユニットなどを非防爆管理区域内の後続台車上に移設する」など機内設備対策を実施した．
- 切羽ばっ気装置（可燃性ガスを防爆管理区域内で強制的に分離させる装置）を使用して連続ベルコンによる土砂搬送を実施した．

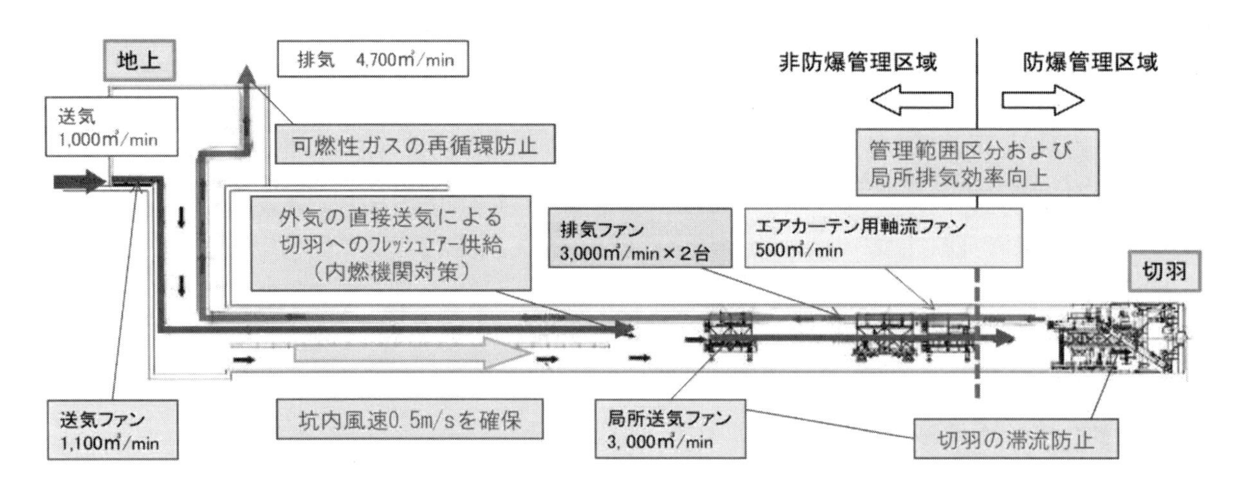

図－1 換気設備計画概要[1]

出　典　1)長沢勇樹：大断面泥土圧シールド工事における可燃性ガス対応，土木学会全国大会年次学術講演会集 2018，VI-118，pp.235-236，(公社)土木学会，2018.9 の一部を再構成したものである．
関連文献　トンネル標準示方書[シールド工法編]・同解説：(公社)土木学会，2016.7

Q3－11　小土被りシールドトンネルのセグメントの変形対策について教えて下さい．

1．はじめに[1)]

当現場は，セグメント外径 φ15.8m（13 分割），セグメント厚さ 650mm，標準的なセグメント幅 1600mm のシールドトンネル工事（道路トンネル）である（図－1参照）．

本工事における発進立坑近傍区間は，最小土被りが 6m と小さいうえ，耐震設計上の基盤面からセグメント上半部が突出する位置関係にある．このような大断面トンネルで小土被りの場合，セグメントの変形に対しては二つの問題点（(a)トンネルの縦つぶれ，(b)地震時の影響）がある．セグメントの変形を抑制し，真円度を確保することが課題であった（図－2参照）．

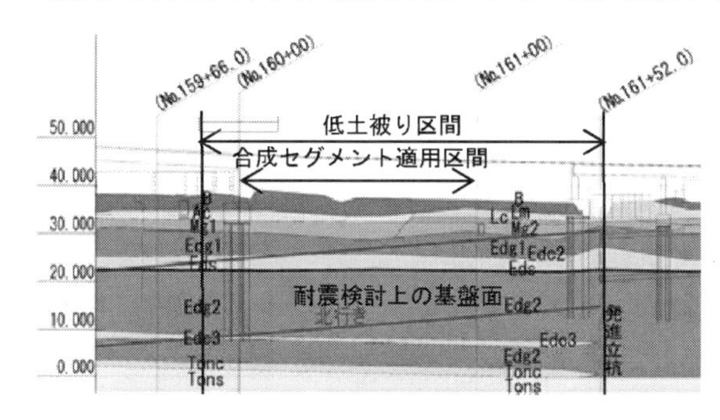

図－1　現場概要[1)]

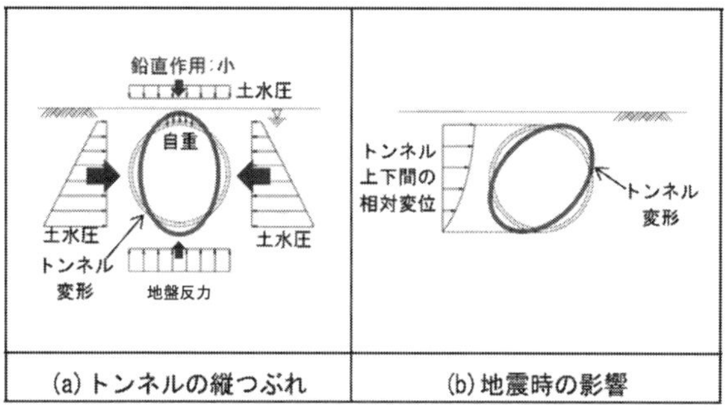

鉛直作用：小
土水圧
自重
土水圧
トンネル変形
地盤反力
(a) トンネルの縦つぶれ
トンネル上下間の相対変位
トンネル変形
(b) 地震時の影響

図－2　小土被りトンネルの課題[1)]

2．シールドセグメントの変形について

シールドトンネルの規模や作用する荷重条件に関わらず，一般的なシールドセグメントの変形に対する問題点と抑制対策を以下に示す．

（1）変形による問題点

- セグメントの継手に目違いや目開きが生じた状況でジャッキ推力が作用すると，組立中のセグメントや既設セグメントの隅角部が点接点または線接触状態となり，欠けやひび割れの要因となる．
- セグメント継手に目違いや目開きが生じると，継ぎ手部の止水シール材が正常に機能しなくなり，漏水発生の要因となる．
- RC セグメントでは，真円度が真円から±1%以上変化すると，ひび割れが増加する傾向が確認されている．
- セグメントは円形の構造物として設計されているので，極端な変形状態（つぶれた状態）となると設計の仮定条件から逸脱することになる．
- セグメントは組立後の既設リングを定規として組立てるので，1 リングで大きく真円度は変化しないが，真円度が低下した場合には容易に改善することはできない．

（2）変形を抑制する方法

- 形状保持装置（真円保持装置）の使用

直前に組立てたセグメントの形状を保持する装置で，上下拡張式と上部拡張式がある．一例を図－3に示す．装置の拡張および収縮は内蔵した油圧ジャッキで行う．

形状保持装置を設置することにより，セグメント搬入など，作業スペースが制限されることがあるため，採用や形式の選定にあたっては，設置スペースや作業性を検討する必要がある．実績ではシールド外径 5m 以上に採用されることが多い．

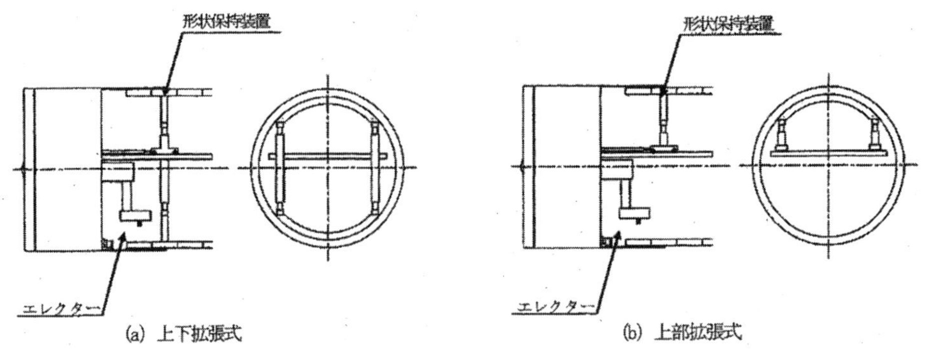

図－3　形状保持装置の一例[2)]

- セグメント押上げ装置

K セグメント組立時にセグメント自重による B セグメントの垂れを持ち上げる場合などに，セグメント押上げ装置などを装備することでセグメントの変形防止を図る（図－4参照）．

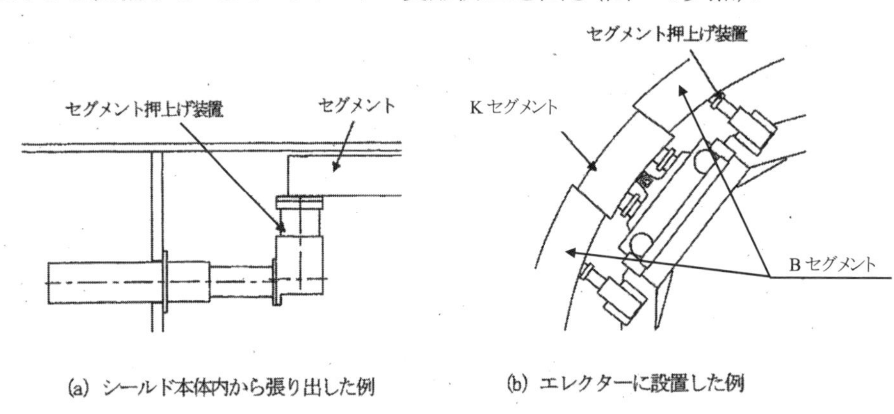

図－4　セグメント押上げ装置の例[2)]

3．大断面小土被り区間におけるセグメントの変形対策の事例（合成セグメント）[1)]

小土被り区間では，軸力が小さく曲げが卓越する挙動が確認されたことや，地震時に継手に発生する応力度を弾性範囲内に抑制する必要があることから，セグメントの継手部の高強度化を図り適用した（図－５参照）．この継手は従来型の継手を作用する土圧に合わせ改良したものであり，従来型の約 6 倍の強度を有している．

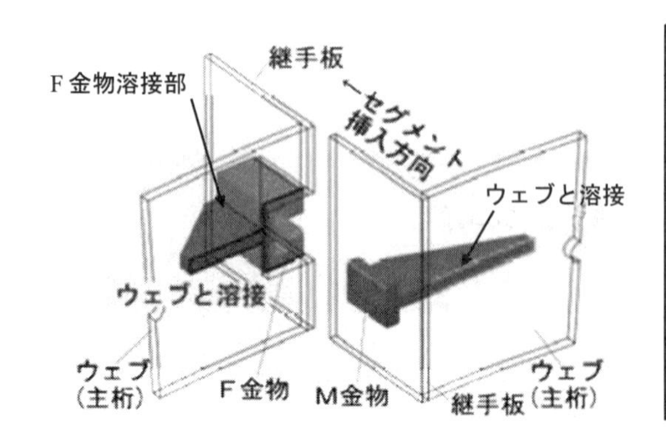

	継手強化型	従来型（重荷重・軽荷重用）
継手構造概要	119　180　191	65　110　115
継手強度	1,055(kN)(6.0)	176(kN)(1.0)

図－5　継手強化型概要[1)を改変]

出　典　1)近藤・下窪・福田ら：大断面道路トンネルの低土被り区間に適用した継手強化型コンクリート一体型鋼製セグメント(HB セグメント)の構造概要，土木学会全国大会年次学術講演会集 2018，VI-136，pp.271-272，(公社)土木学会，2018.9 の一部を再構成したものである．
参考文献　2)トンネル標準示方書[シールド工法編]・同解説：(公社)土木学会，2016.7

Q3－12　シールドの掘進日数を短縮する取り組み事例について教えて下さい．

1．はじめに[1)]

当現場は山間部に水道用水を送水するための全長約 10km のバイパス導水管（仕上り内径 2,200mm）のうち，5,052m をシールド工法で施工するものである（図－1参照）．地上から約 70m の急傾斜地の中腹を掘削してシールド発進基地を造成し，最大積載重量 30t のインクラインにて資機材や工事車両を上下運搬する計画であった．しかし，シールド発進基地を造成してインクラインを稼働させるまでに約 1 年を要するため，工期（4 年 3 ヵ月）内に工事を完了させるためには，シールド掘進と資機材の撤去および復旧を 3 年 3 ヵ月で行わなければならない．そのため，シールド掘進に使える期間を 2 年と設定し，生産性向上の工夫により期間内に掘進を終了させることが課題であった．

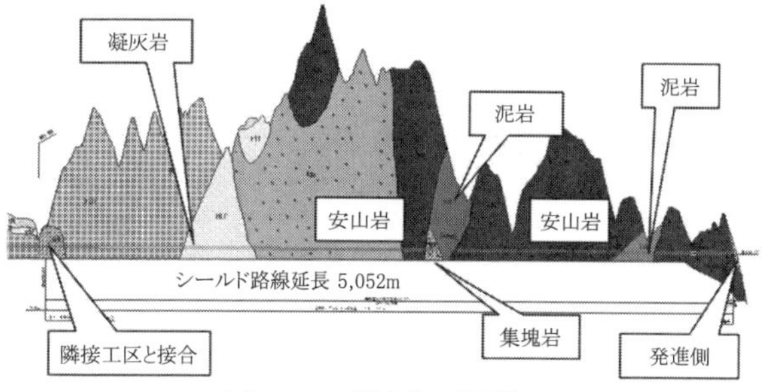

図－1　縦断面図[1)]

2．シールド掘進日数の短縮例について

シールド掘進日数の短縮例を表－1に示す．

表－1　シールド掘進日数の短縮例

実施事項	メリット	デメリット
シールド機の掘進性能向上	シールド機本体の掘進性能を向上させ，1日当たりの掘進量を増やす．	シールド機本体の性能を向上させるため，機械単価が上がる．
坑内運搬サイクルの向上	坑内の掘削土砂，セグメント運搬能力を向上させ，待ち時間を短縮することにより，1日当たりの掘進可能時間を増やす．	換気用の風管や送水設備などの配管の設置位置，シールド断面の制限や運搬機械のサイズ，性能などを検討する必要がある．
24時間作業による作業量向上	標準8時間の2交代制で作業を行うところ，8時間の3交代で作業を行い1日当たりの作業時間を増やす．	シールド機本体への負荷による故障リスクと，シールド作業員の確保が課題となる．
一部セグメントを掘進中に組み立てる	一部のセグメントを掘進中に組むことにより，掘進とセグメント組立を合わせた1リングのサイクルを短縮する．	掘進中に一部のジャッキを外しセグメントを組むので，一時的に掘進速度が低下する可能性がある．

3．採用したシールド掘進日数の短縮方法について[1)]

当現場で採用した方法を示す．

（1）シールド機の掘進性能向上

シールド機のディスクカッター径を設計の 12 インチから 15.5 インチにサイズアップした．ディスクカッター許容押付荷重が大きくなり，岩盤への切込み深さを大きくでき，切削能力，掘進性能が向上した．

（2）坑内運搬サイクルの向上

坑内断面（一般部）　坑内断面（すれ違い部）

送気管　坑内照明　電気通信　裏込　225mmUP　排水管　給水管　配管盛替え

図－2　坑内断面イメージ図[1)]

坑内の軌道枕木設置高を 225mm 上げ，枕木下部スペースへの配管の盛替えにより，すれ違い空間を確保した（図－2参照）．2 編成列車の運行が可能となり，搬送による待ち時間を低減した．

出　典　1)武田圭介・引田猛年：長距離・小断面・岩盤シールドの施工実績，土木学会全国大会年次学術講演会集 2018，VI-116，pp.231-232，(公社)土木学会，2018.9 の一部を再構成したものである．

Q3－13　道路用シールドトンネルの内部構築の工程を短縮する取組み事例を教えて下さい.

1. はじめに[1)]

当現場は高速道路の出入り口の 4 本あるシールドトンネルにおいて最終施工区間となる A ランプシールドである（図－1参照）.

・A ランプシールド延長 459.8m（曲線部 152.5m, 直線部 307.3m）
・最大縦断勾配 7.0%, 横断勾配 0.9%～7.4%, 最小曲線半径 80m
・避難通路設置区間 433m（内プレキャスト設置範囲 363.6m, 現場打ち 69.4m）

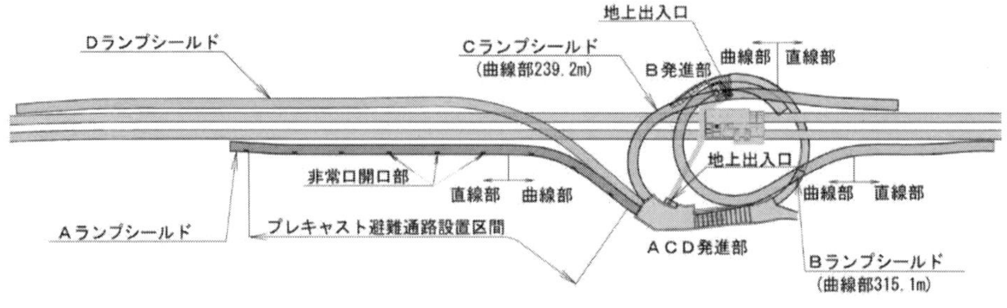

図－1　平面図[1)]を改変

道路用シールドトンネルの内部構築を短縮するには，鉄筋，型枠，資機材運搬の効率化，施工パーティー増による内部構築施工サイクルの向上などが考えられるが，作業スペースや資機材搬入路など，諸条件を勘案する必要がある.

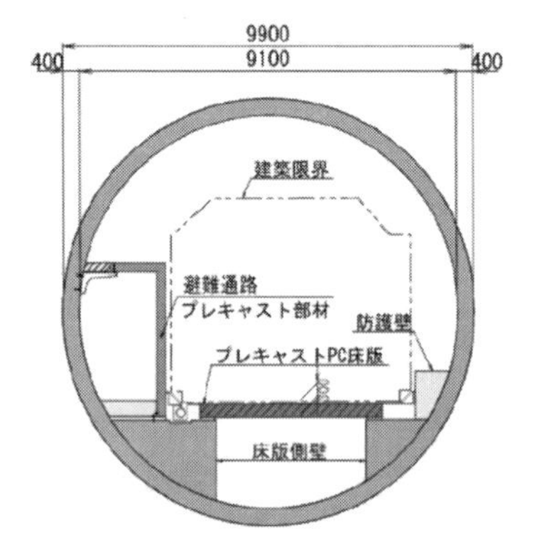

図－2　A ランプシールド断面図[1)]

2. 採用した工程短縮方法について[1)]

当現場の A ランプシールドは B･C ランプに比べ曲線部が短く直線部が長いため，プレキャスト部材を適用し現場作業を省力化することで内部構築の工程短縮ができると判断した（図－2参照）.

（1）プレキャスト PC 床版の特徴と施工

A ランプシールドのプレキャスト PC 床版施工状況を図－3に示す．今回採用したプレキャスト PC 床版の特徴として，継手部を一般的なループ継手から機械式鉄筋定着工法を応用した継手に変更し，床版設置後に容易に横方向鉄筋を配置できるようにした.

図－3　PC 床版設置状況[1)]

（2）プレキャスト避難通路の特徴と施工

経済性の面から，プレキャスト製品のパターンを最小限に抑える必要があった．このため，プレキャスト避難通路下に高さ調整コンクリートを施工することで，プレキャスト部材の高さのパターンを最小限に抑えた．また，プレキャスト部材の設置に使用する受け金物は，シールドトンネルの蛇行や空調ダクトの位置に干渉しない形状とし，あと施工アンカーにて固定した（図－4参照）.

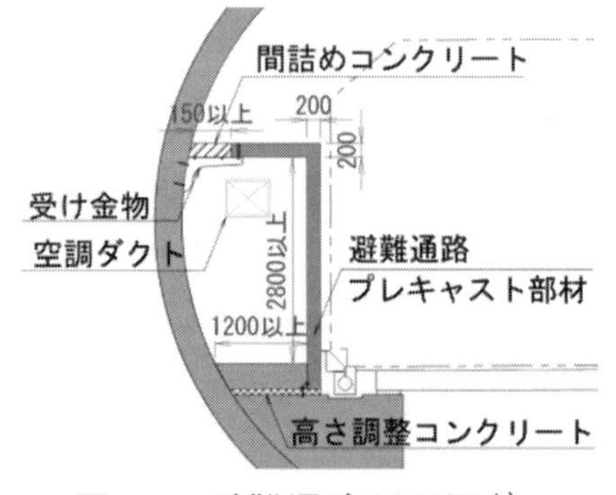

図－4　避難通路断面図[1)]

出　典　1)三浦・小島・菊地ら：シールドトンネル内部におけるプレキャスト部材の適用に関する設計施工事例，土木学会全国大会年次学術講演会集 2018，VI-147，pp.293-294，(公社)土木学会，2018.9 の一部を再構成したものである.

Q3－14 シールド機を効率的に方向転換させる方法を教えて下さい．

1．はじめに

A 立坑と B 立坑の間に平行する 2 本のシールドトンネルを構築する場合，A 立坑から B 立坑に向かってシールド掘進し到達した後，シールド機を方向転換して U ターンさせ，A 立坑に向けてシールド掘進をすることがある（図－1参照）．シールド機の方向転換には何種類かの工法があるが，どの工法も方向転換に数時間を要するため，更なる時間短縮（効率化）が望まれる．

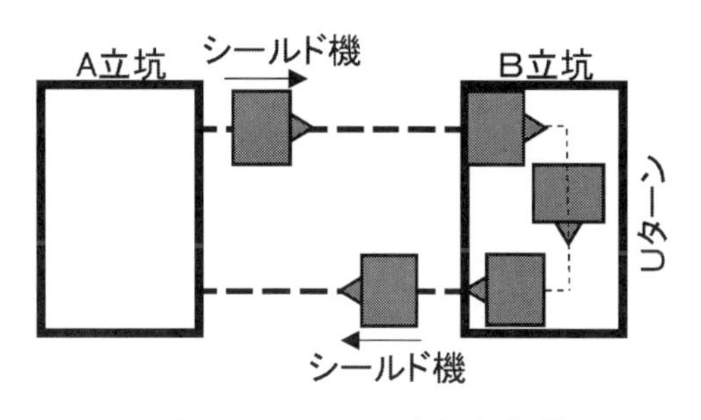

図－1 シールド方向転換

2．一般的なシールド機の方向転換について

シールド機の主な方向転換方法を表－1に示す．

表－1 シールド機の主な方向転換方法

方 式	特 徴
ベアリング方式（チルタンク方式，ボールスライダー工法など）	・シールド受台の下にチルタンクを設置して移動しながら方向転換を行う． ・直線移動には効果的だが，方向転換する場合はチルタンクの盛替え作業が複数回必要となる． ・チルタンクの代わりにボール状の球体（ボールスライダー工法など）を使用し方向転換を容易にしたものもある． ・牽引・反力設備が必要となる．
エアキャスター方式	・エアキャスターにより受台を回転させる方式． ・大がかりな機械設備（コンプレッサーなど）や牽引・反力設備（ウィンチ，滑車など）が必要になる． ・現場で騒音などの制約がある場合，採用されにくい．
クレーンによる揚重	・クレーンなどの揚重設備によりシールド機を吊り上げ方向転換を行う． ・小口径で重量の軽いシールド機に適用されることが多い．
ターンテーブル工法	・シールド機を立坑内に設置したターンテーブル上に移動させて牽引ワイヤーで引っ張ることにより方向転換を行う．牽引・反力設備が必要となる．

3．シールド機を効率的に方向転換させた事例[1)]

ここでは，泥土圧式シールド機（マシン外径 φ 6.7m，長さ 10m）の方向転換における時間短縮の取組みを紹介する．

当現場では，ターンテーブル（直径 2790mm，許容積載荷重 750t）の 4 隅に 1 本ずつジャッキを設置し，直接回転させた．4 本のジャッキの作用・反作用の力がターンテーブル内で釣り合うため，ターンテーブルの固定（反力設備）が不要となる（図－2参照）．ターンテーブルは中心および外周で支持されているため，回転時のシールドの揺れや傾きといった事象は発生しなかった．

従来のベアリング方式などではシールド機の方向転換に数時間かかることが多いが，本システムは反力の盛替えが不要となるため 30 分程で方向転換を完了させている（図－3参照）．

図－2　ターンテーブル概要[1)]

図－3　シールド機回転[1)]

出　典　1)吉田・國井・村川ら：シールド機の効率的な移動・回転システムの適用例，土木学会全国大会年次学術講演会集 2018，VI-114，pp.227-228，(公社)土木学会，2018.9 の一部を再構成したものである．

関連文献　トンネル標準示方書[シールド工法編]・同解説：(公社)土木学会，2016.7

4

山岳トンネル

Q4－1　自然由来の重金属を含有した現場発生土処分のためにパイロットトンネルを活用した事例について教えて下さい．

1．はじめに[1)]

本工事は 4 車線の大断面拡幅区間を持つ高速道路トンネル（L=1,275m）の北側工区（L=685m）である．当初は北側坑口の切土区間を施工してから本坑トンネルを掘削する予定であったが，IC の追加や地滑り対策工などの設計を見直す必要があったため，パイロットトンネル（L=240m, A=約 60m^2）を施工した（図－1参照）．また，本坑の自然由来重金属を含む現場発生土（第 2 種要対策土）の処分先が課題であった．

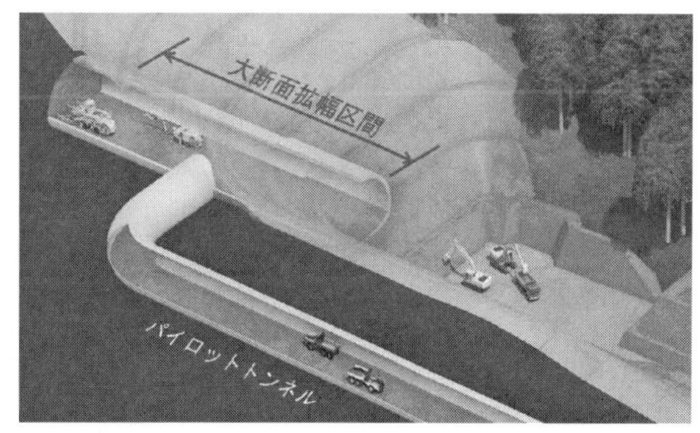

図－1　パイロットトンネルパース図[1)]

2．パイロットトンネルの利用案[2)]

本工事で検討した，工事完了後のパイロットトンネルの利用案は表－1のとおりである．

表－1　パイロットトンネルの利用案[2)]

利用案	内容	メリット（代表的なもの）	デメリット（代表的なもの）
処分坑	本坑の現場発生土をパイロットトンネルに埋め戻す	第 2 種要対策土を処分できる	埋戻し費用が生じる
避難坑	避難坑として存置	事故や災害時の安全施設として利用可能	覆エコンクリートや避難坑としての整備が必要
機械室	電気設備の機械室として利用	電気室用の土工工事費用の削減	覆エコンクリートや機械室としての整備が必要
排水トンネル	地すべり対策としての水抜きをのり面からパイロットトンネルに変更	のり面への影響が少なくなる	排水施設として継続的な維持管理が必要

本工事では，第 2 種要対策土を処分できることが最もメリットが大きいと判断し，パイロットトンネルを処分坑として第 2 種要対策土で埋め戻す計画とした．

3．処分坑の遮水構造の施工方法[2)]

第 2 種要対策土は水に触れると重金属が溶出する可能性があるため，遮水構造となるように処分工の内側へ厚さ 2mm の EVA シートを二重で施工してから埋戻しを行い，天端部は流動性の高いエアモルタルで充填した（図－2参照）．本坑トンネルとの取付部は鉄板で閉塞し，重力式擁壁をエアモルタルで築造して埋戻し土の土圧軽減を図った．

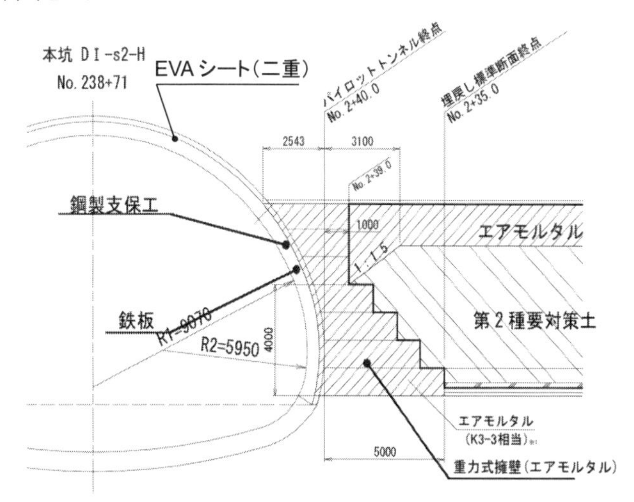

図－2　封じ込め構造（取付部）[2)]を改変

出　典　1)高波・星野・菅ら：大幅な工程短縮を可能にしたパイロットトンネルによる超大断面トンネルの施工，土木学会全国大会年次学術講演会集 2018，VI-028，pp.55-56，(公社)土木学会，2018.9 の一部を再構成したものである．
2)菅・星野・高波ら：自然由来の重金属含有土の封じ込め処分について，土木学会全国大会年次学術講演会集 2018，VI-029，pp.57-58，(公社)土木学会，2018.9 の一部を再構成したものである．

Q4－2　酸性地山のトンネル掘削について，留意点と対策を教えて下さい．

1．はじめに[1)]

当現場は未固結な酸性地山を通過する 2 車線の高速道路トンネル（L=944m）を NATM で施工するものであり，土被り 13m 程度で強酸性の温泉の影響を受けた一級河川酢川（pH2）と交差する（図－1参照）．そのため，酸性水対策や酸性土となる掘削ずりの処理が課題となった．

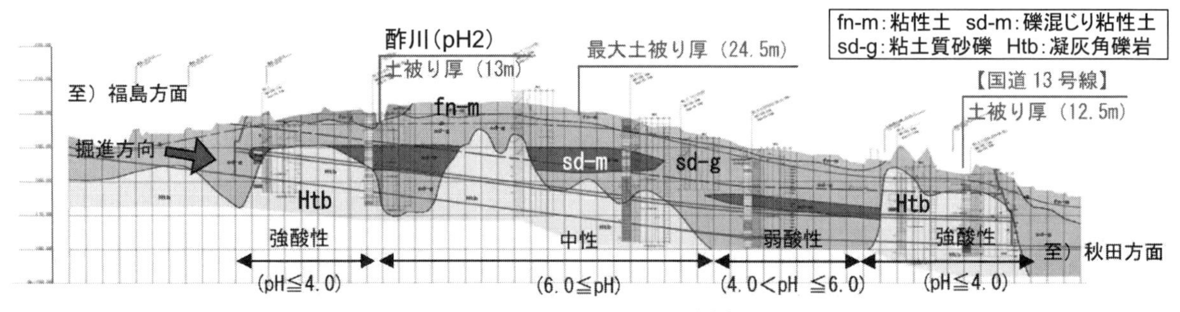

図－1　地質縦断図[1)を改変]

2．酸性地山でのトンネル施工における一般的な留意点と対策[1)]

酸性地山では，酸性水による金属の腐食やコンクリートの劣化が発生する．そのため，耐酸性のある鋼製支保工やロックボルトの採用，防水シートの材質や厚さの検討，腐食を考慮した覆工巻厚の設定とコンクリートの配合検討などが必要となる．

3．本工事での対策事例[1)]

本工事では，酸性水・酸性土対策として表－1に示す対策を採用した．

表－1　酸性水・酸性土対策[1)]

対象	対策
支保工	通常は本設扱いの一次支保を仮設扱いとし，地山から受ける荷重を二次覆工（RC 覆工）で支保する構造とした．吹付けコンクリートは耐酸性のある高炉セメントを使用し，鋼製支保工は HH-154（HT590）の高規格支保工を採用した．
インバート	インバート内面側への酸性水の流入・流下を防止するため，断面方向のインバート打継ぎおよび縦断方向のインバートと覆工の打継ぎに止水板を設置し，覆工背面湧水を側壁裏面排水から中央排水管（無穴管）へ導水した．また，逸水防止のため，中央排水管の脇に ϕ 100mm の有孔管を配置した． 50cm のインバートコンクリート巻厚は，地山酸性度に応じて増厚（10～20cm）し，構造計算により高炉セメントを使用した RC コンクリートを使用し，設計強度 30N/mm^2，鉄筋は D19 の複鉄筋を配した．全断面早期閉合工法による酸性土区間掘削の支保パターンでは，吹付けインバートにも高炉セメントを採用し，耐酸性対策とした．
覆工・防水	強酸性区間の覆工コンクリートは，インバートコンクリート同様に設計強度 30N/mm^{2}とし，覆工巻厚 40cm，鉄筋は D25 の複鉄筋を配した．防水シートは全線で厚さ 2mm のシートを採用し，鉄筋組立用保持材として非貫通型の鉄筋吊金具を使用して，防水機能を高めた．

その他，トンネル全線で水平コアボーリング（1 回 100m）を行い，コア供試体を用いた酸性度判定試験により，切羽前方地山を酸性土区間と一般土区間に区分して掘削ずりを分別した（1 次判定）．実際の切羽採取土が水平コアボーリングで採取したコアと違う場合は 2 次判定を行い，判定結果が出るまでずり仮置場からの二次運搬を停止した．2 次判定では 5%濃度の過酸化水素水を使用した簡易酸性度判定試験を取り入れ，判定に要する日数を減らし，ずり処理の円滑化に努めた．

出　典　1)保坂・宮沢・髙松：強酸性土壌下のトンネル計画と施工，土木学会全国大会年次学術講演会集 2018，VI-059，pp.117-118，(公社)土木学会，2018.9 の一部を再構成したものである．

Q4－3　未固結高水位地山でのトンネル掘削における地下水対策について教えて下さい．

1．はじめに[1)]

当該トンネル掘削区間には，未固結で透水性の高い巨礫混じりローム層（砂礫層区間）が分布している．砂礫層区間の地層は，強風化した凝灰角礫岩の上に扇状地礫層などが互層となって構成されている（図－1参照）．地下水位は高く，自然水位は最大でトンネル上方 20m 程度の位置に存在する．トンネル切羽に出現する砂礫層はφ2m程度の巨礫を含むローム主体で構成され，地下水位下でのトンネル掘削は困難が想定された．

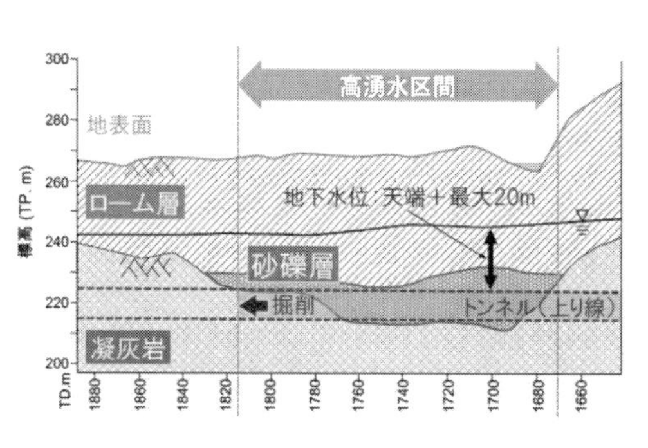

図－1　砂礫層区間の縦断図[1)]

2．地下水対策のための補助工法

表－1にトンネル掘削における地下水対策工を示す．

表－1　トンネル掘削における地下水対策工[2)を改変]

排水工法	水抜きボーリング	ボーリング機またはドリルジャンボにより穿孔された孔を利用して水を抜き，水圧，地下水位を下げる方法であり，一般に多く採用されている．未固結な地山の場合，水と一緒に土粒子を抜かないように注意する．
	水抜き坑	特に地下水量が多い場合に，小断面導坑を先進させて水を抜く工法であり，水抜きボーリングが併用されることも多い．地下水量の多い高圧帯水層が広範囲に及ぶ場合には，数多くの水抜き坑が必要となる場合がある．
	ウェルポイント	ウェルポイントと称する集水管を地盤に設置し，地盤に負圧をかけて地下水を吸引する方法である．一般に，地下水位低下は5～8mが限度といわれている．坑内から施工する場合は，上半を先進させて行うが，土被りが小さく地表の土地利用がない場合は地上から施工することもある．
	ディープウェル	一般に，外径300～600mm程度の井戸を掘り，水中ポンプによって排水する工法である．ディープウェルは，相互の間隔が適切でなければよい効果が得られないので，地表に建物等の支障物がある場合には，配置等に配慮する．
止水工法	止水注入工法	止水注入工法は切羽前方や周辺の地山中にセメントミルク等の非薬液系材料や水ガラス系の薬液等を注入し，地山の亀裂や空隙等の水みちを閉塞することにより地山の透水性を低下させ，止水を図るものであり，湧水量の低減と地盤改良効果により切羽安定対策としても確実性の高い工法である．
	遮水壁工法	遮水壁工法は，トンネルより離れた両側に地中連続壁や鋼製矢板等の遮水壁を設け，周辺地山からトンネルへの地下水の供給を遮断するもので，透水性が高く，帯水量が豊富な地山に対して有効である．

3．当該現場における対策[1)]

未固結高水位地山における対策事例を以下に示す．

- 工法比較の結果，周辺地下水の水質に対する影響がなく，工費・コストともに最適であるディープウェル（以下 DW）による排水工法を採用した．
- 地質調査および DW 揚水試験からは高透水区間の存在が懸念されていたが，トンネル掘削時にはDW効果とトンネル本坑の排水効果により，管理値よりも低い地下水位でのトンネル掘削が実現できた．

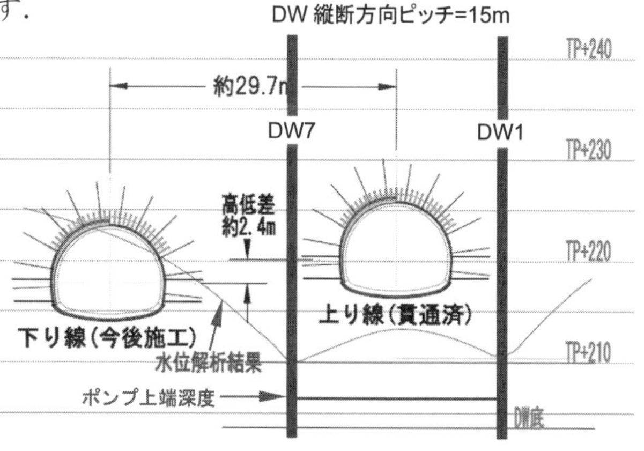

図－2　砂礫層 DW 断面図[1)]

出　典　1)篠原・秀野・滝ら：未固結高水位地山におけるトンネル掘削実績，土木学会全国大会年次学術講演会集 2018，VI-033，pp.65-66，(公社)土木学会，2018.9 の一部を再構成したものである．

参考文献　2)トンネル標準示方書[山岳工法編]・同解説：(公社)土木学会，2016.8

Q4－4　山岳トンネルにおいて蛇紋岩掘削時の留意点と変位抑制対策を教えて下さい.

1. はじめに[1)]

当該工事は，図－1に示すトンネルのうち，最大土被りが 300m を超える蛇紋岩化したかんらん岩地山を有する工区を NATM にて掘削するものであり，掘削後の坑内変位の増大が想定された．そのため，変位抑制対策として注入式フォアポーリング（L=3m），注入式鏡ボルト（L=4m），鏡吹付けコンクリート（t=5cm）および一次インバートによる早期断面閉合を実施していた．

蛇紋岩は，風化状況により，硬質，塊状，葉片状，粘土質などの岩質を呈する脆弱な岩石であることに加え，地質的に脆弱な地質構造帯や断層構造に沿って分布していることから，大規模な変位が発生することが多い．また，膨張性粘土鉱物であるスメクタイトやモンモリロナイトを含んでいることが多く，掘削後の吸水膨張により地山の崩壊や盤ぶくれなどの原因となる．

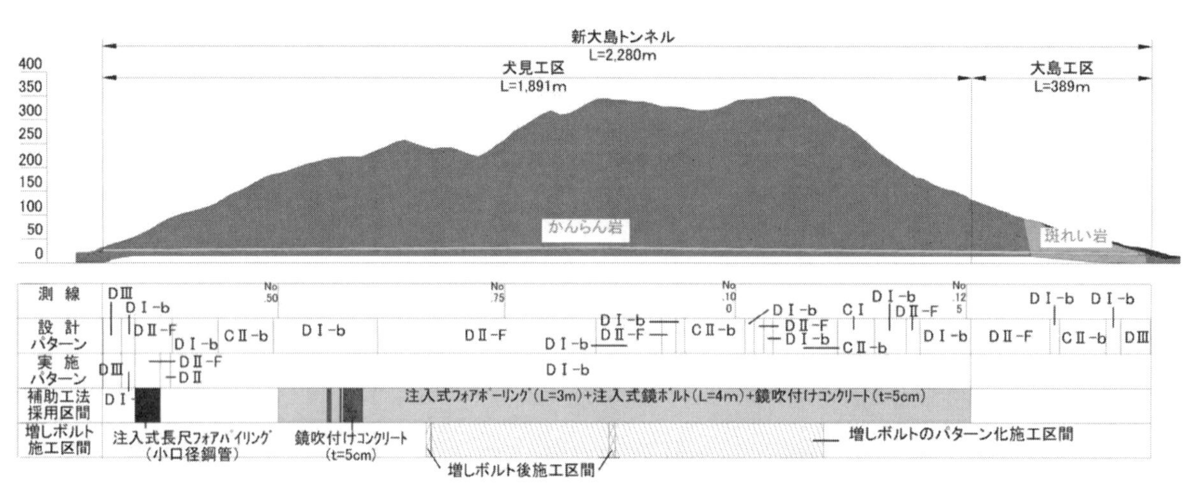

図－1　縦断図[1)]

2. 変位抑制対策について

蛇紋岩掘削時のトンネルの変位抑制対策について，表－1に示す．

表－1　蛇紋岩掘削時の変位抑制対策

対策	解説
支保工材料のランクアップ	蛇紋岩による大規模変状により，吹付けコンクリートへのひび割れ，ロックボルトの破断，ロックボルトプレートや鋼製支保工の湾曲等が発生することがある．そのため，高強度吹付けコンクリートや高規格鋼製支保工などを採用することが有効である．
早期断面閉合	掘削後，切羽周辺の地山を緩めないようにするため，掘削した断面を早期に閉合することが重要である．その際，本インバートに荷重を作用させないよう，本インバートではなく吹付けコンクリートを使った仮インバートや一次インバートで閉合することが望ましい．地山に応じて，繊維補強吹付けコンクリートや鋼製支保工（インバートストラット）を併用する．
二重支保構造	土被りが大きい蛇紋岩地山等で，特に大規模な変位が予想される場合に採用される．
増しロックボルト	ロックボルトの縫い付け効果を増強することで，掘削直後の緩み増大を防止する．他の対策と比較してコストや手間が小さく，新しい材料も必要ない．

3. 増しロックボルトによる変位抑制対策事例[1)]

ここでは，追加対策として増しロックボルトを採用したことで，トンネルの変位を抑制できた例を示す．

土被り 220m の断面において，水平内空変位の初期変位（切羽から 0.5D 位置）が 56mm，最終変位が 77mm にも達し，縫い返しを余儀なくされた．そこで，初期変位を抑制する対策として，最も経済的な上下半両サイドの増しロックボルト（L=4m, n=6 本）を試行的に採用した．その結果，初期変位の平均値を 36mm から 10mm まで低減できた．その後，土被りはさらに増加し 300m を超えたが，増しロックボルトのパターンボルト化により，効果的に変位を低減できた．

出　典　1)兼松亮・佐々木和人：上下半増しロックボルトのパターン化による初期変位の抑制，土木学会全国大会年次学術講演会集 2018, VI-012, pp.23-24,（公社）土木学会，2018.9 の一部を再構成したものである．

Q4－5　トンネル掘削時に削孔データを活用して前方探査を行う方法について教えて下さい．

1．はじめに

トンネルは線状構造物であるため，掘削前の地質調査のみで地山の状態を十分に把握することは困難である．よって，想定外の地質状況との遭遇や，断層や地質境界の位置が想定より大幅にずれる事例が発生し，補助工法の追加や支保パターンの変更を検討するため，掘削が中断される場合がある．こういった掘削中断リスクを低減するため，掘削中に切羽の前方探査を行い，事前に地山の状態を把握して想定外の地質状況への対策を検討・準備することが重要である．

2．一般的な前方探査技術

前方探査技術には先進ボーリングのような直接的な方法と，弾性波や電磁波を用いた物理探査などがある．先進ボーリングはコア採取を行うことで直接地質を確認できる反面，専用の削岩機の用意とトンネル掘削を中断しての作業が必要となる．弾性波や電磁波を用いた物理探査は，低コストで短時間に実施可能なものが多いが，間接的な方法となるため精度が劣る．

3．削孔検層法による前方探査と留意点[1)]

ここではドリルジャンボ（図－1参照）による削孔時に，削孔に必要なエネルギーを指標化して地山評価を行う手法（削孔検層法）を紹介する．削孔検層法とは，ドリルジャンボの削岩機で切羽前方30～50m を先進削孔し，得られた削孔データで地山を評価する方法であり，トンネル現場で従来から用いられてきた「探り削孔」をシステム化したものである．削孔データには，フィード圧，打撃圧，回転圧，ダンピング圧およびフィードシリンダ油量（削孔距離・速度に換算）がある．削孔検層法では，これらの削孔データをもとに削孔エネルギー（単位：J/cm^3）を計算し，地山性状に対する定量的な推定・評価を行う．

削孔エネルギーの出力例を図－2に示す．一般的に，削孔エネルギー200J/cm^3 以下であれば軟岩や破砕帯などの脆弱部と判定できるが，岩種や機械によって値が変わるため注意が必要である．

また，近年では AGF 鋼管打設時や，ロックボルト孔，発破孔の削孔データも活用するケースが増えてきた．しかし，ビット径が大きくなるほど削孔効率が高くなり，削孔エネルギーが小さくなる傾向があるため，ビット径が違う削孔エネルギーを同一の指標として評価するためには，キャリブレーションによる補正が必要となる点に留意すべきである．

図－1　ドリルジャンボ

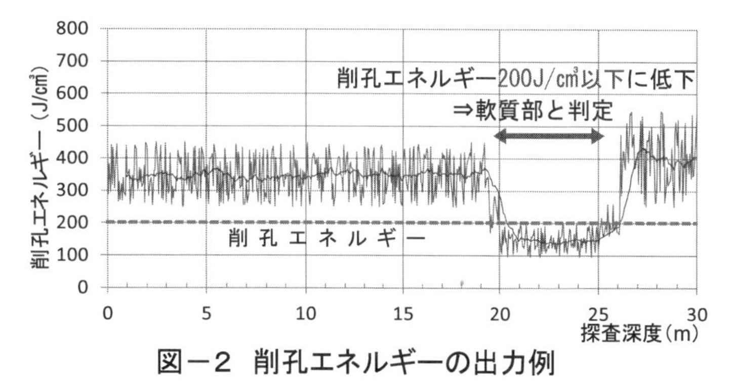

図－2　削孔エネルギーの出力例

出　典　1)宮嶋・小泉・栗山ら：コンピュータジャンボによるAGF穿孔データを利用した破壊エネルギー係数の評価について，土木学会全国大会年次学術講演会集 2018，VI-063，pp.125-126，(公社)土木学会，2018.9 の一部を再構成したものである．

Q4－6　発破掘削におけるずり処理効率化のための工夫を教えて下さい.

1. はじめに[1)]

最近の長距離山岳トンネルでは，高速掘進による生産性向上を目的として，連続ベルトコンベヤー方式によるずり搬出方式を採用する事例が多くなってきている. しかし，発破掘削の場合には，飛散するずり（飛石）による損傷を防ぐため，坑内設備を切羽から十分に（例えば，60m程度以上）退避距離を確保して設置する必要がある. そのため，切羽から連続ベルトコンベヤー方式の先端設備であるクラッシャーまでの一次ずり運搬距離が長くなり，これが掘進速度低下の一因となっていた.

2. ずり処理計画

ずり処理計画は，トンネルの掘進速度を支配する大きな要素である. ずり処理は，ずり積み（坑内での積込み作業），ずり運搬（坑内から仮置き場までの運搬作業，坑外における搬出先までの運搬作業），ずり置き（坑内外での仮置きなど）に分かれるが，掘進速度に与える影響が大きい作業はずり運搬である. 一般に坑内から仮置き場までの運搬方式はタイヤ方式とレール方式が採用されている. またTBM工法によるトンネルや延長の長いトンネルにおいては，高速掘進を目的とした連続ベルトコンベヤー方式が採用されている（表－1参照）.

表－1　ずり運搬方式の比較[2)を改変]

タイヤ方式		レール方式		連続ベルトコンベヤー方式
ダンプトラック	コンテナ式	ずり鋼車	シャトルカー	
掘削ずりをホイールローダーなどでダンプトラックに積込み坑外へ運搬する.	ダンプトラックの代わりに脱着可能なコンテナを坑内に仮置きして切羽の早期解放を図る.	掘削ずりをシャフローダーなどでずり鋼車に積込み坑外へ運搬する.	ずり鋼車の代わりにシャトルカーを用いる. ずりの積込み作業はシャトルカーの端部で投入し，車両床面のチェーンコンベヤーで順次後方に移動させて行う.	掘削ずりを切羽後方の所定位置まで運搬したのち，延伸可能なベルトコンベヤーで坑外まで直接かつ連続的に輸送する.

3. 効率化のための工夫

切羽近傍にて発破時の飛石を受け止め，坑内設備の退避距離を短縮することで，ずり搬出時間を削減可能とする移動式発破防護バルーンが開発されている. 本装置は，飛石を受け止めるバルーン部とバルーンを支持するフレーム部により構成されており，トラックに搭載することで，迅速な設置・撤去や任意の位置での使用が可能である（図－1参照）.

移動式発破防護バルーンの開発により，飛石の影響を考慮することなく坑内設備を配置できることで，発破による退避距離を短くすることによるずり搬出時間の短縮効果が認められた. また本装置はトンネル断面を塞いで使用するため，防音効果も確認できた.

図－1　移動式発破防護バルーン[1)]

出　典　1)三井・山本・塚田ら：山岳トンネルにおける『移動式発破防護バルーン』の適用，土木学会全国大会年次学術講演会集2018, VI-077, pp.153-154,（公社）土木学会，2018.9の一部を再構成したものである.

参考文献　2)トンネル標準示方書[山岳工法編]・同解説：（公社）土木学会，2016.8

Q4－7　超大断面トンネルにおける掘削時の変状防止の工夫を教えて下さい．

1．はじめに[1)]

山岳トンネルの中で，特に超大断面トンネルの施工は，通常の施工と比較して地山の外圧が大きいため，支保工の安定性がより懸念される．また当現場では，側壁コンクリートの基盤となる礫岩が脆弱であり支持力不足による沈下が懸念された（図－1参照）．ここでは，側壁導坑先進工法における側壁コンクリートの形状を変更することにより，地山の安定を図った事例を紹介する．

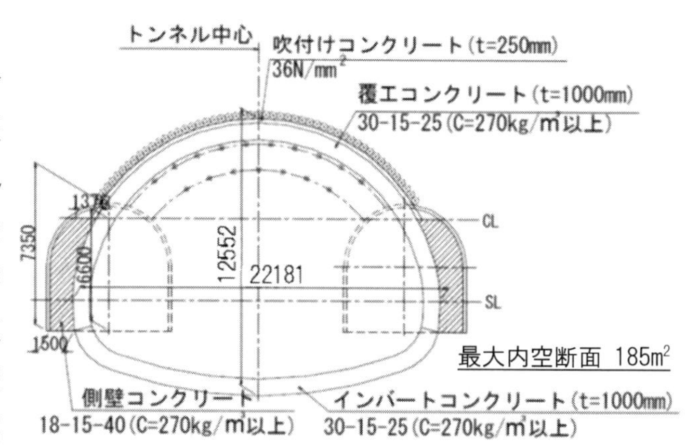

図－1　側壁コンクリートの当初形状[1)を改変]

2．トンネル掘削工法[2)]

表－1にトンネル掘削工法の分類を示す．

表－1　トンネル掘削工法の分類[2)]

全断面工法	補助ベンチ付き全断面工法	ベンチカット工法	側壁導坑先進工法	中壁分割工法
①	① ② ③ インバート早期閉合	① ②	② ① ③ ①	② ① ③
小断面のトンネルや地質が安定した地山で採用される工法．断面が大きい場合，掘削や支保工の施工に大型機械が使用でき，切羽が1箇所に集中するので作業管理しやすい．	全断面工法では施工が困難となる地山において，ベンチを付けることにより，切羽の安定を図るとともに，上半，下半の同時施工により掘削効率を向上させる．	上半および下半を2分割して掘進する工法．一般に，地山が安定し断面閉合の時間制約がない場合には，ベンチ長を長く，地山が不良な場合には，機械に対する制約を受けない範囲でベンチ長を短くする．	ベンチカット工法で側壁脚部の地盤支持力が不足する場合，および土被りが小さい未固結地山で地表面沈下を抑制する必要のある場合に適用される工法．側壁コンクリートを設ける場合は，所要の支持力を得るため，沈下などの変形を抑制できる．	大断面掘削の場合に多く用いられ，左右どちらか片側半断面を先進掘削し，反対側半断面を遅れて掘削する工法．掘削途中でも各々のトンネルが閉合された状態であるため，切羽の安定確保とトンネルの変形や地表面沈下抑制に有効な工法である．

3．対策と効果[1)]

超大断面トンネルの変状防止として実施した事例を以下に示す（図－2参照）．

①側壁導坑の底版位置を当初設計より下げ，下げた側壁コンクリートの脚部をコンクリート打設した．これにより支持力が増加し，沈下・転倒に対する安全性が向上した．

②側壁コンクリート内に鋼製支保工を設置し，上半掘削時に支保工脚部に作用する荷重を鋼製支保工に伝達することで，側壁コンクリートのせん断破壊を防止した．

側壁導坑の側壁コンクリートの形状を変更することで，トンネルの変状防止に有効であることが確認された．

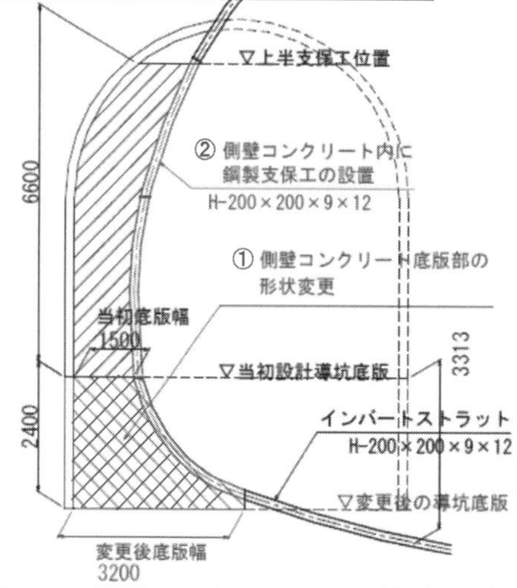

図－2　側壁コンクリートの形状変更[1)]

出　典　1)黒竹・茢山・奥西ら：超大断面トンネルにおける側壁導坑の形状見直しによる変状防止について，土木学会全国大会年次学術講演会集 2018，VI-030，pp.59-60，(公社)土木学会，2018.9の一部を再構成したものである．
参考文献　2)土木施工なんでも相談室[土工・掘削編]2018年改訂版：(公社)土木学会，2018.11

Q4－8　山岳トンネルにおける全断面早期閉合の実施例と効果について教えて下さい.

1. はじめに[1)]

当該工事は，全延長 4,999m の道路トンネルのうち，2,627m の南側工事を発破掘削で施工するものである. 南側坑口から 1,900m 以奥の脆弱な低強度地山（土被り 350m 以上）において，トンネル施工時に過大な変位や支保構造体の変状・破壊などが発生したので，一次インバートを用いた全断面早期閉合で施工した.

2. 全断面早期閉合[2)]

全断面早期閉合は，膨張性地山や未固結地山，断層破砕帯などの脆弱な地山で大きな変形の発生が懸念される場合と，地表面沈下の抑制，地すべり誘発防止，重要構造物との近接施工などの周辺環境への影響を最小限に抑える必要がある場合に，地山の変形抑制を目的として実施される. 多くの場合は，吹付けコンクリート，あるいは鋼製支保工を併用した吹付けコンクリート（一次インバート）を用いて，上半切羽からおおむね 1D（D:トンネル掘削幅）以内で閉合される（表－1参照）. 脆弱な地山では掘削後の地山の変形が短期間で収束せず，本インバートを施工するまで（通常切羽から 100m 以上後方）に変形が増大してしまうため，切羽に近い場所で早期に閉合して変形を抑制することが重要となる.

また，早期閉合を実施するような変形の大きいトンネルでは，鋼製支保工や吹付けコンクリート，ロックボルトに作用する応力が増大するため，支保部材の強化やサイズアップの検討も必要であり，検討した支保構造が妥当かを常に動態観測して安全性を確認しながら施工することが重要である.

表－1　通常のインバート施工（左）と一次インバートを用いた全断面早期閉合（右）[2)を改変]

区分	インバート	一次インバートと本インバート
施工位置	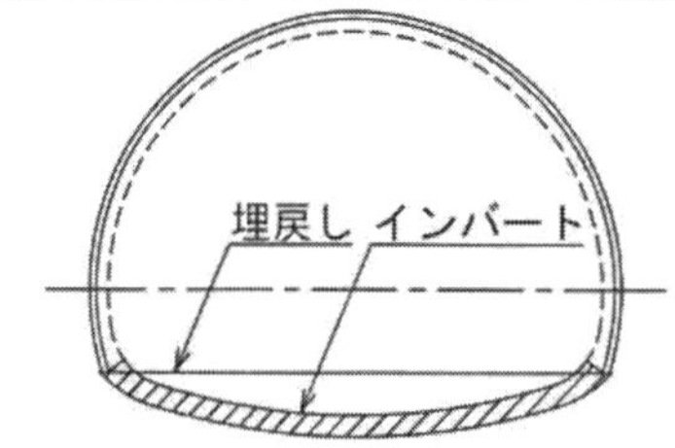 埋戻し　インバート 100m 以上	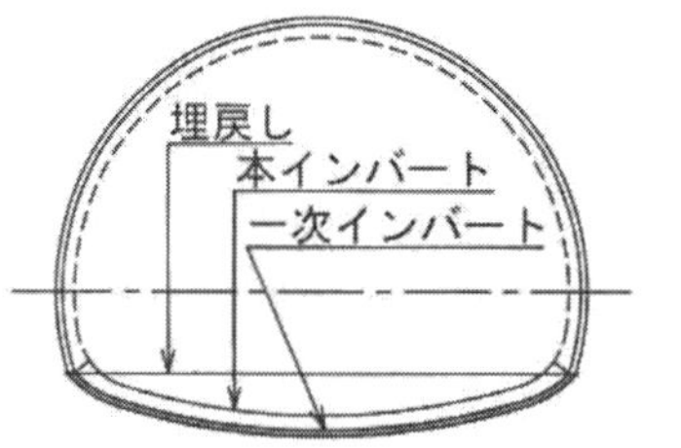 埋戻し 本インバート 一次インバート 1D 以内
構成部材	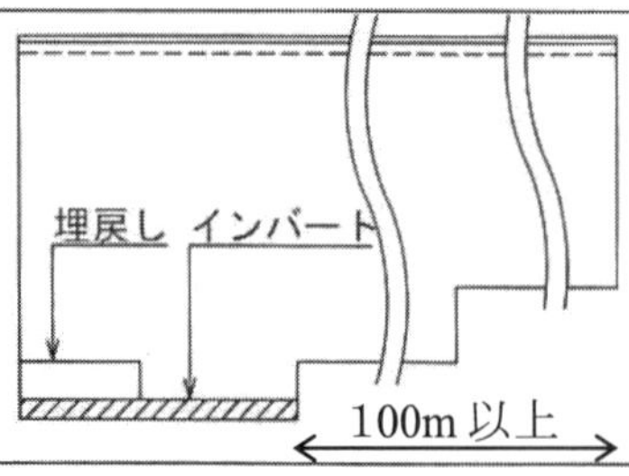 場所打ちコンクリート	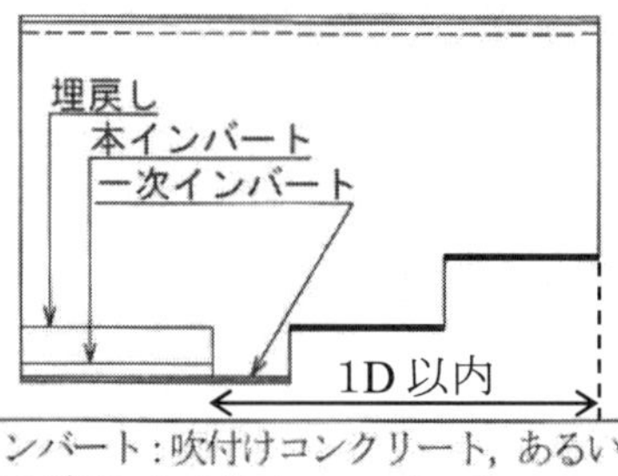 ・一次インバート：吹付けコンクリート，あるいは鋼製支保工を併用した吹付けコンクリート. ・本インバート：場所打ちコンクリート.
概要	覆工や支保工と一体になってトンネルとしての必要な性能を発揮させるために底盤に施工する.	おもに変位抑制を目的として一次インバートを設置し，変位が収束した段階で本インバートを施工する.

3．施工方法と支保構造仕様[1)]

当該工事では，全断面早期閉合の施工単位を 3～4m とし，上半切羽から 7～8m の離隔で，上・下半の進行ごとに早期閉合を行った．補助工法は，切羽安定対策として鏡吹付けを基本とし，切羽面で行う前方探査の結果から，鏡ボルトを施工した．早期閉合の支保パターンの仕様は表－2のとおりである．EIパターンのインバートの支保構造を図－1に示す．

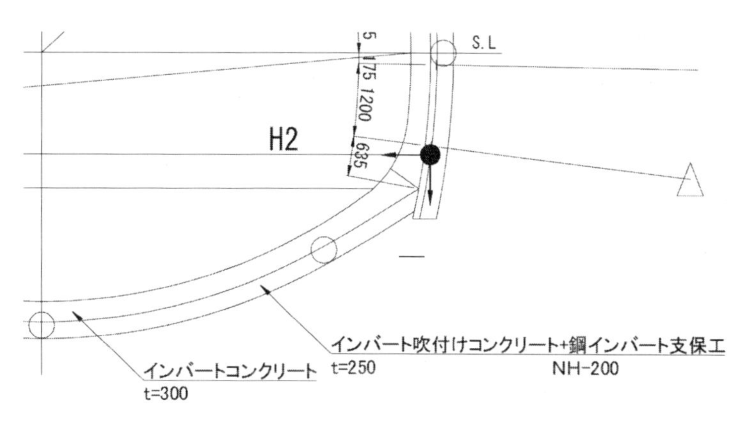

図－1　EIパターンのインバートの支保構造[1)]

表－2　早期閉合の支保パターン仕様[1)]

支保パターン名	地山強度比 Cf	1掘進長 (m)	吹付けコンクリート厚 アーチ (cm)	吹付けコンクリート厚 インバート (cm)	鋼アーチ支保工 上下半サイズ	鋼アーチ支保工 インバートサイズ	覆工厚 アーチ (cm)	覆工厚 インバート (cm)	変形余裕 (cm)	早期閉合構造部材
DⅡ-a-B(C1)	1.0＜Cf≦2.0	1.0	15	15	NH-150	―	30	50	0	吹付けコンクリート
DⅡ-a-B(C2)	0.5＜Cf≦1.0	1.0	15	15	NH-150	NH-150	30	35	0	吹付けコンクリート+鋼インバート支保工
EⅠ-a-B	Cf≦0.5	1.0	25	25	NH-200	NH-200	30	30	10	吹付けコンクリート+鋼インバート支保工

※太枠内が早期閉合によって必要となった追加部材

4．計測結果

掘削中，土被りの増加とともに吹付けコンクリートのはく離などの変状が見られたため，早期閉合の支保パターンをDⅡ（吹付け厚 15cm）からEⅠ（吹付け厚 25cm）へ変更した．その結果，上半水平内空変位の最終変位量はDⅡで-59mm，EⅠで-51mmとなり，土被りの増加による変位量の増大を早期閉合により抑制できたことが確認された（図－2参照）．

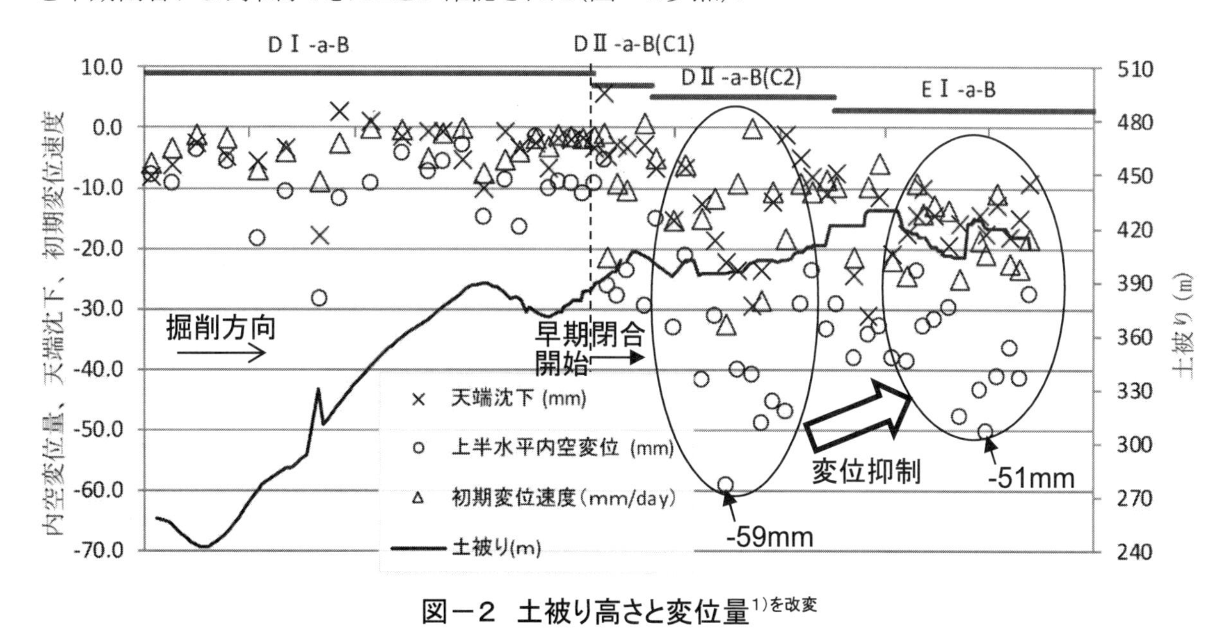

図－2　土被り高さと変位量[1)を改変]

出　典　1)浅野・金崎・髙木：大土被り・低強度地山の早期閉合トンネルの挙動特性，土木学会全国大会年次学術講演会集 2018，VI-036，pp.71-72，(公社)土木学会，2018.9 の一部を再構成したものである．

参考文献　2)トンネル標準示方書[山岳工法編]・同解説：(公社)土木学会，2016.8

Q4－9　山岳トンネル工事における切羽の肌落ちや崩落・崩壊による災害防止対策の取組みについて教えて下さい．

1．はじめに

厚生労働省の「山岳トンネル工事の切羽における肌落ち災害防止対策に係るガイドライン」によると，山岳トンネル工事における肌落ち災害では，6%が死亡し，42%が休業 1ヶ月以上となっており，発生した場合の重篤度が高くなっている．このため，肌落ちや崩落・崩壊による死傷災害の防止対策が急務となっている．

2．切羽監視システム

山岳トンネルにおける肌落ち災害の撲滅に向け開発が進む切羽監視システムの例を表－1に示す．

表－1　切羽監視システムの一例

計測機器	ビデオカメラ	レーザー距離計	振動可視化レーダー	デジタルカメラ
計測原理	ビデオカメラで切羽を撮影し，背景差分法と呼ばれる画像認識技術で現在と約0.1秒前の画像を繰返し比較することにより切羽の変化を捉える．	レーザー光を切羽に照射し，照射点までの距離をリアルタイムに計測することで，トンネル切羽の押出し量を監視する．	観測対象物を面的に観測することが可能なイメージングレーダーを利用し，レーダー計測により切羽面の変位と振動を同時に面的に計測する．	デジタル画像を高速で撮影(100回以上/sec)でき，撮影した画像を高速処理し，トンネル切羽の挙動を常時連続監視する．
特　徴	小さなひび割れ他，直径10mm程度の微小な落石に対しても石が動き始めてから0.5秒以内に警告を発し，作業中の建設技能者により早く退避を促す．	切羽撮影用カメラで撮影している実際の切羽映像と切羽の変位状況をウェアラブル端末にリアルタイムに可視化できる．	切羽の変位状況は，PC上にリアルタイムで表示される変位量･変位速度の面的分布図で確認でき，切羽のライブ映像に重ね合わせて可視化できる．	画像認識技術により直径1cm程度の小石の落石検知が可能である．落石･剥落現象と人･機械の動きを区別して誤認識しない画像認識機能を備えている．

これらの技術は，切羽の挙動を常時モニタリングし，肌落ちや崩落・崩壊などの兆候が現れた場合，警告音，警告灯でアラートを発報し，建設技能者に退避を促すものである．

3．切羽作業の安全性向上について

最前線にいる作業者，現場職員などトンネル工事関係者全員が切羽の状況をリアルタイムに把握可能なうえ，切羽直近で作業している者に対して退避の指示や注意喚起を促すことができ，切羽作業の安全性を向上させることができる．

現在ではこれらの切羽監視技術を応用して，切羽の肌落ちや崩落・崩壊を事前に予測（予知）するシステム（図－1参照）の開発が進められている．

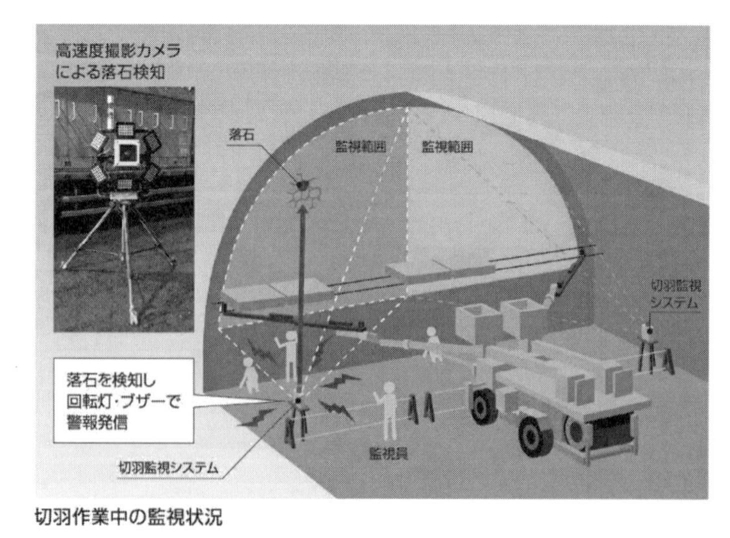

図－1　切羽監視システムのイメージ[1)]

参考文献　1)https://www.taisei.co.jp/about_us/wn/2017/171208_3410.html,（最終アクセス2020年12月18日）
関連文献　山岳トンネル工事の切羽における肌落ち災害防止対策に係るガイドライン：厚生労働省，2018.1

Q4－10　小断面トンネルにおける吹付けコンクリートの粉じん低減対策について教えて下さい．

1．はじめに

小断面トンネルは掘削断面の制約上，「ずい道等建設工事における粉じん対策に関するガイドライン」における粉じん濃度目標 3mg/m³(2021 年 4 月より 2mg/m³ に改訂) 以下を達成するのが難しい．これは掘削断面積が小さいと，粉じん濃度目標を達成するのに必要な口径の風管，効果的な容量の集じん機の設置が極めて困難なためである．

2．一般的な吹付方式と粉じん低減対策

一般的な吹付け粉じん低減対策を表－1に示す．

表－1　一般的な吹付け粉じん低減対策[1), 2)を改変]

低減対策	概要		
吹付け方式	湿式吹付け	すべての配合材料を練り混ぜたコンクリートを圧縮空気などで吹き付けること． 粉じんは乾式に比べて少ない．	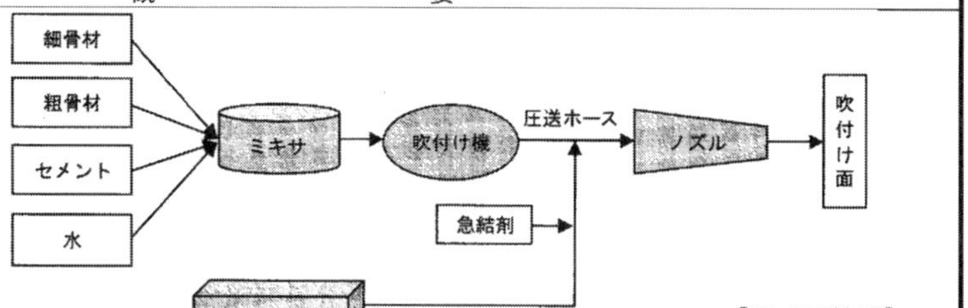 細骨材 粗骨材 セメント 水 ミキサ 吹付け機 圧送ホース ノズル 吹付け面 急結剤 コンプレッサ 圧縮空気 [湿式系統図]
	乾式吹付け	ドライミックスした材料を圧縮空気により圧送し，吹付けノズル部分やノズル手前で所定量の水を混入して吹き付けること． 粉じんは湿式に比べて多い．	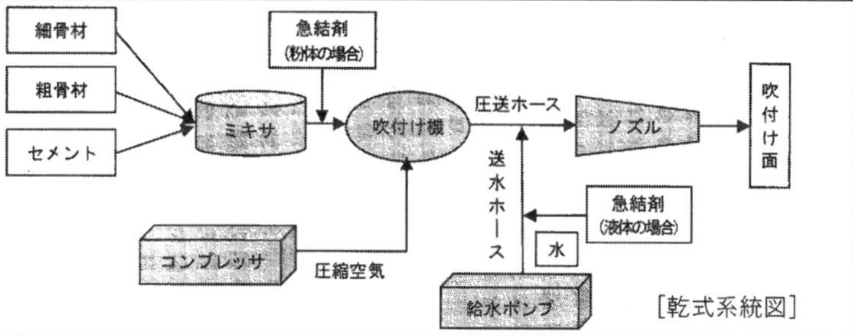 細骨材 粗骨材 セメント 急結剤(粉体の場合) ミキサ 吹付け機 圧送ホース ノズル 吹付け面 送水ホース 急結剤(液体の場合) 水 コンプレッサ 圧縮空気 給水ポンプ [乾式系統図]
急結剤	急結剤には，粉体急結剤，液体急結剤，スラリー急結剤がある．液体急結剤は粉体急結剤に比べ，未混合の急結剤が空気中に放出されにくいため，粉じん発生量が低減する．粉体急結剤をスラリー化したスラリー急結剤も粉じんの浮遊時間が短く，早く沈降するため，粉じん発生量が低減する．		
混和剤，混和材の使用	粉じん低減剤の主成分はセルロース系またはアクリルアミド系等の高分子化合物であり，その凝集作用または増粘効果により粉じん発生を抑制する．また，シリカフュームや石灰石微粉末等の増粘用微粉材の添加等により粉じん濃度の低減効果が認められている．		
換気方式	①換気による排出，希釈 ②集じん装置の設置 ③粉じん発生源近傍の局所的集じん装置の設置	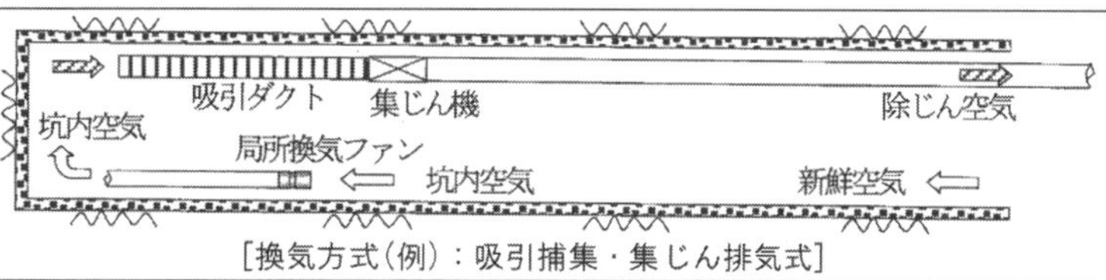	吸引ダクト 集じん機 除じん空気 坑内空気 局所換気ファン 坑内空気 新鮮空気 [換気方式(例)：吸引捕集・集じん排気式]

3．対策事例とその効果[3)]

小断面トンネルでは，粉じん低減剤を採用しても粉じん濃度は 3～5mg/m³ 程度までしか低減できないことが多い．そこで，特殊増粘剤(ポリエーテル系特殊界面活性剤)を用いた吹付けコンクリートを採用した事例がある．

粉じん濃度は切羽後方 50m の地点で，目標値 3mg/m³ に対し，鏡吹付け時:2.46mg/m³，2 次吹付け時:1.26mg/m³ と優れた粉じん低減効果が確認できた．

参考文献　1)トンネル標準示方書[山岳工法編]・同解説:(公社)土木学会，2016.8
2)コンクリートライブラリー121 号吹付けコンクリート指針(案)[トンネル編]:(公社)土木学会，2005.7
出　典　3)河本・小林・久保ら:小断面トンネルにおける特殊増粘吹付けコンクリートを用いた粉じん低減事例，土木学会全国大会年次学術講演会集 2018，VI-081，pp.161-162，(公社)土木学会，2018.9 の一部を再構成したものである．

Q4－11 山岳トンネルの防水工において作業効率を上げるための工夫を教えて下さい.

1. はじめに[1)]

山岳トンネルにおける防水シートの施工は，通常手作業であり，溶着箇所の数が多いほど，施工期間や溶着部の防水性能に影響が出やすくなる. 当工事では，通常の幅 2.0m の防水シートおよび広幅の幅 5.0m の防水シートを使用し，施工速度と日数を比較した.

2. 一般的な山岳工法における防水工

一般に山岳トンネルでは，トンネル周辺の地下水を覆工背面に滞留させることなく集水材を介して排水し，過大な地下水圧の作用や覆工内面に漏水を生じさせない構造としている（図－1参照）.

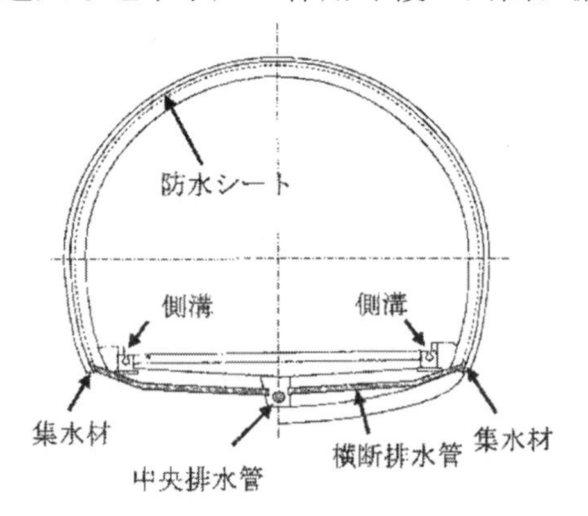

図－1 道路トンネルの排水構造[2)]

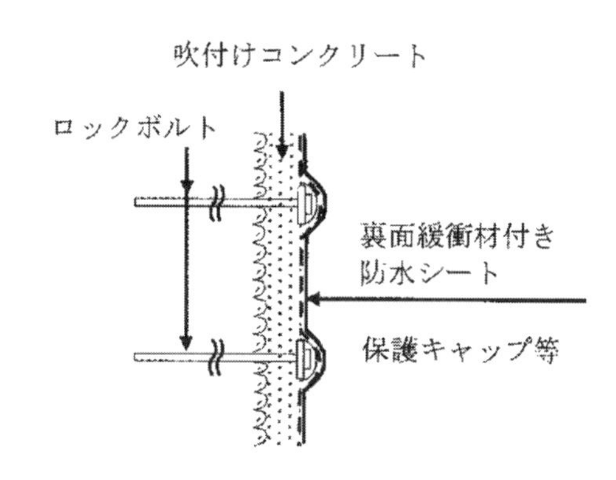

図－2 防水工の概念図[2)]

防水シートの施工手順は，①防水シートの展張，張付け，②防水シートの溶着の工程である.

また，吹付けコンクリート面の仕上がり状態は防水シートの効果を左右する大きな要因であるとともに，凹凸に伴う材料ロス，防水シート張付け作業効率にも影響する. このため，施工に先立ち，①吹付けコンクリート面の極端な凹凸の処理，②ロックボルト頭部の処理，③集中湧水箇所での適切な導水処理を行わなければならない（図－2参照）.

3. 対策事例と効果[1)]

当現場では，防水シート張付け作業の効率化および品質確保を図るために，広幅の幅 5.0m の防水シートおよびシート用展張機を使用した（図－3参照）. トンネル延長 1776.0m での使用実績から得られた知見を以下に示す.

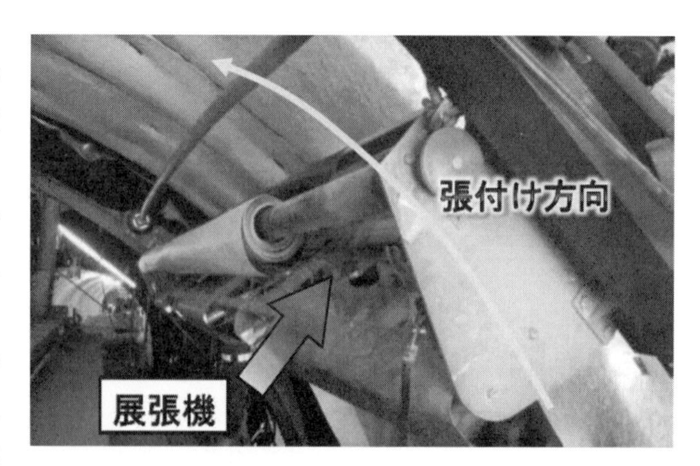

図－3 展張機による防水シート施工状況[1)]

- 通常用いる幅 2.0m の防水シートの場合に比べ，広幅の幅 5.0m の防水シートを用いることで施工日数が 14%削減された.
- 防水性能に影響を与える防水シートの溶着箇所数（継目）が 54%減り，漏水リスクを低減できた.

出　典　1)宮沢・板場・渡辺：山岳トンネル防水工における広幅防水シート利用に関する一事例，土木学会全国大会年次学術講演会集 2018，VI-109，pp.217-218，(公社)土木学会，2018.9 の一部を再構成したものである.

参考文献　2)トンネル標準示方書[山岳工法編]・同解説：(公社)土木学会，2016.8

Q4－12　覆工コンクリートの充填性と品質の向上を図るための取組みを教えて下さい．

1．はじめに

覆工コンクリートの打込みは，閉鎖された狭小空間で窮屈な姿勢で行われるため，締固めや筒先の移動などを十分に行うことが困難である．そこで，天端部での締固め不足によるコンクリートの密実性の低下，充填不足による背面空洞の発生などを防止する目的で，材料分離抵抗性を損なわずに流動性を高めた中流動コンクリートなどが開発・実用化され，締固め作業を簡略化しつつ，高品質な覆工が構築できるようになってきた．そのような中，将来的な作業員の高齢化や人員不足，建設業界における作業員離れを改善するため，高流動コンクリートの適用拡大が一方策として挙げられている．しかし，高流動コンクリートは一般的にセメント量を増やす必要があり，材料コストや温度ひび割れの発生リスクが増大することから，普及を妨げている要因となっている．

ここでは，新規の特殊増粘剤を用いることで，普通コンクリートと同等のセメント量のまま，高い流動性と自己充填性を有する低セメント量の高流動コンクリート（以下，新規の高流動コンクリート）をトンネル覆工に適用した事例を紹介する．

2．新規の高流動コンクリートの配合と品質[1)]

特殊増粘剤と汎用品の高性能 AE 減水剤を用いることで，従来の覆工コンクリートとほぼ同等のセメント量で自己充填性を有する高流動コンクリートが製造できた．高流動コンクリートの配合と品質試験結果を表－1に示す．

表－1　配合と品質試験結果[1)]

配合種類	配合												品質試験結果							
	自己充填性のランク	目標スランプフロー(cm)	目標空気量(%)	W/C(%)	s/a(%)	単位粗骨材絶対容積(L/m³)	単位量(kg/m³)				混和剤(C×%)	特殊増粘剤(g/m³)	スランプフロー(cm)	500mmフロー到達時間(秒)	充填高さ(ランク3)(cm)	漏斗流下時間(秒)	空気量(%)	ブリーディング率(%)	圧縮強度(N/mm²)	
							W	C	S	G									材齢24時間	材齢28日
従来の覆工(24-18-20BB)	－	SL18	4.5	57.1	55.6	309	165	289	1035	836	WR 0.9	－	SL 18.5	－	16.8	－	5.2	2.4	3.6	41.9
新規の高流動コンクリート	ランク3	60	5.5	55.0	54.0	310	170	309	973	839	SP 1.3	60	57.5	4.3	33.9	11.8	4.7	1.2	3.4	41.7

C：高炉セメントB種，S：山砂（60%）＋砕砂（35%），G：砕石2005，WR：AE減水剤（高機能タイプ），SP：高性能AE減水剤（ポリカルボン酸系）

3．新規の高流動コンクリートの適用事例[1)]

新規の高流動コンクリートを用いた施工で得られた知見を以下に示す．

- 施工時の品質試験結果は，目標値を満足しており，市中の生コン工場で安定的に製造できることを確認した．
- 新規の高流動コンクリートの採用により打込み作業における作業員数を従来の 5～6 名体制から 2 名程度（30％程度）削減できる．
- バイブレータによる締固め作業が不要となることで，騒音は 75dB（人体損傷の安全域）まで低減され，作業環境も改善された．
- 新規の高流動コンクリートにより構築した覆工の脱型後の仕上がりは，表面気泡や充填不良は認められず良好な品質であった．

出　典　1)手間本・泉水・中嶋：低セメント量の高流動コンクリートのトンネル覆工への適用，土木学会全国大会年次学術講演会集 2018，VI-098，pp.195-196，(公社)土木学会，2018.9 の一部を再構成したものである．

関連文献　トンネル標準示方書[山岳工法編]・同解説：(公社)土木学会，2016.8

コンクリートライブラリー136 号 高流動コンクリートの配合設計・施工指針[2012 年版]：(公社)土木学会，2012.6

Q4－13 寒冷地のトンネル施工において，覆工コンクリートの強度発現を促進させる養生方法を教えて下さい．

1．はじめに[1)]

本トンネルは，積雪寒冷地に位置しており，冬期の朝晩の気温は氷点下になることから，覆工コンクリート打設後の水和反応が進みにくく，脱型時に強度不足によるひび割れ発生の懸念があった．このような背景から，冬期における覆工コンクリートの初期強度発現を促進し，脱型直後のひび割れの発生を抑制するための加温養生を実施した．

2．覆工コンクリートの養生方法[2)]

覆工コンクリートは，打込み後，硬化に必要な温度および湿度を保ち，有害な作用（振動や変形など）の影響を受けないよう適切な期間にわたり養生しなければならない．

覆工コンクリートは，一般に脱型時期が早い（12～20時間）ため，型枠存置による十分な養生効果は期待できない．

積雪寒冷地内における坑口温度は，換気による空気の入れ替えやトンネル貫通後の通風などにより温度，湿度が低下する．そのため，シートなどによる通風の遮断や保温，ジェットヒーターによる加温など，養生に適した坑内環境を確保する必要がある．

3．積雪寒冷地における具体的な養生方法[1)]

設置面を均一に加温することができる面状発熱体で型枠を直接加温するセントル加温養生システムを採用した．セントル加温養生システムは，セントルのスチールフォーム内側に面状発熱体シート（通電によりシートが発熱する面状のヒーター）を設置したもので，サーモスタットにより容易にヒーターの温度調節（0℃～50℃）が可能である．1月～3月についてはジェットヒーターを併用した（図－1参照）．

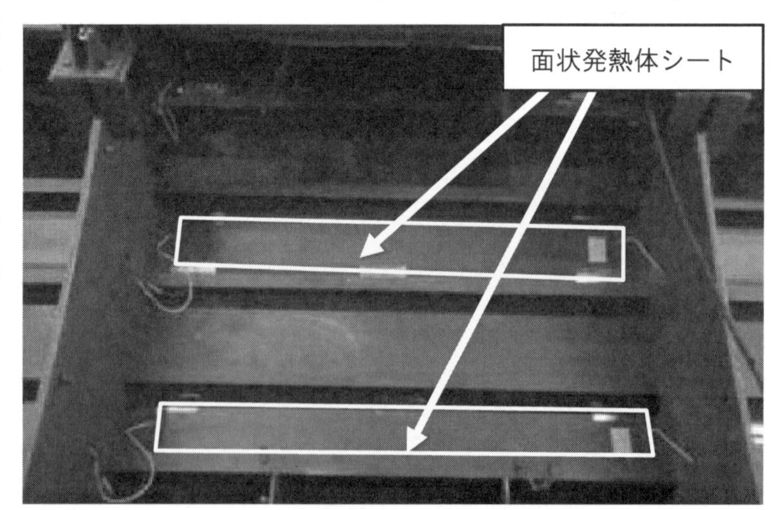

図－1 面状発熱体シート設置状況[1)]

積雪寒冷地における加温装置を用いた覆工コンクリートの養生について，以下の事項が確認できた．

- 加温装置の使用は，早期にコンクリート温度を上昇・安定へと導き，覆工コンクリートの所要の初期強度発現に有効であった．
- 厳冬期（1月～3月）は，加温装置にジェットヒーターを併用することにより，養生時間の増加に伴う工程遅延の発生を防止できた．

出　典　1)久保田・下・小枝：寒冷地における加温装置を用いた覆工コンクリートの品質向上，土木学会全国大会年次学術講演会集 2018, VI-093, pp.185-186,（公社）土木学会，2018.9 の一部を再構成したものである．

参考文献　2)トンネル標準示方書[山岳工法編]・同解説：(公社)土木学会，2016.8

Q4－14　覆工コンクリートの表層品質評価の取組みを教えて下さい．

1．はじめに

覆工コンクリートは供用中に第三者から見える部分でもあり，維持管理の負担を軽減する上でも品質確保が重要である．ここでは，覆工コンクリート表層品質評価の取組みについて事例を紹介する．

2．覆工コンクリート表層品質評価方法[1)]

表層目視評価は，脱型時に表－1に示す 7 項目について目視で評価し，各項目に対して 4 点満点の 0.5 点刻みで不具合の状態を評価する方法である．これまで数値で評価されなかった表層状態を 7 項目 4 段階で定量評価することで，施工方法の妥当性の検証や施工方法の継続的な改善に活用できる．

表－1　評価項目および評価点の基準[1)]

評価項目	不具合例	評価点の基準			
		4	3	2	1
① はく離		無し	50cm四方程度の大きさで見られる	1m^{2}程度の大きさで見られる	2点の状態以上に広範囲に見られる
② 気泡 （1.5m×1.0m範囲で調査）		5mm以下の気泡もほぼ無し	5mm程度の気泡が10箇所程度見られる	10mm以上が10箇所程度または5mm以下が20箇所程度見られる	10mm以上が20箇所程度見られる
③ 水はしり・砂すじ		無し	一部に見られる（全体の1/10程度）	やや多く見られる（全体の1/3程度）	2点の状態以上に広範囲に見られる
④ 色むら・打重ね線		ほぼ無し	一部に見られる（全体の1/10程度）	全体の半分程度に見られる	2点の状態以上に広範囲に見られる
⑤ 施工目地不良		無し	一部に見られる（全体の1/10程度）	多く見られる（1/3程度）	側壁全てに見られる（天端に見られたら1）
⑥ 検査窓枠段差		無し	1箇所程度見られる	2～3箇所見られる	3箇所を超える箇所に発生
⑦ ひび割れ・亀裂		無し	ひび割れ幅0.3mm未満のみ	ひび割れ幅0.3～1mmがある	ひび割れ幅1mm以上がある

3．タブレットの活用[2)]

これまでは，表層品質評価を実施する場合，表層目視評価シートを印刷，現場で目視評価結果を記入後，事務所に戻りデータ入力を行っていた．これらの作業を省力化するために，タブレット端末を利用し，現地での入力および評価が完了するシステムを活用した．電子化されたデータは，所定の様式での閲覧と PDF 形式での出力を可能とした．

参考文献　1)コンクリート構造物の品質確保の手引き(案)(トンネル覆工コンクリート編)：国土交通省 東北地方整備局，2016.8

出　典　2)森浜・喜多・宇野ら：四国地方におけるトンネル覆工コンクリート表層品質評価の試み，土木学会全国大会年次学術講演会集 2018，VI-107，pp.213-214，(公社)土木学会，2018.9 の一部を再構成したものである．

5

基礎工

Q5－1　近接施工となる場所打ち杭施工時の孔壁崩壊防止対策について教えて下さい．

1．はじめに[1)]

当現場は，新設シールドの掘削に伴う変状を防止するため，既設の鉄道高架橋を既設杭から新設杭へと受替えを行う工事である（図－1参照）．新設杭（場所打ち杭 φ800）は，その施工位置が高架橋直下となり厳しい空頭制限があるため，狭小，低空間での施工条件下で大口径ボーリングを可能にしたリバース工法（TBH 工法）が採用されている．施工においては，既設杭との最小離隔が 0.81D（D：新設される杭径）と 新設杭が近接施工となるため，孔壁の崩壊が懸念された．

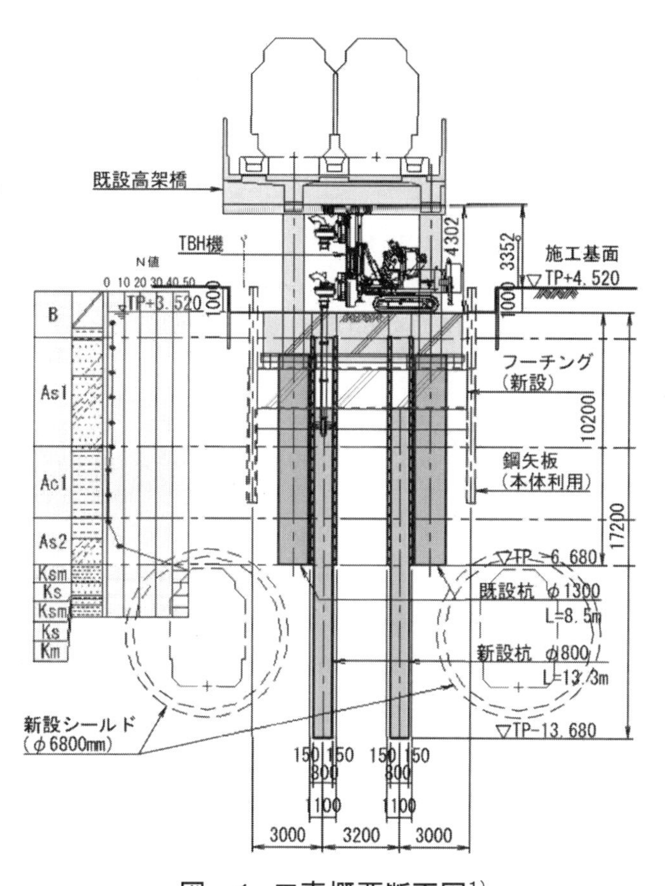

図－1　工事概要断面図[1)]

2．リバース工法における孔壁の保護[2)]

リバース工法は，通常スタンドパイプを安定した不透水層まで建込み，それ以深については，泥水が孔壁にマッドケーキを形成することと，孔内水位を地下水位より 2m 以上高く保つことにより，孔壁を保護・安定させている．リバース工法で使用する泥水の性質の中で比重が最も重要である．

自然泥水の持つ性質を表－1に示す．この工法で孔壁を安定させるもう一つの要因は，一定の水位を保つことであり，そのためには逸水に注意して必要な対策を講じなければならない．一般的に 10^{-2}cm/sec 程度より大きい透水係数を持つ地盤では逸水を起こしやすいため，事前に対策を検討するのがよい．

表－1　自然泥水の性質[3)]

	内　　容
造壁性	造壁性の良否は自然泥水中に含まれる土砂分の粒径によって決まり，薄くて強いマッドケーキが形成され，ろ過水量の少ないものが造壁性がよいとされる．
比　重	自然泥水の比重によって自然泥水中の砂分の量を推定できる． 比重が揚水量に影響するので掘削能率に関係する． 適正値は 1.02～1.08である． 打込まれるコンクリートの品質に影響する．
粘　性	粘性が大きくなると自然泥水中の固体粒子が沈降しにくくなるほか，流動抵抗が増して掘削能率が低下する．
砂　分	比重を適正に保つため，スラッシュタンクで除去する．
pH	自然泥水中の水素イオン濃度を測定するもので，セメントによる影響により徐々に高くなる．

3. 本工事における孔壁崩壊防止対策[1)]

(1)既設杭下端以浅の検討と対策

既設杭下端以浅では以下の課題があり，孔壁の安定計算の結果，原地盤では孔壁安定を確保できないことが分かった(表－2参照).

表－2　孔壁安定計算結果[1)]

検討ケース	対策案	最小安定指数	必要安定指数	判定	備考
CASE1	無対策	0.67	1.0	不安定	
CASE2	流動化処理土(BH杭)	1.03	1.0	安定	採用

- 施工基面より 10m までは，N 値 3～8 の沖積砂質土(As1 層，As2 層)と N 値 1 の沖積粘土層(Ac1 層)の互層であり軟弱である.
- 地下水位は，施工基面±0.0m と非常に高く，地下水位と安定液位の水位差の確保が困難である.

対策として，TBH 工法の施工に先立ち，新設杭の軟弱沖積層部を流動化処理土(ϕ1,100，粘着力 300kN/m^2)で置換し，孔壁防護を行った(図－2参照). 施工は，BH 工法により実施した.

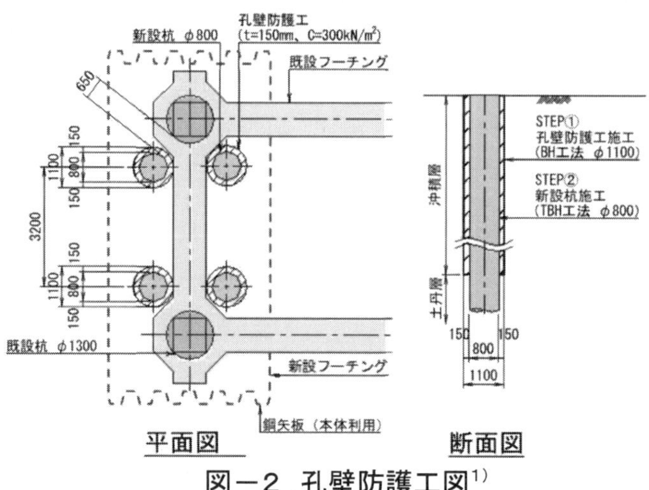

図－2　孔壁防護工図[1)]

(2)既設杭下端以深の検討と対策

既設杭下端以深では以下の課題があった(図－3参照). 孔壁のすべり破壊に対する検討が必要となり，表－3に示す4ケースで行った.

- 離隔が 650mm と非常に近接している.
- 新設杭下端深度は，既設杭よりも 7m 深い.
- 既設杭先端の反力は 1600kN/m^{2}と非常に大きい.
- N 値 50 以上の土丹層(Ksm 層，Km 層)であるが，砂層(Ks 層)が介在している.

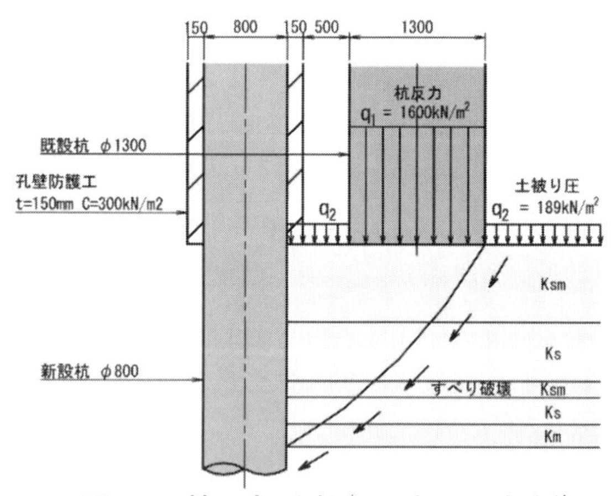

図－3　杭下部地盤でのすべり破壊[1)]

検討の結果，すべてのケースで安全率 1.0 以上を満たしており，既設杭下端以深は無対策で施工可能であることが確認できた.

表－3　孔壁すべり破壊検討結果[1)]

検討ケース	介在砂層(Ks層)	土丹層の粘着力(kN/m^2)	抵抗モーメント(kN・m)	転倒モーメント(kN・m)	安全率	判定
CASE1	なし	2000(Ks層)	67,962	28,094	2.42	安定
CASE2	あり	2000(Ks層)	60,398	28,100	2.15	安定
CASE3	なし	748(Ksm層)	54,453	28,094	1.94	安定
CASE4	あり	748(Ksm層)	46,889	28,100	1.67	安定

出　典　1)俣野・増田・平井ら:既設鉄道高架橋に近接した新設杭施工時の孔壁防護対策，土木学会全国大会年次学術講演会集 2016, VI-235, pp.469-470, (公社)土木学会，2016.9 の一部を再構成したものである.

参考文献　2)土木施工なんでも相談室[基礎工・地盤改良工編]2011 年改訂版:(公社)土木学会，2011.9
3)杭基礎施工便覧:(公社)日本道路協会，2015.3

Q5－2　場所打ち杭の鉄筋かごの浮き上がり防止方法を教えて下さい．

1．はじめに

低空頭箇所や狭隘地での施工を目的に，より鉄筋を使用した場所打ち杭が開発されている（表－1参照）．この工法は，軸方向鋼材に高強度材料を使用することから鉄筋かごが軽量化されることになり，鉄筋かごの浮き上がりが課題となっている．

表－1　より鉄筋を使用した杭

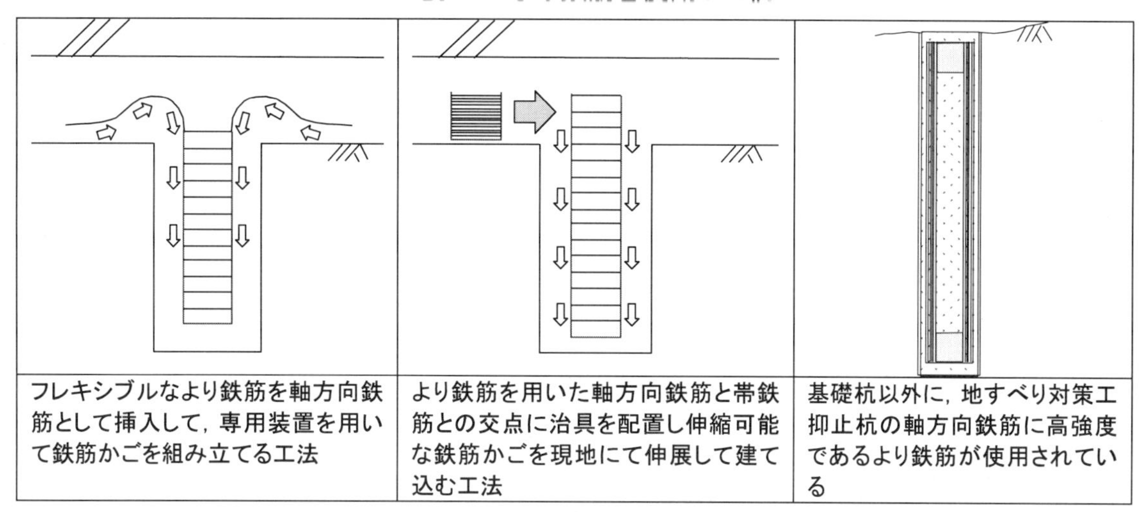

フレキシブルなより鉄筋を軸方向鉄筋として挿入して，専用装置を用いて鉄筋かごを組み立てる工法	より鉄筋を用いた軸方向鉄筋と帯鉄筋との交点に治具を配置し伸縮可能な鉄筋かごを現地にて伸展して建て込む工法	基礎杭以外に，地すべり対策工抑止杭の軸方向鉄筋に高強度であるより鉄筋が使用されている

2．鉄筋かごの浮き上がりと傾斜

場所打ち杭において杭径が小径で鉄筋かごの重量が軽い場合，コンクリート打設時に鉄筋かごが浮き上がり傾斜する場合がある（図－1参照）．一般的な対策としては，事前に鉄筋かご先端部に井型鉄筋を取り付けるなどの浮き上がり防止策を施し，打設中は鉄筋かごの天端を常時監視して，打設速度を制御する方法が取られる．

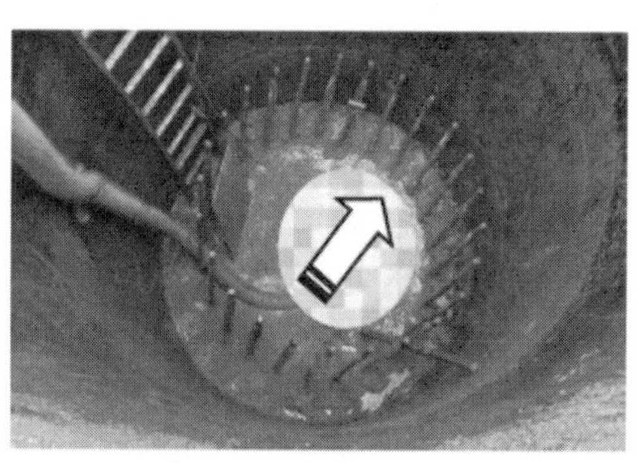

図－1　鉄筋かごの浮き上がりと傾斜[1)を改変]

3．軽量鉄筋かごの浮き上がり対策[2)]

より鉄筋を使用した場所打ち杭のコンクリート打設時の浮き上がり対策として，トレミー管に鋼板（安定翼）を取り付け，その鋼板で，鉄筋かごに設置した杭底フレームを押さえる構造が検討されている（図－2参照）．なお，トレミー管の外側にスライド管を被せ，トレミー管が杭底フレームを押さえ付けた状態でも，スライド管が杭底まで延伸し，スライム処理を行える構造となっている．

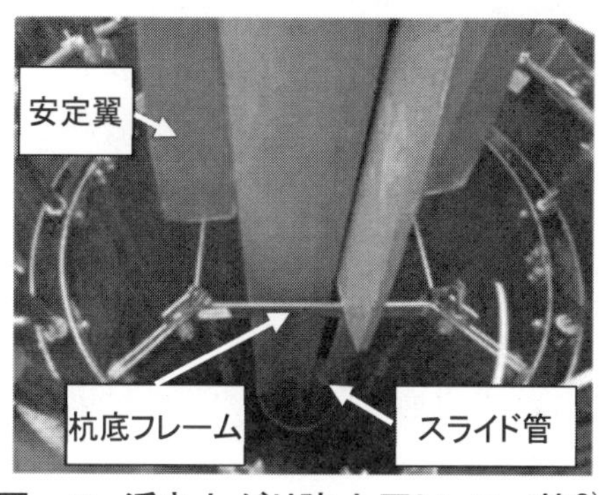

図－2　浮き上がり防止用トレミー管[2)]

参考文献　1)場所打ちコンクリート杭の品質管理のポイント:(一社)日本建設業連合会，2017.6

出　　典　2)岩本・本田・島村ら:ストランド場所打ち杭工法における鉄筋かごの縮小および浮上り防止方法，土木学会全国大会年次学術講演会集 2018，VI-1022，pp.2043-2044，(公社)土木学会，2018.9 の一部を再構成したものである．

Q5－3　硬質な中間層を中掘り杭工法で掘削する場合の補助工法について教えて下さい.

1. はじめに[1)]

当現場は，一級河川に新設される橋梁下部工事であり，基礎形式は鋼管矢板基礎である．当該基礎は，長さ 43.5m，ϕ 1000mm の鋼管矢板 30 本からなる井筒基礎で，鋼管矢板は中掘り杭工法（セメントミルク噴出撹拌方式）による施工が計画されていた．また，現場の地層構成は，細砂と砂質シルトの互層の下に N 値が 50 を超える締まった細砂層が 10m 程度堆積していた（図－1参照）．

図－1　地質断面図[1)]

2. 当工事における課題と補助工法の検討[1)]

鋼管矢板基礎は井筒状に閉合させるため，高い打設精度が必要となる．しかし，従来の中掘り杭工法では，硬質な中間層の打抜き時に発生する継手管のせりの解消が困難となり，鉛直精度確保と工期の遵守に影響を及ぼす．このため，表－1に示す補助工法を検討した．

表－1　補助工法の比較検討[1)]

補助工法	工法概要	施工精度	施工時間	振動・騒音
硬質中間層の置換工法	硬質な中間層を先行削孔により置換する	高い	長い	小さい
打込み併用工法	沈設不能時に油圧ハンマーで打撃する	低い	中	大きい
反力杭・反力桁併用工法	ガイドリング内部に反力杭と反力桁を設置し，引上げ力を確保する	中	長い	小さい
バイブロ併用工法	鋼管を把持できる低振動バイブロを併用し，確実な引上げ力を確保する	高い	短い	中

3. 採用した補助工法と特徴[1)]

当現場では比較検討した結果，施工精度が高く施工時間が短い工法である「バイブロハンマ併用工法」を採用した（図－2参照）．これにより，鉛直精度確保および工期を遵守できた．本工法の特徴を以下に示す．

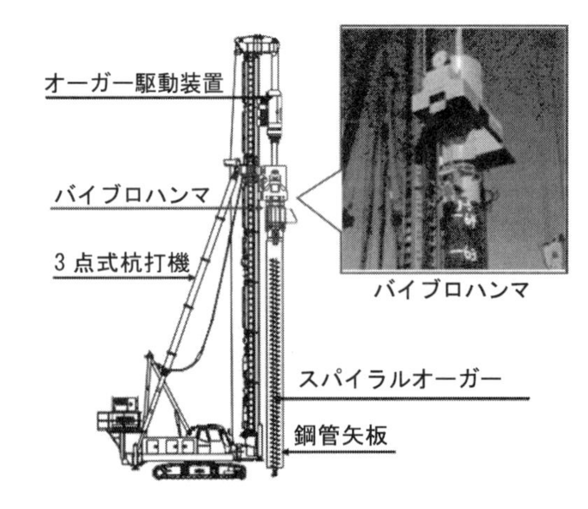

図－2　バイブロハンマ併用工法[1)]

- バイブロ併用圧入引抜装置により，打設困難な場合でもオーガスクリューを引き上げるなどの作業が必要ないため，工程に影響を及ぼしにくい．
- バイブロハンマを起振したまま鋼管矢板の引き上げが可能なため，継手管のせりを容易に解消できる．
- 鋼管頭部を確実に把持するため，回転によるせり発生を防止できる．
- バイブロハンマを必要なときだけ起振するため，低騒音低振動での施工が可能である．

出　典　1)野巻，駒澤，原田ら：硬質な中間層を有する地盤における鋼管矢板基礎の施工，土木学会全国大会年次学術講演会集 2019，VI-591，(公社)土木学会，2019.9 の一部を再構成したものである．

Q5－4　河川近傍の深礎杭施工における湧水対策で効果が得られなかった場合の対応事例を教えて下さい.

1．はじめに[1)]

当該現場は，亀裂が多い玄武岩を主体とする地盤に深礎杭（φ7.0m, L=14.0m）を施工する橋梁下部工である（図－1参照），一級河川に近接していることから，湧水の発生が懸念された.

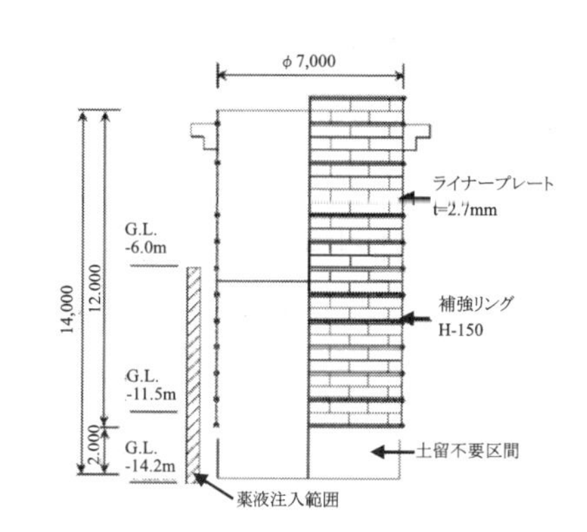

図－1　深礎杭[1)]

2．一般的な湧水対策

深礎杭施工時の湧水対策として，ディープウェル工法で地下水を低下させる，薬液注入工法で遮水壁を造成する，SMWなどの柱列式連続壁で遮水するといった工法が採用される（図－2参照）.

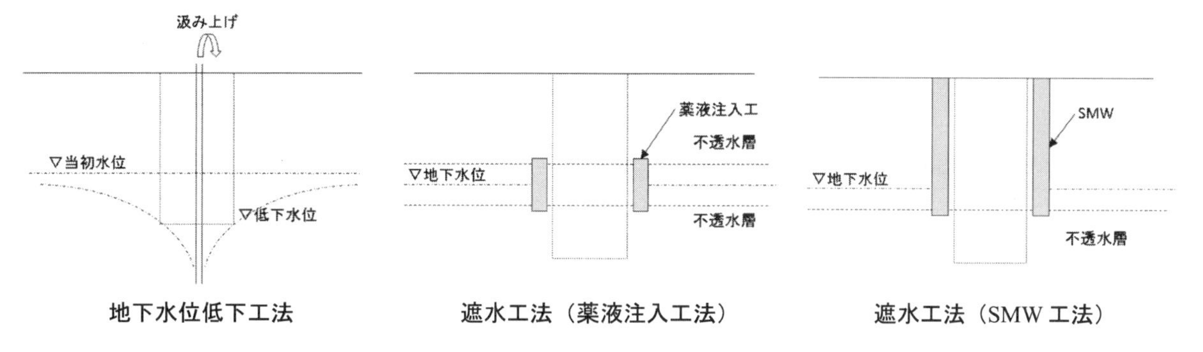

図－2　深礎杭の湧水対策[2)を改変]

3．当現場での湧水対策[1)]

当現場では，薬液注入工法による湧水対策を実施したが，支持層付近で大量湧水が発生した．このため，深礎杭コンクリートに水中不分離性コンクリートを採用した（図－3参照）．水中不分離性コンクリートについては，実物大（長さ7m×幅1m×高さ1m）の施工実験を実施して配合を決定した．また，打設の際には，湧水による支持層の乱れと材料分離を防止するため，深礎杭孔内が静水になる深度7m付近まで湛水を行った.

図－3　水中不分離性コンクリート打設[1)]

出　典　1)小島・佐山・土屋：河川に近接した深礎杭施工における大量湧水の対処方法，土木学会全国大会年次学術講演会集 2019, VI-431，(公社)土木学会，2019.9 の一部を再構成したものである.
参考文献　2)土木施工なんでも相談室[基礎工・地盤改良工編]2011 年改訂版：(公社)土木学会，2011.9

Q5－5　鋼管矢板基礎の盤ぶくれ対策について教えて下さい.

1. はじめに[1)]

当該現場は，河川内に鋼管矢板基礎を構築する工事である．支持層であるDg1層の地下水は被圧されており，底盤コンクリートの水中打設後，鋼管矢板内をドライアップした際の盤ぶくれが懸念された．

2. 盤ぶくれ対策

盤ぶくれへの対策として，一般的に以下の項目が実施される．

- 被圧帯水層の下層に不透水層がある場合は，鋼管矢板の根入れ長を長くする．
- 掘削底盤の透水層を地盤改良して，抵抗力（土被り圧）を増加させる．
- ディープウェルで地下水位を低下させ，被圧水圧を減少させる．

3. 当現場での対策[1)]

鋼管矢板基礎での盤ぶくれ対策として，底盤コンクリートに重量コンクリートを採用した（図－1，表－1参照）．しかし，底盤コンクリートの重量化だけでは必要安全率を確保できなかったことから，底盤コンクリートと鋼管矢板とをスタッドを用いて連結した（図－2参照）．また，スタッド設置によって底盤コンクリートが拘束され，曲げひび割れが発生することを防止するため，ひび割れ防止鉄筋を設置した（図－3参照）．

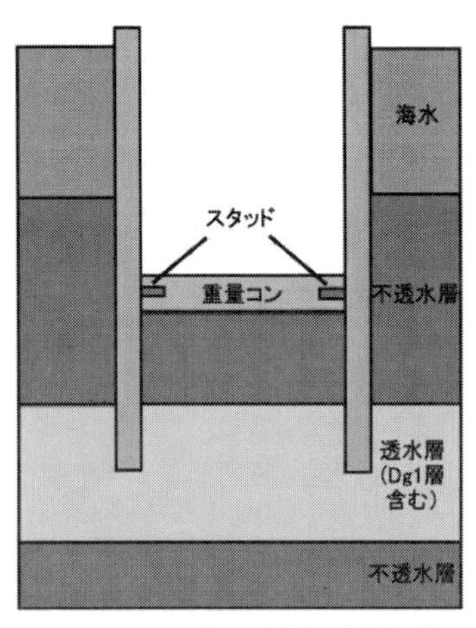

図－1　盤ぶくれ対策[1)]

表－1　重量コンクリートの配合[1)]

粗骨材の最大寸法 (mm)	単位容積質量 (kg/m³)	スランプフロー (cm)	空気量 (%)	水セメント比 W/C (%)	細骨材率 s/a (%)	単位量(kg/m³)					
						水 W	セメント C	細骨材 S	粗骨材 G	混和材 A1	混和材 A2
20.0	2773.5	55.0	2.0	56.3	38.0	260	462	754	1285	2340	10200

A1：水中不分離混和剤（UWB）
A2：流動化剤（フローリックNSW）

図－2　スタッド[1)]

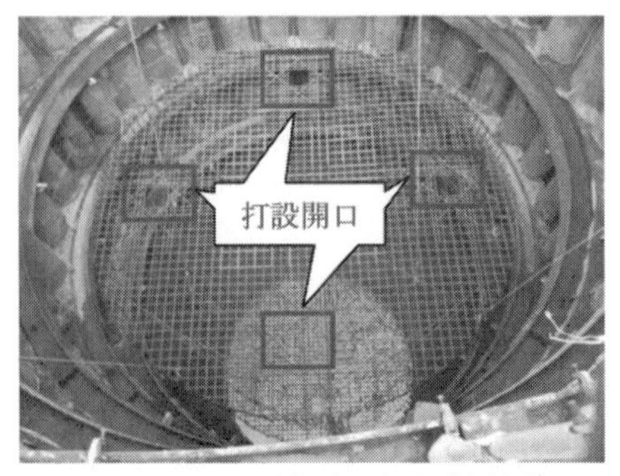

図－3　ひび割れ防止鉄筋[1)]

出　典　1)脇岡・十河・中島ら：鋼管矢板井筒基礎の盤ぶくれ対策，土木学会全国大会年次学術講演会集 2018, VI-1043, pp.2085-2086,（公社)土木学会，2018.9の一部を再構成したものである．

Q5－6　圧入式オープンケーソンにおいて，沈設不能となった場合の対処方法を教えて下さい．

1．はじめに[1)]

当該現場はシールド発進立坑をオープンケーソン工法で施工する．地盤条件は，GL-10mまでN値20～50の沖積礫質土であり，GL-10m以深はN値50以上の洪積礫質土である．また，GL 30mでは礫径 300～700mmの粗石が堆積している(図－1参照)．施工深度28m程度から大幅に施工速度が低下し，深度31mで沈設不能となった．

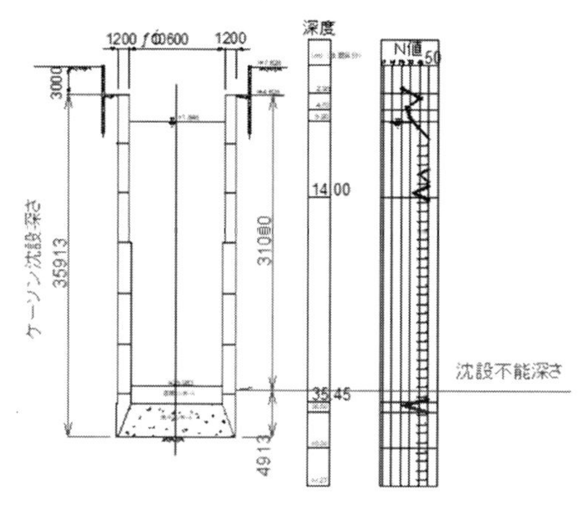

図－1　オープンケーソン構造図とボーリングデータ[1)]

2．沈下促進工

圧入式オープンケーソンにおける沈下促進工を表－1に示す．

表－1　沈下促進工の種類[2)を改変]

名称	概要	適用性
滑材塗布	ケーソン外周面に滑りやすい滑材を塗布して，摩擦を低減する工法.	・粘性土には効果があるが，砂質土，硬質地盤には期待できない. ・他工法との併用が必要である.
ベントナイト注入	ベントナイトを側壁に配置した注入孔から地盤と壁との間に注入して，摩擦を低減する工法.	・砂質土に効果があり，地盤の乱れも少ないが，地下水が流れている場合にはベントナイトが流出するおそれがある.
シート被覆	ケーソン外周面とその面に接する地盤との間に，薄鋼板あるいは高分子強化シートを地盤に密着するように敷設して，摩擦を低減する工法.	・施工中にシートが切断した場合，周面摩擦の不均衡からケーソンに傾斜が生じる懸念がある.

3．当該現場での対処方法[1)]

(1)滑剤注入工からのエアー吐出による対策

施工深度28m程度から大幅に施工速度が低下し，深度31mで沈設不能となったことから，沈設アンカーを当初8本から16本へ増設した．しかし，沈下抵抗がさらに大きく，沈設が進まないため，滑剤注入孔から躯体周面へコンプレッサーでエアー(0.7MPa)を吐出させた(図－2参照)．

(2)オープンケーソン周辺からのエアー吐出による対策

施工深度32.5mで圧入が不能となり，新たな対策として，ケーソン外周部を削孔した後，掘削孔へ塩ビパイプを建て込み，ケーソン圧入時にフリクションカット部へエアー(0.7MPa)を吐出して拘束圧を低減させた(図－3参照)．

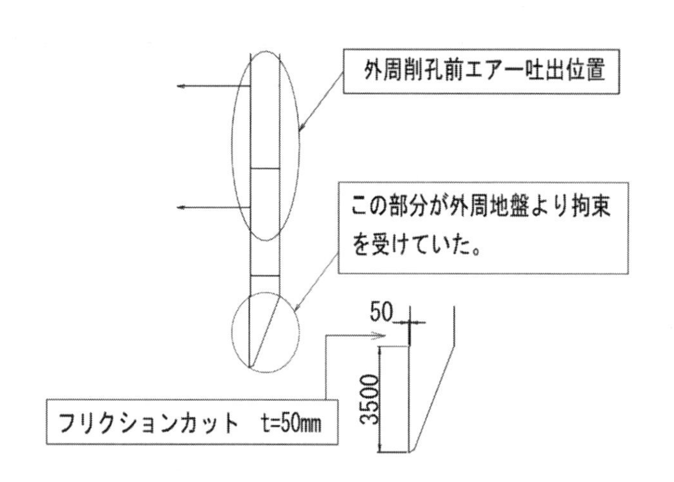

図－2　躯体周面へのエアー吐出[1)]

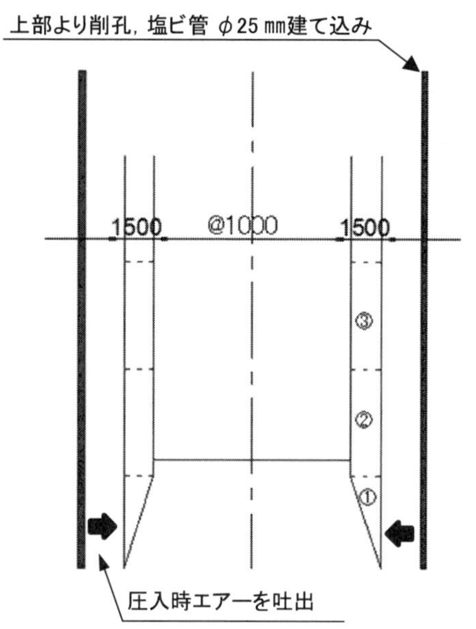

図－3　フリクションカット部へのエアー吐出[1)]

出　典　1）児玉・倉田・猪俣：硬質地盤におけるオープンケーソン沈設不能トラブルへの対応，土木学会全国大会年次学術講演会集 2018，VI-550，pp.1099-1100，(公社)土木学会，2018.9 の一部を再構成したものである.

参考文献　2)土木施工なんでも相談室［土工・掘削編］2018 年改訂版：(公社)土木学会，2018.11

Q5－7　圧入オープンケーソン基礎を近接施工する場合の対策事例について教えて下さい．

1．はじめに[1)]

当現場は，既設 G ランプの慢性的な渋滞を解消するために，G ランプに並走する新設ランプを構築する下部工工事である．その内の橋脚は，上空には供用中の G ランプ，地中には電力用トンネル（以下，トンネル）に挟まれた狭隘な立地条件にあるため，コンパクトな基礎形状である「圧入オープンケーソン基礎（以下，ケーソン）」が採用された．当該基礎はトンネルとの離隔が 1m の超近接施工となり，ケーソン施工時におけるトンネルへの影響を抑制することが課題であった（図－1 参照）．

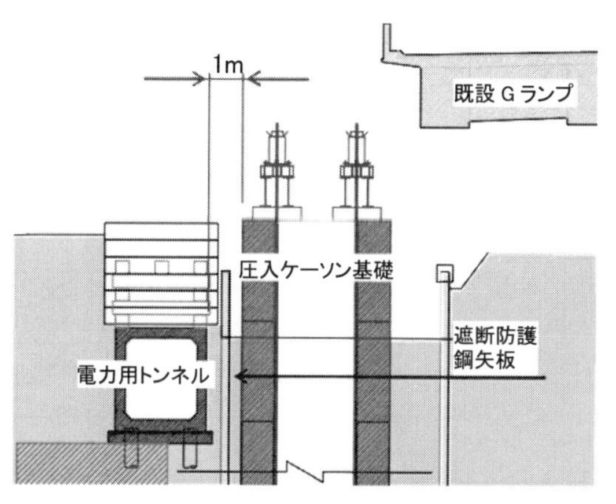

図－1　工事概要断面図[1)]

2．オープンケーソン工法の近接施工における注意点[2)を改変]

近接施工の対策としては，周辺地盤の強化・改良や既設構造物の補強といった二次的な対策工法も効果的に組み合わせて行う必要があるが，そもそもの原因となる地盤変位の発生を極力小さく抑えることが最も重要である．以下に，オープンケーソン工法の施工に関し，注意すべき事項を示す．

- フリクションカッターによるケーソン外周面との空隙を小さくするため，フリクションカッターの寸法を小さくする．一方，周面摩擦が大きいと周辺地盤の引きずり込みが生じるので，活性減摩剤の塗布，柔軟ですべりやすいシートなどによる摩擦低減対策を講じる．近接施工の場合，周辺地盤を緩める可能性の高いエアージェット，水ジェットによる摩擦低減対策は極力避ける．
- 地盤が硬質粘性土などで，フリクションカット上部に空隙が残存するような場合には，セメントベントナイトなどを注入して空隙を充填する．
- ケーソンの沈設は原則として，自重のみで行うのがよいが，やむを得ず過載荷重による沈下を行う場合でも，過度のトップヘビーになるとケーソンの傾きを生じやすくなるので注意が必要である．ジェットなどによる沈下促進は避けた方がよい．
- 砂地盤ではボイリングの発生を防ぐため水位を保持することとし，坑内の強制的な水位低下などによる沈下促進は行わない．
- 掘り越しや掘削の偏りは行わない．大きな傾斜や一方向への偏りを矯正することは，周辺地盤を変位させたり緩めたりすることになるので，打設リフトを短くするとともに，少しでも傾斜や偏りが発生した場合には，その都度矯正する．
- 既設構造物や周辺地盤の計測管理を行い，安全を確認しながら施工を進める．通常は，既設構造物の変位・変形に対して警戒値，工事中断値，限界値の 3 段階の管理値を定める．

3. 本工事における対策事例[1)]

(1) 対策案の検討

ケーソン施工におけるトンネルへの影響について，表－1および図－2に検討した対策工を示す.

表－1 対策工 比較検討結果まとめ[1)]

沈下対策工	仕 様	トンネルへの影響	判定	備考
Ⅰ案 遮断防護のみ	(当初設計)鋼矢板Ⅲ型 L=13.5m	沈下量 δ=40.7mm(12.5+28.2) σ_s=363N/mm^2 > σ_a=180N/mm^2	×	沈下量の括弧内の数字は(遮断防護圧入時+ケーソン圧入時)
	鋼矢板 V_L 型 L=40m	沈下量 δ=51.8mm (30.4+21.4) σ_s=468N/mm^2 > σ_a=180N/mm^2	×	
Ⅱ案 仮受け	地盤改良工による直接支持	沈下量 δ=19.8mm (12.5+7.3) σ_s=131N/mm^2 < σ_a=180N/mm^2	○	
Ⅲ案 トンネルの補強	トンネルを補強 (沈下は許容する)	沈下量 δ=40.7mm (12.5+28.2) (応力度は許容応力度以下)	△	

Ⅰ案の遮断防護のみでは，トンネル縦断方向の鉄筋の発生応力度が許容応力度を超過することが判明し，判定が×となった．このため，本工事ではトンネルの変状を最も小さくできるⅡ案の仮受けを採用した.

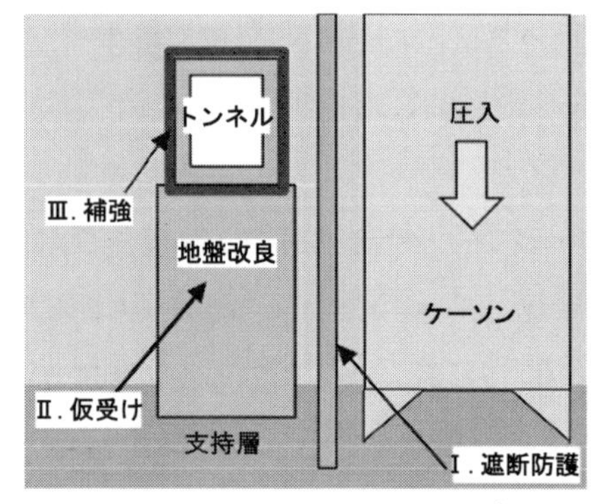

図－2 対策工概念図[1)]

(2) 対策工施工時の留意点および効果

当現場において，上記対策（地盤改良工による直接支持）を実施した際の留意点および効果を下記に示す.

- トンネル内に沈下計を設置し，地盤改良工からケーソン完了まで自動計測を行った.
- 地盤改良工施工前に，トンネル直下の基礎砕石への逸泥を防止するため，CB 充填による間詰めを行った.
- 地盤改良工およびケーソン施工時には沈下が発生することが予想されたため，事前の CB 充填工において管理値内で隆起させることとした.
- ケーソン施工時におけるトンネル（地盤改良体で支持した箇所）の沈下量は 2mm 以内に抑えることができ，直接支持の効果を確認することができた.

出 典 1)本間・高野・高橋ら：圧入ケーソン工事における電力用トンネルとの超近接施工事例，土木学会全国大会年次学術講演会集 2017，VI-877，pp.1753-1754，(公社)土木学会，2017.9 の一部を再構成したものである.

参考文献 2)地盤工学・実務シリーズ 28 近接施工：(公社)地盤工学会，2011.1

Q5－8　ニューマチックケーソン基礎の沈設において，軟弱地盤層や硬質地盤層が存在する場合の沈下対策にはどのようなものがありますか？

1．はじめに[1)]

当現場は，送水管（φ2600）を新設する為のシールドマシン発進立坑（外径 13.5m×深さ 51.55m）をニューマチックケーソン工法にて築造する工事である．当該ケーソン沈設箇所には，N 値が 3 以下の軟弱地盤層および N 値が 50 以上の硬質地盤層が存在した（図－1参照）．軟弱地盤では，過沈下や不等沈下を起こすことや硬質地盤においては，沈下不能を起こすことが懸念された．

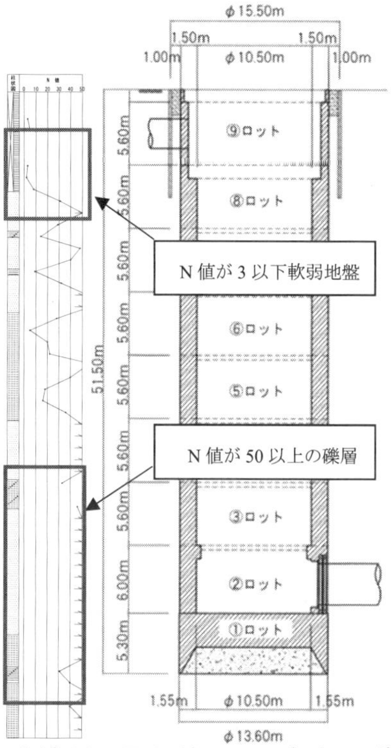

図－1　立坑断面図とボーリングデータ[1)]

2．沈下対策

ニューマチックケーソン工法は，沈下力（自重・水荷重）と沈下抵抗力（揚圧力・周面摩擦力・刃先抵抗力［地盤反力］）とのバランスを取りながら沈下掘削を行い，ケーソン基礎を沈設していく工法である．軟弱地盤では，刃先抵抗力不足による過沈下や不等沈下が生じやすく，硬質地盤では，刃先抵抗力や周面摩擦力が大きくなることにより沈下しにくくなる．

（1）軟弱地盤における対策

- 表層部より比較的浅い箇所に軟弱層が存在する場合，刃先部分の必要最小限の範囲を砕石で置き換える（図－2参照）．
- 付け刃口を設置して，刃先抵抗力を増加させる（図－3参照）．
- サンドルを作業室に設置して，不等沈下を防止する（図－4参照）．

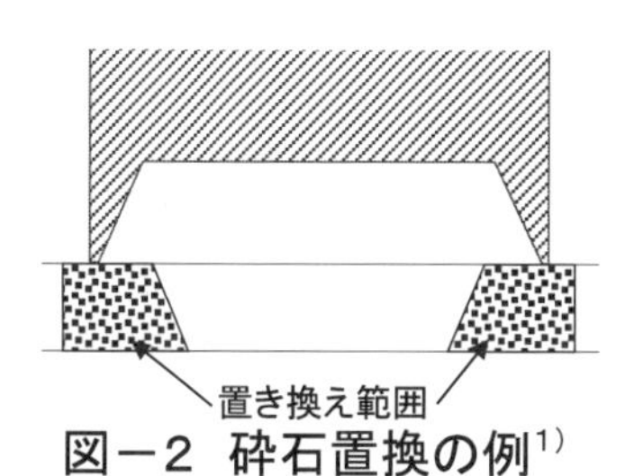

図－2　砕石置換の例[1)]

（2）硬質地盤における対策

- 水荷重の載荷で沈下力を増加させる．
- ケーソン周面に摩擦低減材を注入して，周面摩擦力を低減させる．

図－3　付け刃口設置例[1)]

図－4　サンドル設置例[1)]

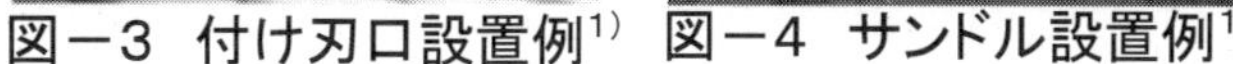

3．沈下対策の留意点[1)]

当現場では，上記対策を行うにあたって以下の点に留意して，問題なく沈設を完了できた．

- 砕石置換　：現地盤の支持力確認試験を行い，置き換え範囲を設定した．置き換え後も支持力を確認した．
- 付け刃口　：硬質地盤掘削時は抵抗となるため，ボルト固定とし取り外し可能とした．
- サンドル　：ケーソンの沈下力が最も大きくなるコンクリート打設時の過沈下対策として設置した．また，支障物撤去の際の過沈下，不等沈下対策としても設置して対応した．

出　典　1)樋口・鈴木・関ら：ニューマチックケーソン工法における沈下対策，土木学会全国大会年次学術講演会集 2018，VI-1042，pp.2083-2084，(公社)土木学会，2018.9 の一部を再構成したものである．

Q5－9　制約条件（作業ヤード，騒音振動，硬質地盤）がある中での，地中連続壁の施工方法について教えて下さい．

1．はじめに[1)]

本工事は約 2.5km の鉄道延伸工事のうち，換気所（長さ 34.0m×幅 20.4m×高さ 21.0m）を築造する工事である．換気所の施工位置は交通量の多い国道の側道部分に位置し，側道車線を占用して通行規制を行いながら N 値 60 を超える硬質粘性土主体の地盤に土留め壁（壁長約 31m，延長約 113m）を築造する必要がある（図－1参照）．現場の問題点を以下に示す．

- 通行規制による渋滞や事故の発生
- 夜間施工による近隣への騒音・振動の影響
- 硬質粘性土地盤の施工が懸念

図－1　施工概要図[1)]

2．地中連続壁の施工方法の選定

地中連続壁の施工方法を表－1に示す．

表－1　地中連続壁の施工方法の選定

施工方法	オーガー撹拌方式	カッターチェーン撹拌方式	水平多軸回転カッター撹拌方式
特徴	多軸混練オーガー機で原地盤を削孔し，その先端よりセメントスラリーを吐出して削孔混練を行い，壁体を造成	チェーンソー型のカッターポストを横方向に移動させて，溝の掘削と固化液の注入，原位置土との混合・撹拌を行う．	掘削と撹拌混合の機能を持った水平多軸回転カッターにより，掘削と撹拌性能に優れている．空頭制限，狭隘地下でも大深度の造成が可能

3．当現場での採用工法[1)]

当現場の課題に対する要求事項と施工方法による比較を表－2に示す．当現場では機械が小型で，昼間作業が可能であること，硬質な粘性土層でも掘削が可能である水平多軸回転カッター撹拌方式を採用した．その結果，掘削・撹拌・造成の各工程で，オペレータがリアルタイムで掘削精度，深度，注入量のデータなどの情報をリアルタイムで監視し，高水準での出来形・品質管理を行った．

表－2　当現場での要求事項と施工方法による比較

要求事項	項目	オーガー撹拌方式	カッターチェーン撹拌方式	水平多軸回転カッター撹拌方式
道路規制を最小限に抑えること	占用幅	10.5m×5.5m	10.1m×7.2m	4.5m×7.0m
	車線規制	2車線占有	2車線占有	1車線占有
騒音・振動を伴う夜間作業を回避すること	作業時間	2車線占用のため、夜間施工のみ	2車線占用のため、夜間施工のみ	1車線占用のみのため、昼間施工可能
硬質地盤でも高品質な地中連続壁を構築すること	硬質地盤	掘削不能（先行削孔必要）	掘削可能	掘削可能

出　典　1)山本・田中・山下：CSM 工法による地中連続壁の施工について，土木学会全国大会年次学術講演会集 2018，VI-1015，pp.2029-2030，(公社)土木学会，2018.9 の一部を再構成したものである．

Q5－10　重機足場のないのり面にて，玉石混じりの砂礫地盤上に土留め用鋼管杭を打設する方法および，施工上の留意点とその対策事例について教えて下さい．

1．はじめに[1)]

当現場はバイパス関連整備事業のうち，一般道路と鉄道本線の交差部において，非開削工法にて線路下函体（門型カルバート）を構築する工事である．準備工事となる線路両側の発進・到達立坑を築造するにあたり，土留め用鋼管杭 φ 800，L=21.5m を 500mm 以上の玉石も混在する砂礫層内に打設する必要があった．さらに，重機足場を容易に設置できないのり面上での打設作業となるため，施工法の選定にも制約が伴う条件下にあった（図－1参照）．

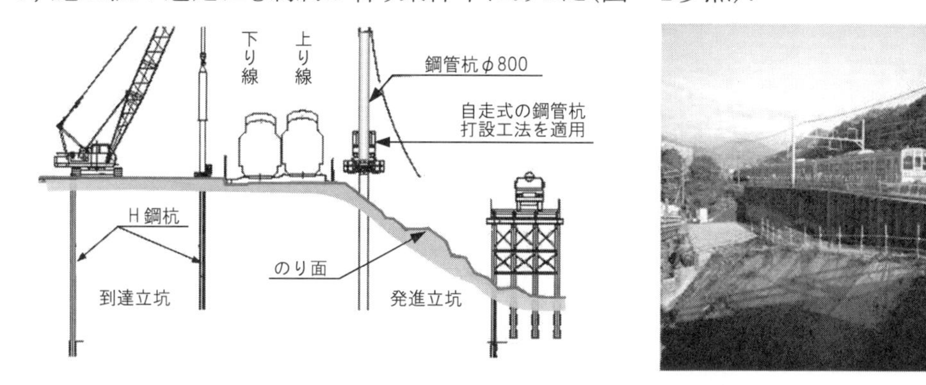

図－1　施工概要図[1)]

2．鋼管杭の打設方法の選定について

（1）施工方法一覧

玉石混じりの砂礫層などの硬質地盤に適用する鋼管杭の打設工法を表－1に示す．

表－1　硬質地盤に適用する（一般的な）打設工法

施工法	先行削孔+WJ 併用バイブロハンマ工法	先行削孔+油圧パイルハンマ工法	オーガ併用圧入工法（アボロンなど）	パーカッション工法（ダウンザホールハンマ工法など）	鋼管杭回転圧入工法（ジャイロ，ロータリープレスなど）
特徴	クローラクレーン及びラフテレーンクレーンを杭打機本体としバイブロハンマを吊り下げ，鋼矢板やH鋼杭を打設，引抜する工法．油圧式と電動式がある．2工程となる．	比較的長尺もしくは高支持力を求められる基礎杭の打設工法であり，用途によって直打ちだけでは無く斜杭の打設も可能．高い鉛直精度の杭構築が可能．2工程となる．	ラフテレーンクレーン又はクローラクレーンのブーム先端に，懸垂式リーダーを取付けオーガスクリュー及びモンケンを装着した杭打機を用いて各杭打ち工法が可能．	ハンマはコンプレッサーから供給される圧縮空気で上下運動を行い，岩盤を打撃して破砕する．破砕されたスライムはビット先端から排出する空気でリフトする．	回転機能を付加した圧入機を用いて，施工が完了した杭（完成杭）を反力としながら，杭の頭部を自走して先端リングビット付き鋼管杭を順次回転切削圧入する工法．

（2）鋼管杭回転圧入工法の適用[1)]

当地のように，重機が容易に寄り付けない状況（のり面上）における営業路線の近接施工では，低騒音・低振動，かつ設備のコンパクト化が望ましい．当現場では，鋼管杭の先端に専用の削孔用ビットを取り付け，自走式圧入機にて鋼管杭を回転させながら圧入する鋼管杭回転圧入工法が適用された．

3. 施工上の留意点と対策について[1)]

当現場で鋼管杭回転圧入工法を適用した際の課題とその対策事例を下記に示す.

- 玉石の強度が高く，鋼管杭先端が打設中に変形や破損する可能性がある. このため，鋼管杭先端部の板厚増による変形抑制対策を施すことで圧入不能となることを防止した.
- 先端ビットは外爪への負担が大きいため，摩耗や損傷する危険性がある. 外爪 1 個あたりの負担軽減化のためには，内爪と外爪の配置変更を実施することも有効な対策である（図－2参照）.
- 杭と地盤との摩擦軽減を目的とした杭先端への送水は，礫への接触による送水配管破損のおそれがあるため，送水管の予備設置と防護策を施した送水システム構築も有効な対策である.

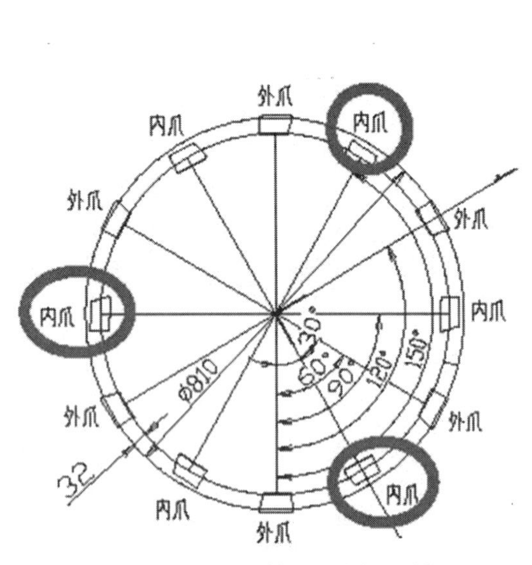

先端ビット詳細図（変更前）

外爪配置変更後の状況

図－2 先端ビットの内・外爪の配置[1)]

出 典 1)紙尾・狩野・高瀬：鋼管杭回転圧入工法における施工技術，土木学会全国大会年次学術講演会集 2018，VI-541，pp.1081-1082，(公社)土木学会，2018.9 の一部を再構成したものである.

Q5－11　地盤内に玉石・コンクリート塊が存在し，支持層が岩盤である条件下で鋼管杭を打設する方法について教えて下さい．

1．はじめに[1)]

当該工事は工業団地の海岸沿いに直立式防潮堤基礎としてφ800の鋼管杭を杭ピッチ 2.0m で打設する計画であった（図－1参照）．本現場の地盤は，地中に玉石・コンクリート塊などの障害物があり，支持層は粘板岩であった．さらに近接して工場施設があり，施工ヤードが狭隘であるといった課題もあった．

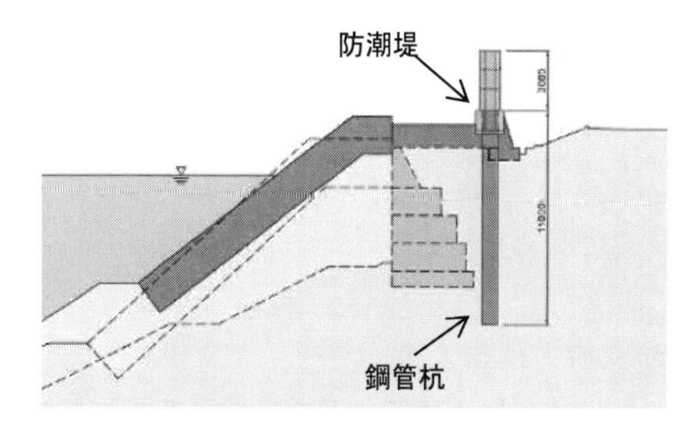

図－1 現場概要[1)]

2．鋼管杭の打設方法

地中に障害物がある場合の鋼管杭の打設方法を表－1に示す．

表－1　鋼管杭打設方法例

	オールケーシング工法	パーカッション工法 （ダウンザホールハンマ工法など）	回転圧入工法 （ジャイロプレス工法など）
概要	ケーシングチューブを掘削孔全長にわたり回転圧入しながら地盤を切削し，鋼管杭を打設する．	圧縮空気によりシリンダー内のピストンを反復運動させることで打撃を行い，玉石や岩盤などの硬質地盤へ効率的に鋼管杭を打設する．	圧入機を用いて，先端に切削ビットを取付けた鋼管杭を回転切削圧入させる工法．
長所	孔壁をケーシングチューブで保護し長良の施工となるため孔壁崩壊の心配がない．	回転・給圧だけのボーリングマシンと比較し泥水使用による不便さがなく経済的かつ効率的に堀削可能．	地中に玉石や障害物等があっても，鋼管杭先端のビットによって貫通して施工可能．
短所	他工法と比較して工費が高くなる．	騒音・振動が発生するため近隣への影響を考慮する場合は注意が必要となる．	仮の短尺鋼管杭から反力を取り打設するので連続的に鋼管杭を打設できない．

3．当該現場における課題解決策[1)]

当該現場では，施工ヤードの狭隘さからジャイロプレス工法が採用された．しかし，杭径の 2.5 倍以上間隔をあけて施工する基礎杭の利用に課題があった．そこで，鋼管杭にブロック状の台座（スキップロックアタッチメント）をかませ，その上をジャイロパイラーが自走する工法を採用することとした（図－2参照）．スキップロック同士は油圧制御により一体となって連結しており，従来の圧入工法同様，既に打設した杭の引抜き抵抗力を反力として打設を行うことができる．

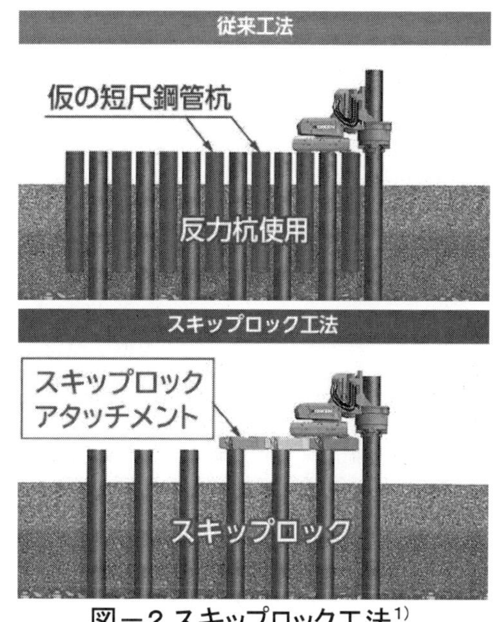

図－2 スキップロック工法[1)]

出　典　1)宮之原朋子・古市秀雄：軽量・コンパクトな圧入機による杭基礎施工が可能な「スキップロック工法」，土木学会全国大会年次学術講演会集 2018，VI-577，pp.1113-1114，(公社)土木学会，2018.9 の一部を再構成したものである．

Q5－12　岩盤を支持層とする場合の杭の支持力確認方法を教えて下さい.

1. はじめに[1)]

当該現場は, N 値が 0 から 6 程度の軟弱な沖積粘性土層が 40m 程度堆積し, 堆積岩を支持層とする地盤である（図－1参照）. 杭の仕様は, 杭径 φ1,200, 杭長 41mの場所打ち杭である. 岩盤の支持力は道路橋示方書に示される推定式では規定がないことから, 杭の先端支持力を確認する必要があった.

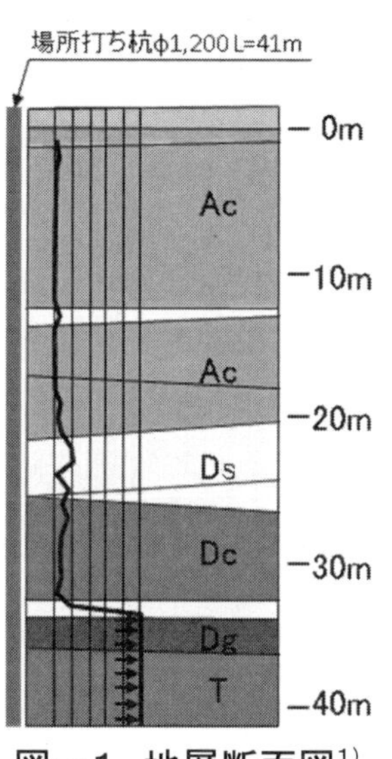

図－1　地層断面図[1)]

2. 支持力確認方法

一般的な杭の支持力確認方法として杭の鉛直載荷試験が実施される（表－1参照）. 杭の鉛直載荷試験は地盤工学会にて基準化され, 載荷方法の違いから静的載荷試験, 動的載荷試験に大別される. 静的載荷試験と動的載荷試験の違いは, 静的載荷試験では杭体および地盤の速度, 加速度による抵抗が無視されることである. 道路橋示方書において, 静的載荷試験では一般的に押込み載荷試験が用いられている.

表－1　杭の鉛直載荷試験[2)を改変]

試験方法		荷重	加力装置	反力装置	載荷位置	載荷方法	概要図
静的載荷試験	押込み載荷	静的	油圧ジャッキ	反力杭 載荷梁	杭頭	押込み	
	先端載荷		油圧ジャッキ	なし	先端付近	周面：押上げ 先端：押込み	
	引抜き		油圧ジャッキ	反力杭 載荷梁	杭頭	引抜き	
	鉛直交番載荷		油圧ジャッキ	反力杭 載荷梁	杭頭	交番 （押込み・引抜き）	
動的載荷試験	急速載荷	静的 ＋ 動的	燃焼ガス圧 または 軟クッション 重錘	なし	杭頭	押込み	
	衝撃載荷		ハンマー	なし	杭頭	押込み	

3. 岩盤での支持力確認[1)]

岩盤での杭先端の極限支持力度は, 良質な砂礫層を支持層とする場合の値（極限支持力度 q_d=5,000kN/m^2）を採用している. 当現場では, 杭の先端支持力を確認するため, 先端載荷試験を実施した(図－2参照)．沈下量が杭径の 3%に達するまで載荷を実施し，その結果をもとに統計的手法より杭径 10%相当の支持力(15,600kN/m^2)を求め，設計時の先端支持力度を満足することを確認した(図－3参照)．

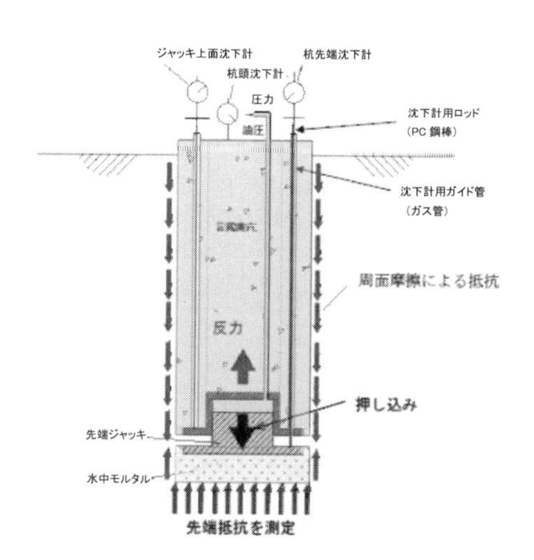

図－2 杭の先端載荷試験[1)]

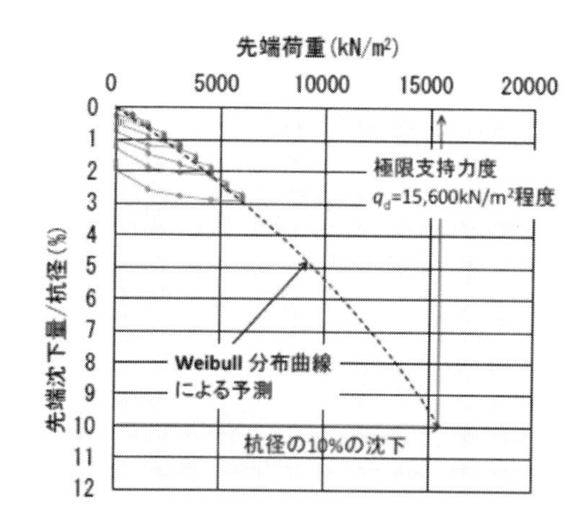

図－3 荷重～沈下曲線[1)]

出　典　1)白井・金丸・遠藤ら：堆積岩を支持層とする杭の先端載荷試験事例，土木学会全国大会年次学術講演会集 2017，Ⅲ-522，pp.1043-1044，(公社)土木学会，2017.9 の一部を再構成したものである．
参考文献　2)杭の鉛直載荷試験方法・同解説 第一回改訂版：(公社)地盤工学会，2002.5

6 コンクリート工

Q6－1　狭隘な施工空間に現場打ち函渠を構築する工事において，鉄筋コンクリートの品質と作業性を確保する方法を教えて下さい．

1．はじめに[1), 2)]

当現場は地下空間に開削工法にて道路トンネル（函渠）を構築するものである．対象の函渠は，上下を既設構造物に挟まれているため構築できる深度が限定されており，広い範囲で土被り厚が1m弱である．また，作業空間上方が交通量の多い交差点であり，覆工板を開けられる範囲が限られていた．そのため，頂版構築時には作業空間の高さが1.5m程度しか確保できず，材料の搬入や作業空間内での取り回しが困難であった（図－1参照）．

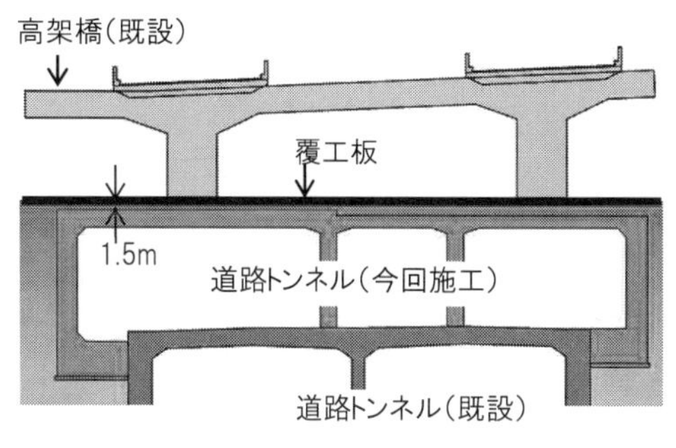

図－1　断面図[1)]

2．函渠施工時の問題点[1), 2)]

(1)鉄筋組立時の問題点

- 覆工板と函渠の頂版（上面）との離隔は受桁などにより最小で800mmと小さく，頂版と側壁とのハンチ部においては，ハンチ筋やL字型の外側主筋の搬入や組立が困難である．
- 主筋1本おき（250 ㎜間隔）に配置される隅角部補強筋がD35 およびD29 と太径であり，定着部が大きいため，組立が困難である．
- 覆工板の開放位置と時間が限られており1回あたりのコンクリート打設量が制限されるため，延長が約 80m のブロックを施工目地で 4 分割して構築した．しかし，施工目地をまたいで配置される配力筋の重ね継手を千鳥に設ける必要があるため，配力筋が施工目地から 2.5m 突出することとなり，作業性が低下する．

(2)コンクリート打設時の問題点

- 作業空間が狭く，コンクリートポンプの筒先を自由に振れないことや高密度配筋部への充填が困難なため，コンクリートの充填不良や締固め不足による密実性の低下が懸念される．

3．函渠の品質および作業性を確保する工夫[1), 2)]

(1)配筋の工夫

- 外側の主筋に，強度，剛性，伸び能力が母材鉄筋とほぼ等しいSA級の機械式継手を採用することで，継手位置を変更し，L字型の主筋の長さを短縮した（図－2参照）．また，機械式継手を奥行き方向に同一面に配置することで作業性の向上を図った．
- ハンチ筋に機械式鉄筋定着工法を採用することで，長さを短縮しハンチ筋組立時の引き代を確保した．（図－3参照）．

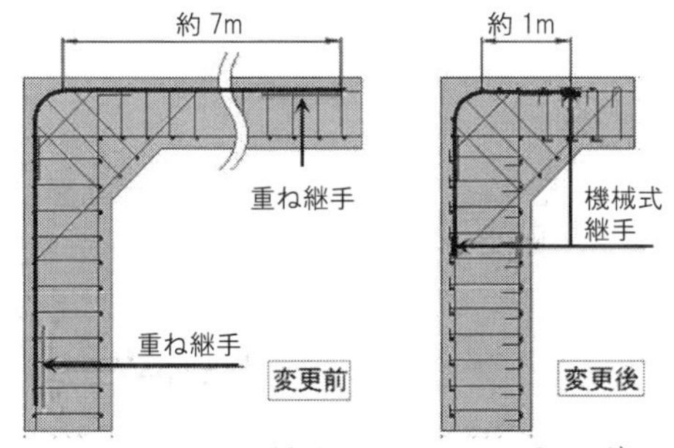

図－2　主筋継手位置の変更[1)]

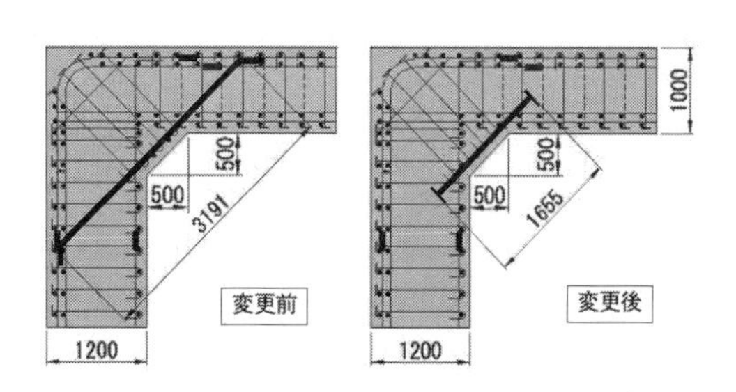

図－3　ハンチ筋定着長の変更[1)]

- ハンチ筋の間隔を当初の250㎜（主筋1本おき）から125㎜（主筋と同間隔）に短縮し，鉄筋径をD25およびD22の小径に変更することで，定着部を小さくし組立可能な配筋とした（図－4参照）．
- 配力筋の継手を重ね継手からSA級の機械式継手に変更し同一断面に配置することで，施工目地からの突出長を無くし，作業性を改善した（図－5参照）．

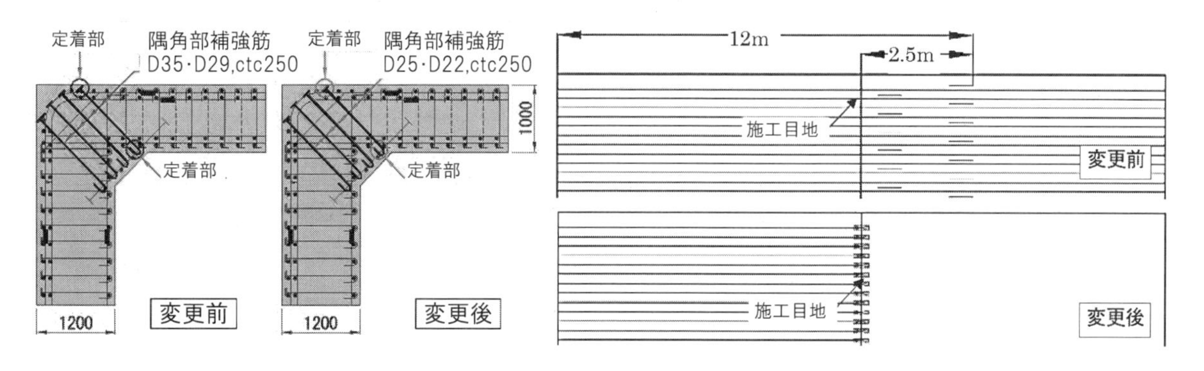

図－4　隅角部補強筋の間隔と径の変更[1)]　　**図－5　頂版配力筋の継手位置変更[1)]**

（2）コンクリートの工夫

充填不良や密実性の低下を回避するため，振動による締固め作業を行わなくても材料分離を生じることなく型枠の隅々まで充填可能な，自己充填性のランク1の高流動コンクリート（スランプフロー70cm）を採用した．しかし，頂版には3%の縦断勾配があり，流動性が高い高流動コンクリートでは縦断勾配に沿った仕上げができないため，高流動コンクリートの上層に中流動コンクリートを打ち重ねる方法を採用した（図－6参照）．

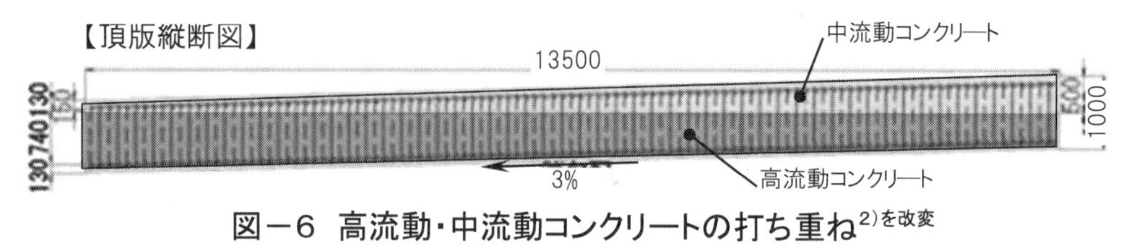

図－6　高流動・中流動コンクリートの打ち重ね[2)を改変]

出　典　1)髙橋・大西・藤ノ木ら：環状2号線における狭隘なスペースでの配筋の工夫，土木学会全国大会年次学術講演会集2018，VI-1029，pp.2057-2058，(公社)土木学会，2018.9の一部を再構成したものである．
2)永峯・大塩・赤松ら：狭隘な施工空間におけるトンネル頂版コンクリート施工の実証実験(その2)，土木学会全国大会年次学術講演会集2018，VI-1034，pp.2067-2068，(公社)土木学会，2018.9の一部を再構成したものである．
関連文献　土木学会全国大会年次学術講演会集2018，VI-1033，pp.2065-2066，(公社)土木学会，2018.9

Q6－2　緩い傾斜面に伏せ型枠を用いる構造物の施工において，緻密なコンクリートを打設する方法を教えて下さい．

1．はじめに[1)]

当現場は既存のダムの洪水調節容量を増加させる目的で，ダム湖内の呑口立坑から堤体下流に至る水路トンネルを新設することにより，ダム湖と下流側をバイパスする工事である（図　1参照）．

水路トンネル下流部に設置される減勢工のシュート部は，多量の放流水をスムーズに流下させるため曲面を有する傾斜形状であり，また流水による摩耗劣化が生じやすい部位であるため，コンクリートの施工において緻密性の向上が求められた（図－2参照）．

2．減勢工シュート部施工時の問題点[1)]

- シュート部は伏せ型枠を設置してコンクリートを打設するが，型枠面が大きく傾斜しているため，充填不良や表面気泡の発生が懸念された．
- 型枠面付近はブリーディングの影響を受けやすく，バイブレータによる締固めも困難なため，緻密性の低下が懸念された．

3．緻密性向上対策[1)]

当現場では以下の対策を実施し，緻密性を向上させた．

（1）透水性型枠シート

型枠に透水性型枠シートを貼付し，型枠近傍の気泡と余剰水を排出することで，シュート部表面を緻密化した．

（2）バイブレータ挿入ガイドの設置

傾斜した型枠に沿ってバイブレータを挿入するため，アングルによるバイブレータ挿入ガイドを設置し，打設リフト下端部まで確実な締固めを実施した．挿入ガイドの設置間隔は，棒状バイブレータ（φ50mm）の挿入間隔を考慮し500mmとした（図－3，図－4参照）．

（3）緩勾配範囲のコテ仕上げ

型枠面の勾配が 30 度より緩い範囲は，透水性型枠シートでは気泡が十分に抜けきらないため，コンクリートが固まる前に脱型し，コテ仕上げとすることで表面気泡などのない仕上げ面とした（図－5参照）．

図－1　完成予想図[1)]

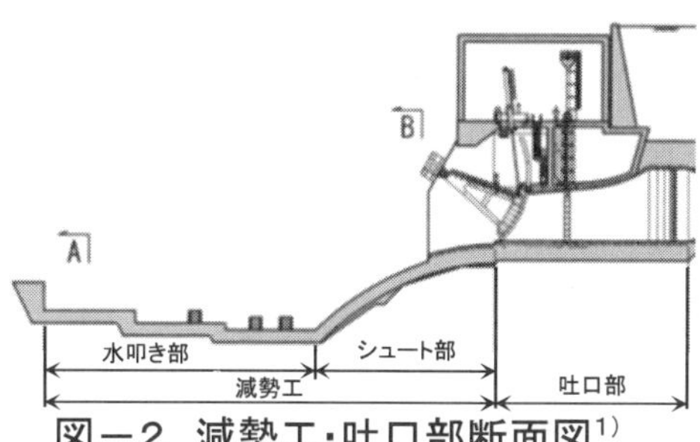

図－2　減勢工・吐口部断面図[1)]

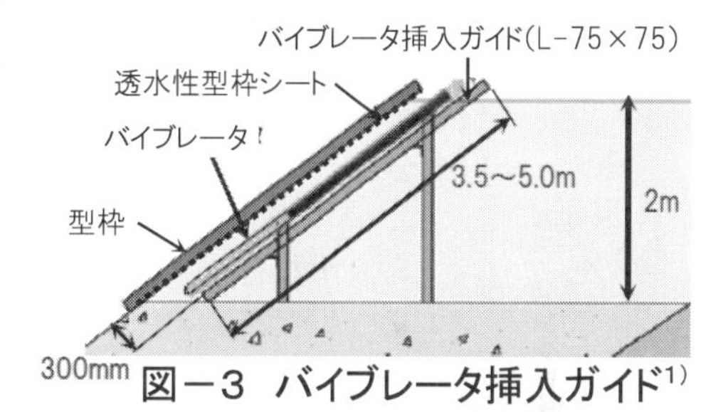

図－3　バイブレータ挿入ガイド[1)]

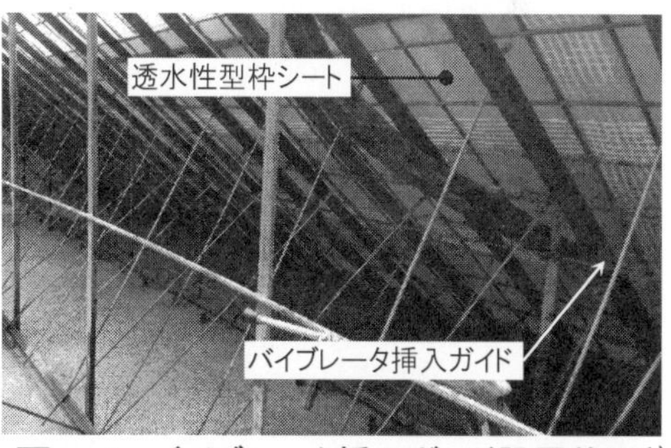

図－4　バイブレータ挿入ガイド設置状況[1)]

図－5　緩勾配範囲のコテ仕上げ状況[1)]

出　典　1)小川・岩越・衛藤ら：減勢工におけるシュート部の施工－鹿野川ダムトンネル洪水吐新設工事－，土木学会全国大会年次学術講演会集 2019，VI-706，(公社)土木学会，2019.9 の一部を再構成したものである．

Q6－3　コンクリート打設後，短時間で供用を図る必要がある場合の対策事例について教えて下さい．

1．はじめに[1)]

本工事は，供用中の鉄道橋で既存の鋼桁と橋台の隅角部を鉄筋コンクリートで一体化（ラーメン構造化）する耐震補強工事である（図－1参照）．供用中の鉄道橋のため，線路閉鎖間合いでコンクリートを打設して，数時間で供用を開始させなければならない．そのため，翌始発電車通過時点において，一定の強度発現を図り，始発電車通過後も，列車通過時の桁のたわみの影響やひび割れなどの発生を抑制する必要があった．

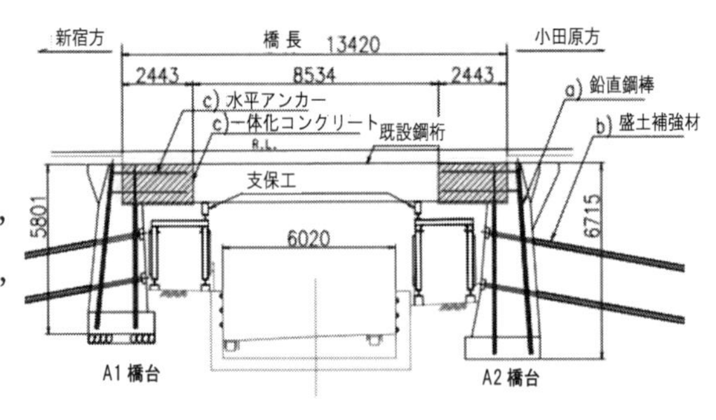

図－1　耐震補強計画断面図[1)]

2．早期に強度発現させるコンクリート

一般的にコンクリートの設計基準強度は材齢 28 日が基準となる．数時間～数日の早期に強度発現が必要な場合に，使用されるコンクリートの種類として表－1に示すようなものがある．

表－1　早期に強度発現が可能なコンクリートの種類

種　類	超速硬（ジェット）コンクリート	速硬性混和材コンクリート	超早強コンクリート	早強コンクリート
材　料	超速硬セメント	普通セメント +速硬性混和材	超早強セメント または 早強セメント+混和材	早強セメント
初期圧縮強度	3 時間： 24N/mm² 以上	6～12 時間： 24N/mm² 以上	1 日： 普通コンクリート材齢 28 日強度以上	7 日： 普通コンクリート材齢 28 日強度以上
その他	移動式コンクリートプラント車などにより施工現場で製造する．	アジテータ車に速硬性混和材を投入撹拌して製造する．	現在はほとんど製造されていない．	緊急工事や寒冷期の工事に多く利用される．

3．当現場の対策事例[1)]

当現場でコンクリート打設後，短時間で供用を開始した対策を以下に示す．

- コンクリートの要求性能として，打込み完了後 2 時間 30 分で圧縮強度 18N/mm² 以上を満足させる必要があった．このため，速硬性混和材を使用したコンクリートを選定した．
- 線路閉鎖間合いの 3 時間以内にアジテータ車の配車，混和材投入から打設，片付けまですべての作業を遅滞なく完了させるため，分単位のサイクルタイムを設定して管理した．
- 強度発現が遅れた場合においても鉄筋とコンクリートの付着を確保するため，既設鋼桁のたわみを抑制する支保工を設置した（図－2参照）．

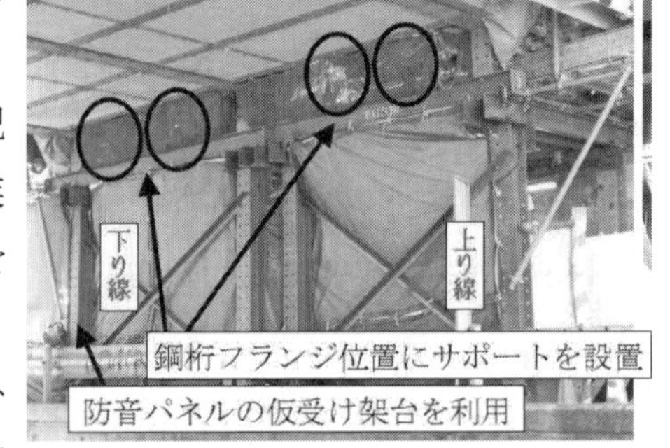

図－2　支保工設置状況[1)]

出　典　1)岡本・平島・宮嶋ら：小田急小田原線 旧恩田川橋梁における耐震補強工事の施工報告，土木学会全国大会年次学術講演会集 2019，VI-871，(公社)土木学会，2018.9 の一部を再構成したものである．

関連文献　土木学会全国大会年次学術講演会集 2018，VI-760，pp.1519-1520，(公社)土木学会，2018.9

Q6－4　逆打ちコンクリートにおいて打継部の一体化を確保する方法を教えて下さい．

1．はじめに[1)]

本工事は，鉄道が運行するボックスカルバートを開削工法により構築する工事である．その中で，他路線の鉄道高架と交差する範囲においては，ボックスカルバートの上床版を先行構築し，その上床版で鉄道高架を受け替えた後に，その下の掘削～躯体構築を行う計画であった．この施工ステップでは，B1F の側壁および柱が逆打ちコンクリートとなるため，打継部の一体化が課題となった（図－1参照）．

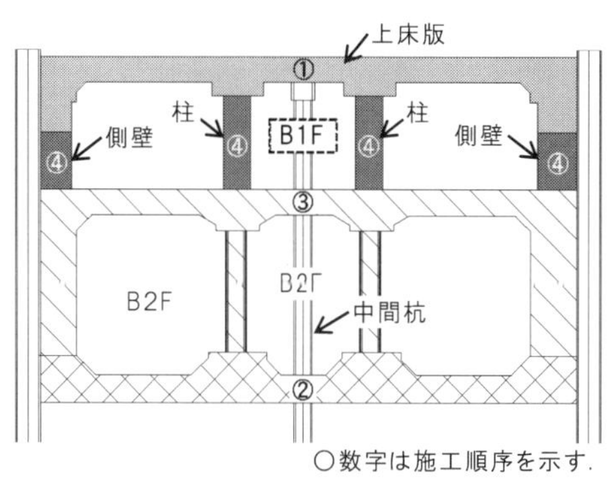

図－1　交差部の施工ステップ[1)]

2．逆打ちコンクリートの施工方法

逆打ちコンクリートでは，打継目が旧コンクリートの下面となり，新しく打ち込んだコンクリートの沈下やブリーディングにより打継部を一体化することが難しい．打継部の一体性を確保する一般的な方法を図－2および表－1に示す．

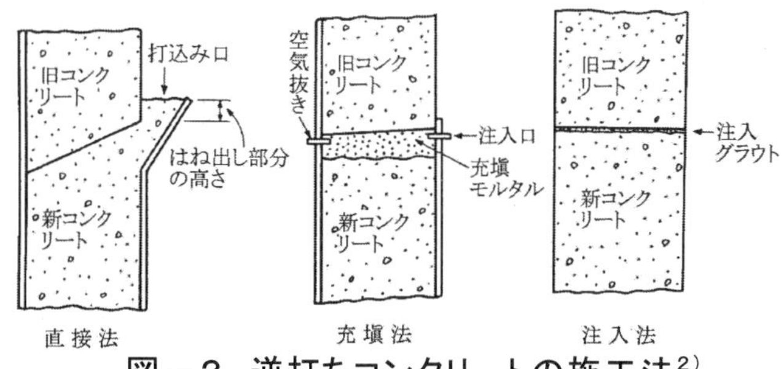

図－2　逆打ちコンクリートの施工法[2)]

表－1　逆打ちコンクリートの施工方法[2)]

直接法	気泡やブリーディング水を逃げやすくするため，旧コンクリートの下端の形状を一方の側に傾けたレ形または両側に傾けた V 形とすることが多い．新しく打ち込むコンクリートは，できるだけ沈下の少ない配合とし，バイブレータを用いて入念に締め固める．はね出し部分は，施工後に除去する．
充填法	新たに打ち込むコンクリートを打継面より少し下側で一度打ち止め，すき間を膨張材等を混入したモルタルで充填する．型枠はモルタルの注入圧および膨張圧に耐え得る強固なものにしておく．
注入法	あらかじめグラウト注入用の注入管を埋設しておき，新しく打ち込んだコンクリートが硬化後，セメントペーストまたは樹脂等を充填する．注入するグラウトには，流動性に優れ，かつ膨張性の混和材料を用いたセメントペーストまたは樹脂等を用いるとよい．

3．打継部の一体化対策と施工時の留意事項[1)]

当現場では，膨張材入り高流動コンクリート（50-70-20N）を使用し一体化を図った．高流動コンクリートの使用にあたり，施工時の留意事項（課題および対策）を表－2および図－3に示す．

表－2　課題と対策[1)]

課題	対策
型枠の崩壊	・高流動コンクリートの作用圧力を液圧として計算し，セパレーターの設置間隔を通常の 1/2（300 mm間隔）とした． ・型枠底部にもセパレーターを設置するため，下部リフト打設時にアングルを埋め込んだ．
充填不良	・コンクリートの水平流動距離を低減するため，圧入配管（鋼管）を 4.5m 間隔に設置した． ・型枠奥部および打継部への充填性を高めるため，圧入配管を側壁内部まで挿入し，先端をテーパーカットした． ・残留エアを排出するため，リフト上端部にエア抜きを1m 間隔に設置した． ・不可視部の充填を確認するため，充填センサを設置した．

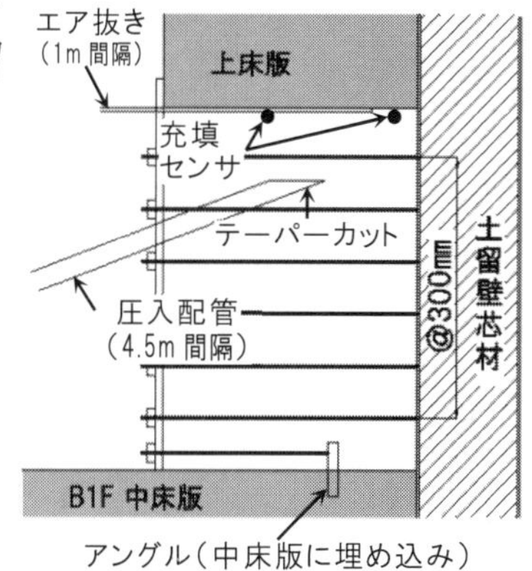

図－3　側壁断面図[1)]

出　典　1)伊藤・上野・熊谷ら：高流動コンクリート使用による逆巻き部の側壁・柱の閉合計画と施工，土木学会全国大会年次学術講演会集 2017，Ⅵ-580，pp.1159-1160，(公社)土木学会，2017.9 の一部を再構成したものである．

参考文献　2)2017 年制定 コンクリート標準仕方書[施工編]：(公社)土木学会，2018.3

Q6－5 鉄筋が高密度に配置されており，コンクリートポンプの筒先を挿入できない場合の対処方法を教えて下さい．

1. はじめに[1]

当現場は発電所の新設工事のうち，放水路の函渠を新設する工事である．函渠のコンクリートはコンクリートポンプ車にて打設する計画であったが，鉄筋が高密度に配置されており鉄筋格子の中にホースの筒先を挿入できないため，コンクリートの自由落下高さが高くなり，材料分離や豆板の発生が懸念された．

2. 高密度配筋箇所の打設方法

高密度配筋箇所への打設方法の例を表－1に示す．

表－1 高密度配筋部におけるコンクリートの打設方法

打設方法	留意事項
一時的に鉄筋をずらし，ホース挿入用の開口部をつくる．	・鉄筋をずらす手間がかかり，作業性が低下する． ・打設中に鉄筋位置を速やかになおす必要があり，その管理が確実になされないとかぶり不足となるおそれがある．
小径のホースを使用する．	・断面積が小さく打設速度が低下する． ・コンクリートの閉塞リスクが高まる．
扁平形状のゴムホースを使用する．	・ポンプ車のブームの向きによっては，ホース挿入箇所の形状に合わせて扁平ホースをねじる必要があるため，閉塞しやすくなる場合がある．
あらかじめホースの挿入箇所に矩形シュートを設置しておく．	・シュートを多数用意する必要があるほか，打設の進行に合わせて配置替えをする手間が必要な場合もあり，費用や運用面で課題がある．

3. 当現場の工夫[1]

当現場では鉄筋格子内に挿入可能な先端ホースを鋼製材料にて製作し，コンクリート打設に使用した（図－1参照）．先端ホースは 130mm×60mm の矩形断面とし側壁のかぶり（110mm）や頂版の鉄筋間（150mm）に挿入可能とするとともに，4インチホースとほぼ同じ断面積を確保しコンクリート打設時の閉塞を防止した（図－2参照）．また，先端ホースの上端部に回転機構を設け，ポンプ車のブームに拘束されることなく先端ホースの向きを自由に調節できる仕様とした（図－1参照）．

製作した先端ホースを使用し函渠の側壁と頂版の打設を行った結果，筒先とコンクリート打設面の高さを 50cm 以内に管理することができ，脱型後の仕上がりも良好であった．

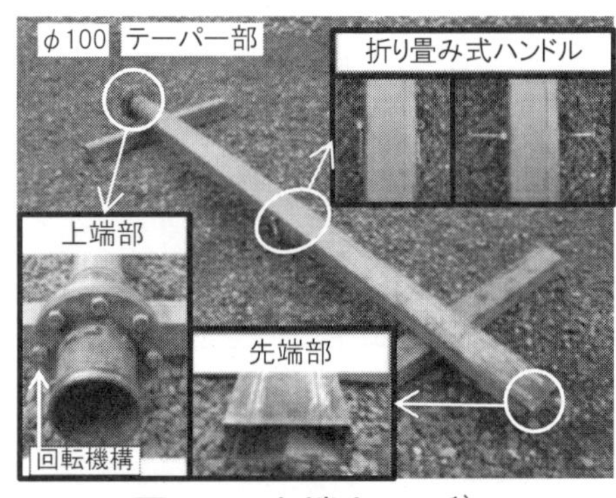

図－1 先端ホース[1]

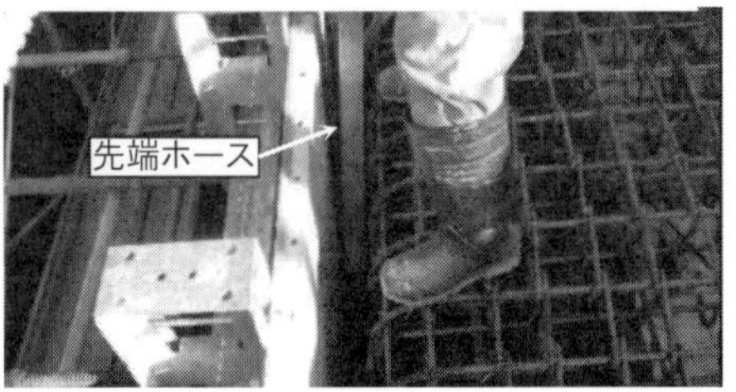

図－2 かぶり部への挿入状況[1]

出 典 1)内田・高田・曽根川：回転機構を有する矩形先端ホースの開発と適用，土木学会全国大会年次学術講演会集 2018, pp.1137-1138, VI-569, (公社)土木学会, 2018.9 の一部を再構成したものである．

Q6－6　鉄筋が輻輳するマスコンクリートにおいてコンクリートの温度上昇を抑制する方法を教えて下さい.

1. はじめに[1)]

当現場は鉄道高架橋を構築する工事であり，橋脚の基礎形式にはオープンケーソン基礎が採用されている．オープンケーソンの頂版は直径 7.0m，部材厚 5.0m のマスコンクリートであり温度ひび割れが懸念されたため，パイプクーリングにより部材内部の温度低減を検討することとした．しかし，従来の炭素鋼管を用いたパイプクーリングでは輻輳する鉄筋により炭素鋼管の配置位置や設置順序に制限を受けるため，温度低減効果や施工性が低下することが懸念された．

2. 温度ひび割れおよびその制御対策について

(1) 温度ひび割れ

温度ひび割れとは，セメントの水和発熱および自己収縮に伴うコンクリートの体積変化が拘束されることにより引き起こされるひび割れであり，発生パターンには内部拘束と外部拘束によるものがある(表－1参照).

表－1　温度ひび割れのパターンと種類

ひび割れの発生パターンとメカニズム		発生時期	ひび割れの種類
内部拘束	部材中心の温度が表層よりも著しく高くなった際に，部材中心の膨張量が表層の膨張量を上回ることにより発生する.	部材の温度上昇時(材齢1～5日)	部材表面に比較的浅いひび割れ.
外部拘束	部材内部の温度が降下する際に，温度降下に伴う収縮を先行リフトのコンクリート等に拘束されることにより発生する.	部材の温度降下時(材齢7～30日)	比較的深いひび割れ，部材を貫通する場合もある.

(2) 温度ひび割れ制御対策

温度ひび割れ制御対策を表－2に示す.

表－2　温度ひび割れ制御対策

方法		制御対策
コンクリートの体積変化を抑制する方法	温度上昇(降下)の抑制	水和発熱の小さいセメントの使用，単位セメント量の低減，材料温度の低減，コンクリートの打込み時期・時間の選定，養生方法の工夫(内部の冷却・表面の保温等)
	収縮ひずみの低減	熱膨張係数の小さい骨材の使用，膨張材の使用
引張応力を低減する方法		ひび割れ誘発目地の設置，水和熱抑制型超遅延剤の使用

マスコンクリートの温度上昇を抑制する方法と留意事項を表－3に示す.

表－3　温度上昇を抑制する方法と留意事項

低減対策	主な手法	留意事項
発熱の小さいセメントの使用	・中庸熱ポルトランドセメントや低熱ポルトランドセメントを使用する.	・湿潤養生が十分でないと，強度発現の低下，中性化深さの増大，凍害の増大を招くおそれがある.
単位セメント量の低減	・粗骨材の最大寸法を大きくする. ・強度管理材齢を長期化する. ・混和剤(高性能 AE 減水剤等)を使用する.	・単位セメント量が極度に少なくなるとポンプ圧送時の閉塞や打込み時の材料分離，充填不良などを生じるおそれがある.
材料温度の低減	・練混ぜ水に冷水やフレーク状の氷を使用する. ・冷風にて骨材(主に粗骨材)を冷却する. ・液化窒素にてフレッシュコンクリートを冷却する.	・大がかりな設備が必要となる場合がある. ・液化窒素の使用は高圧ガス保安法の適用を受ける．また，アジテータ車の塗装が剥離する可能性がある.
打設リフトの細分化	・打設リフトを複数に分割する.	・リフト間の打込み間隔が短いと温度低減効果を得られないことがある. ・打継目が増えるため，確実な打継処理が必要である.
パイプクーリング	・部材内部に鋼製のパイプを設置し，冷却水を循環させる.	・鉄筋が輻輳する部材においては，パイプの配置が困難となる場合がある.

3．当現場の工夫[1)]

当現場では軽量で自由な位置に配置可能な可とう性を有するコンクリート埋設用合成樹脂可とう管（Combined Duct：以下 CD 管）を用いたパイプクーリングを実施した．

CD 管の採用にあたっては，試験施工にて冷却性能と CD 管内外の充填性を確認した（図－1参照）．

パイプ配置は温度応力解析にて決定し，ひび割れ指数が 1.0 以上となるパイプ間隔（0.75m）を採用した（図－2参照）．

コンクリート打設後に水中ポンプと水槽（$30m^3$）を用いて冷却水を循環させた結果，事前の解析とほぼ同等の冷却効果（内部温度を約 21℃低下）が得られ，打設後2ヵ月においてもひび割れが生じていないことを確認した．

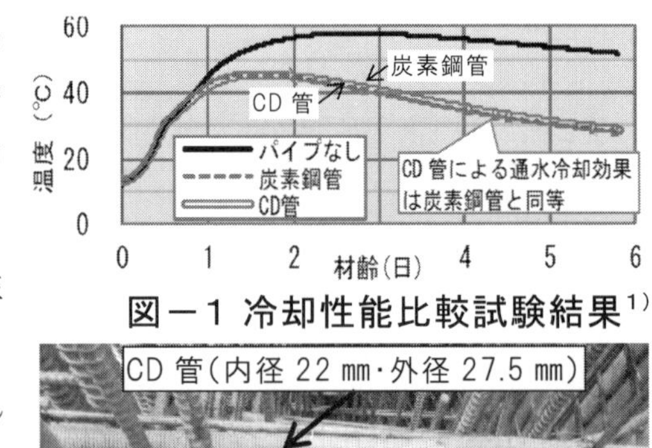

図－1 冷却性能比較試験結果[1)]

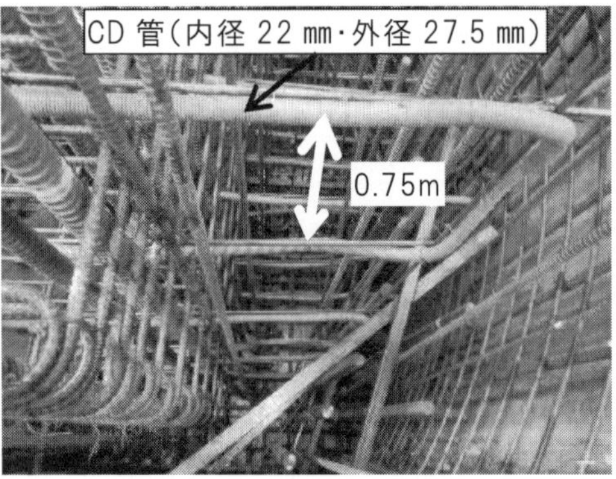

図－2 CD 管配置状況[1)]

出　典　1)山根・和田・安ら：コンクリート埋設用合成樹脂可とう電線管を用いたパイプクーリングの実施，土木学会全国大会年次学術講演会集 2019，VI-50，(公社)土木学会，2019.9 の一部を再構成したものである．

関連文献　マスコンクリートのひび割れ制御指針 2016：(公社)日本コンクリート工学会，2016.11

Q6－7　コンクリートダムの嵩上げにおいて，旧コンクリートの拘束を低減する方法について教えて下さい．

1．はじめに[1)]

本工事は既設のコンクリートダムの洪水調節容量を増加させるため，堤高を 4m 嵩上げする工事である．堤高の嵩上げ後に堤体の安定条件を満足させるため，高さ約 30m の範囲において堤体を 2m 増厚する計画であった（図－1参照）．堤体の増厚にあたりひび割れ発生リスクを検討したところ，増厚部にひび割れ発生の可能性が認められたため，抑制対策を実施した．

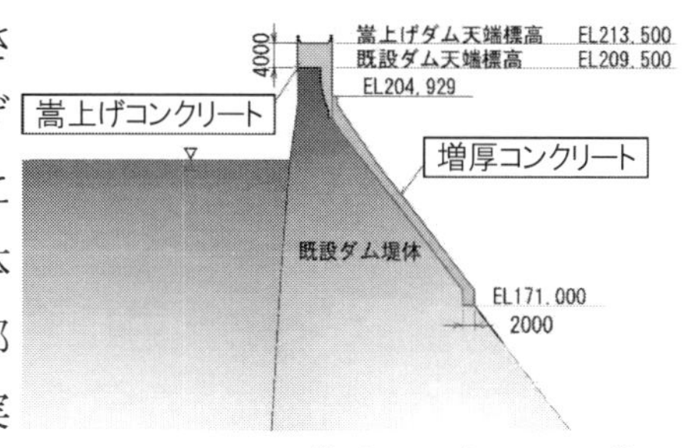

図－1　堤体嵩上げ断面図[1)]

2．ひび割れ発生メカニズム[1)]

増厚部のコンクリートは，打設直後にセメントの水和反応による温度上昇とともに膨張し，その後の温度降下に伴い収縮する．この際，既設堤体と下層リフトの2面から拘束を受けるため，引張応力が発生する．当初設計では既設堤体の継目位置に合わせ，概ね 15m 間隔で横継目を設置する計画であったが，ダム軸の延長方向が長いため，引張応力が大きくなりひび割れが発生しやすい条件であった（図－2参照）．

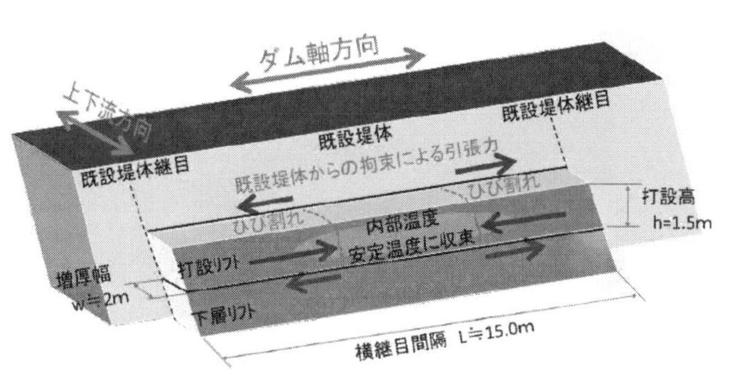

図－2　ひび割れ発生のメカニズム[1)]

3．ひび割れ制御対策および施工上の工夫[1)]

（1）ひび割れ制御対策

鉛直方向のひび割れを制御するためには，既設継目の間に新たな継目（中間継目）を挿入し，継目間隔を短くすることが有効な対策と考えられた．当該ダムと同様に薄層増厚コンクリートを施工した実績を調査したところ，中間継目を 5m 間隔で設ける事例があり，3 次元温度応力解析にて検証した結果当該ダムにも有効であることが確認されたため採用することとした（図－3参照）．

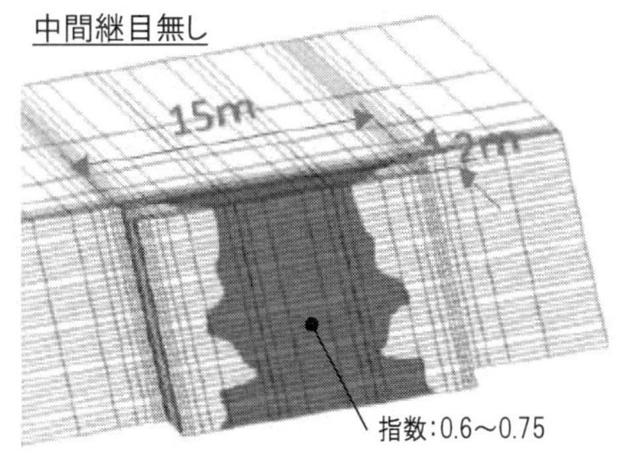

指数の小さい範囲が広く分布している．

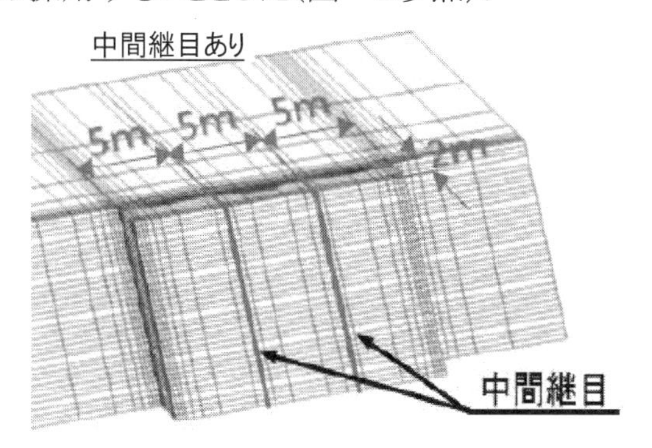

指数の小さい範囲が大幅に減少している．

図－3　温度応力解析結果（ひび割れ指数分布）[1)]

(2)施工上の工夫

増厚部の中間継目を既設堤体に直接接続すると，増厚コンクリートが伸縮した際に既設堤体に引張応力が作用し，既設堤体にひび割れが進展することが懸念された．そこで，取合部に応力緩衝材を設け，既設堤体に作用する応力を緩和させることとした．応力緩衝材は，施工性やコストなどを考慮し，カギ型に加工した鋼材を組み合わせて製作した．これにより，増厚コンクリートの膨張収縮など，ダム軸方向の挙動にも追従できる仕様とした（図－4参照）．

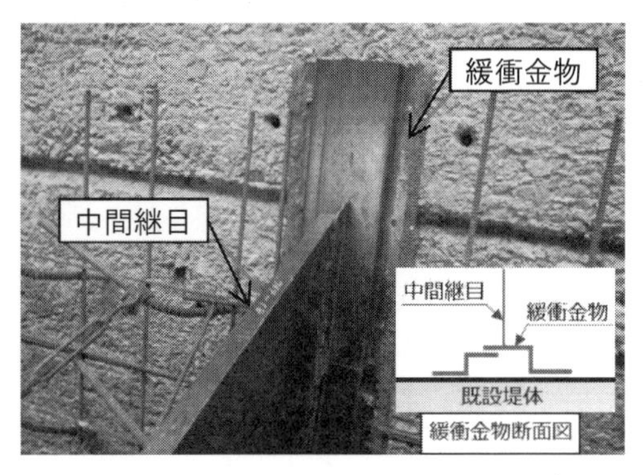

図－4　緩衝金物設置状況[1)]

出　典　1)山内・水上・門脇ら：堤体増厚コンクリートのひび割れ抑制対策(笠堀ダム嵩上げ工事報告)，土木学会全国大会年次学術講演会集 2019, VI-698, (公社)土木学会, 2019.9 の一部を再構成したものである．

Q6－8　コンクリートダムの嵩上げにおいて，新旧コンクリートの温度差を抑制する方法について教えて下さい．

1．はじめに[1)]

当現場は積雪寒冷地にある重力式コンクリートダムの同軸嵩上げ工事である(図－1参照)．嵩上げ工事においては，夜間や越冬時の温度低下により既設部(旧堤体)と新たに打設するコンクリート(新堤体)の温度差が大きくなり，新旧コンクリートの接合面に大きな温度応力(外部拘束応力)が作用するため，新堤体の温度ひび割れが懸念された．

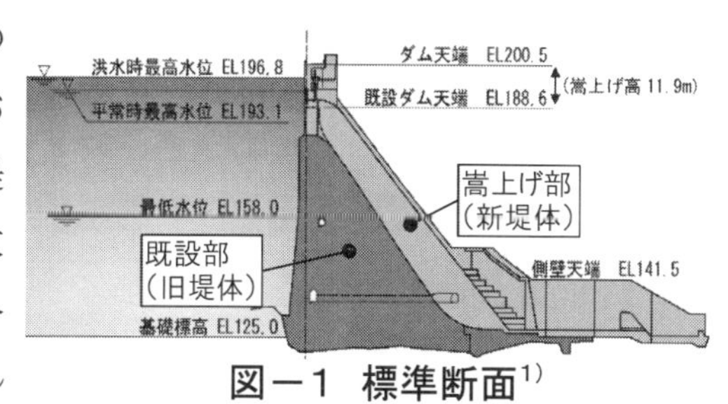

図－1　標準断面[1)]

2．新旧コンクリートの温度差抑制方法

新旧コンクリートの接合面に生じる温度応力を軽減するためには，既設部を保温または給熱し，新旧コンクリートの温度差を抑制することが有効である．主な方法を表－1に示す．

表－1　主な保温または給熱方法

方法	保温		給熱	
	保温シートの敷設	断熱材の設置	電熱マット	パイプウォーミング
概要	既設部にブルーシートやビニールシートなど，遮風性を有するシートを敷設し，外気を遮る．	既設部に断熱材(発泡スチロール等)を敷設し，旧堤体を保温する．	電熱シートを熱源とするマットを敷設し，既設部を加温する．	既設部または新たに打設した新設部に配管し，温水を通水して既設部を加温する．

3．当現場における温度差抑制対策[1)]

当現場においては，新旧コンクリートの温度差を抑制するため，以下に示す方法にて夏期から冬期にかけて旧堤体を温め続ける対策を実施した．

(1)秋期から冬期の給熱・保温

冬期休止となる越冬期間(11 月～翌年の打設再開時期)および越冬期間直前の 1 ヶ月間，電熱マットにて旧堤体を温める(給熱する)こととした．更に 11 月以降は旧堤体と新たに打設した新堤体を養生マットとブルーシートで全面的に覆い，堤体の温度差を抑制することとした．

(2)夏期における日射エネルギーの蓄熱

秋期から冬期に電熱マットで給熱を行う際に電気出力の余裕を確保するため，6 月～10 月は黒色ビニールシートと透明な独立気泡性シートを複合した給熱保温シートを旧堤体に敷設し，日射エネルギーを旧堤体に蓄熱することとした(図－2，3参照)．これにより，日射によるエネルギー(熱)を旧堤体内に蓄積し夜間の放熱を抑えられたため，旧堤体を高い温度に維持できた(図－4参照)．

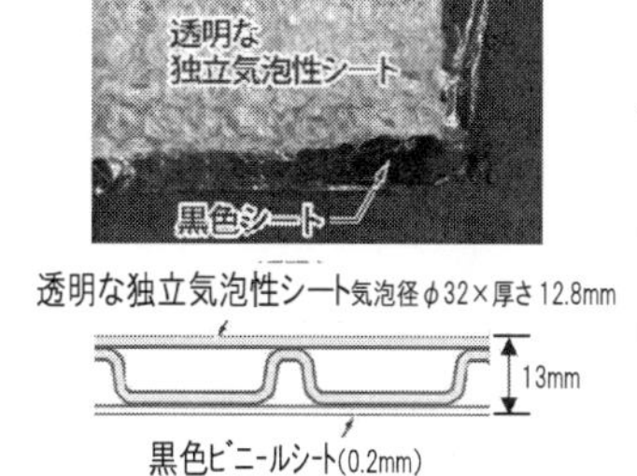

図－2　給熱保温シート[1)]

図－3　敷設状況[1)]

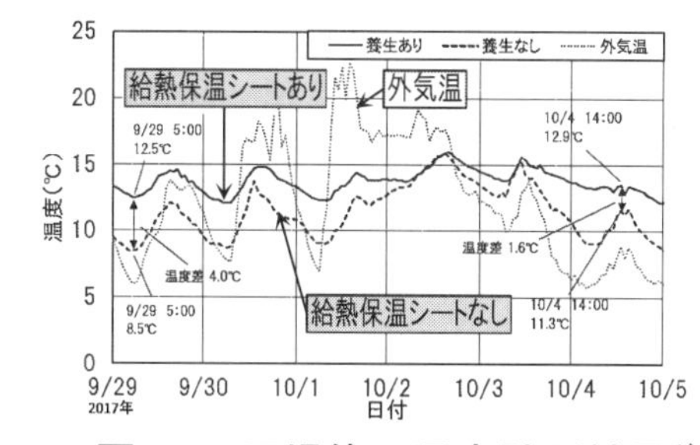

図－4　旧堤体の温度計測結果[1)]

出　典　1)蝶野・佐々木・室野ら：温度ひび割れ抑制対策における給熱保温シートの適用実績について～新桂沢ダム堤体建設第 1 期工事(その 2)～，土木学会全国大会年次学術講演会集 2018，VI-1052，pp.2103-2104，(公社)土木学会，2018.9 の一部を再構成したものである．

Q6－9　コンクリート構造物の施工において，プレキャスト（Pca）部材を活用して合理化と省力化を図った事例について教えて下さい．

1．はじめに

コンクリート構造物の施工における合理化と省力化の方策のひとつとして，Pca 部材の活用がある．以下に Pca 部材の適用例と特徴を示す．

2．Pca 部材の適用例とその特徴[1)]

適用例1：トンネル工（竹割坑門工）

【課題】トンネル掘削後の工程短縮が課題であったが，技能労働者不足で大幅な工程短縮を望めなかった．

【対策】竹割坑門工のうちU型擁壁部のプレキャスト化を提案，施工した．

【効果】U型擁壁部で現場打ちの場合，累計690人の作業員を想定していたが，本工法の採用で380人となり、310人少ない人員で施工することができた（45％減）．さらに工程は3か月短縮し，安全面も良好であった．

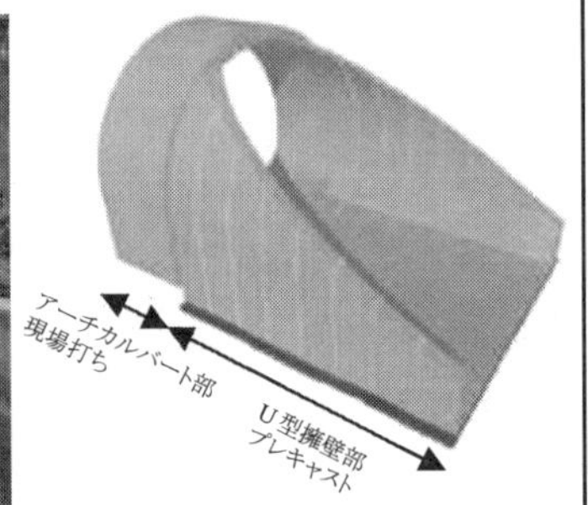

図－1　竹割坑門工への Pca 部材適用[1)]を改変

適用例2：ボックスカルバート工

【課題】工事着手後，地中障害物や地盤条件が設計と異なり基礎地盤の再調査・再設計のため，6か月間工事を中止することとなった．開通に間に合わせるため工程短縮が必要であった．

【対策】現場打ちをハーフプレキャストへ設計変更し，施工を行った．

【特徴】部材が単純な形状でセグメント化されており，接続部の構造も簡素なため，様々な形状の大断面ボックスカルバートに適用可能である．

【効果】現場打ちでは3000人を見込んだが，本工法は800人で施工できた（73％減）．工程は4か月短縮した．

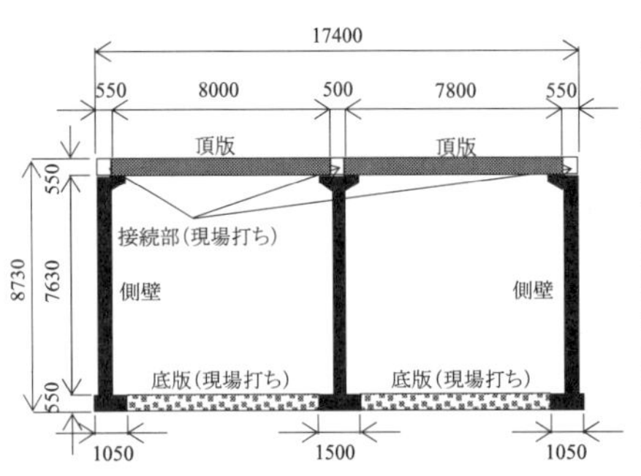

図－2　ボックスカルバート工への Pca 部材適用[1)]を改変

適用例3：橋梁下部工（橋脚）

【課題】施工場所は有数の豪雪地域で，冬季は積雪により施工期間が限定されることから，工程短縮が必要であった．

【対策】ハーフプレキャスト部材を用いた橋脚の急速施工法を採用した．

【特徴】帯鉄筋・中間帯鉄筋をPCa部材にあらかじめ埋設した構造で、現場での鉄筋・型枠組立作業を大幅に省力化し，工程短縮を図ることができる．

【効果】1サイクル（2リフト12.0m）に要する施工日数としては、従来工法23日に対し，実働14日（約40％短縮）であった．

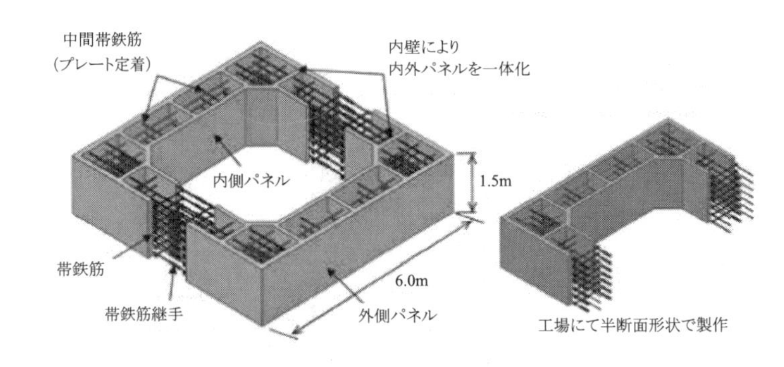

図－3　橋梁下部工への Pca 部材適用[1)]を改変

参考文献　1)生産性向上事例集～土木編～:(一社)日本建設業連合会，
HP: https://www.nikkenren.com/sougou/seisansei/pdf/seisan_doboku_201904.pdf, (最終アクセス 2020.12.25)

Q6－10　急曲線かつ縦断勾配を有する区間にプレキャストボックスカルバートを設置する場合の課題と対策を教えて下さい．

1．はじめに[1), 2)]

当現場は急曲線かつ縦断勾配を有する高速道路のランプ区間において大断面ボックスカルバートを施工する工事である．施工効率を向上するためプレキャスト化を採用することとなったが，現場条件や線形により以下の課題への対応が求められた．

- 部材を直接クレーンにて設置できない現場条件であり，離れた位置に降ろした部材を据え付け箇所まで運搬する必要があった．
- 部材を運搬するルート上に仮設杭が存在するため，仮設杭を避けながら部材を運搬する必要があった．
- 急曲線を有するクロソイド曲線区間であり，縦断線形も区間内で変化するため，各部材に高い設置精度が求められた（図－1参照）．

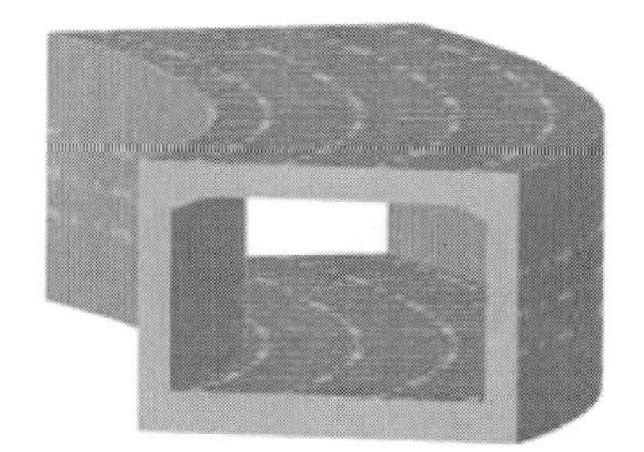

道路線形	平面線形	縦断勾配
	緩和曲線区間	勾配変化区間
線形変化	曲線 R=80m ～250m	勾配i=-4.614% ～+0.309%

図－1　函体概要図[2)]

2．課題に対する対策と施工上の工夫[1), 2)]

(1)部材運搬対策

- 当現場では，1ピースあたりの重量が30t以下となるように各リングを頂版・左右側壁・底版の4分割とし，据付後に各ピースの主鉄筋をモルタル充填式機械式継手にて接続した（図－2参照）．
- 運搬経路にある仮設杭を避けるため，全方向に移動可能な特殊台車を採用した（図－3参照）．
- 据付け時には昇降油圧ジャッキを内蔵したレール台車を使用した（図－4参照）．

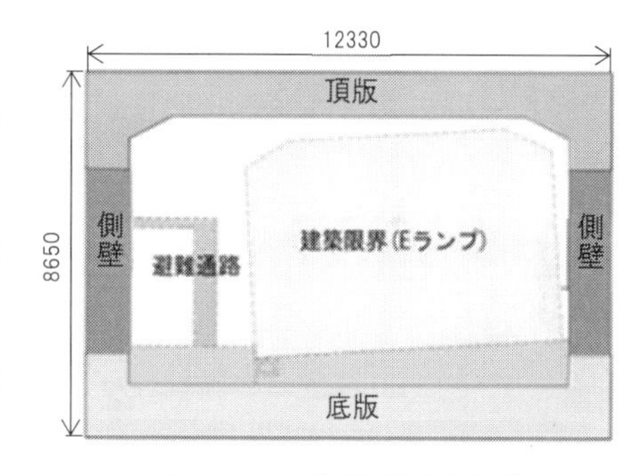

図－2　横断分割図[1)]

図－3　特殊台車[2)]

図－4　レール台車[2)]

(2) 設置精度確保対策

- 函体の平面形状については，部材1リングの形状を扇形とすることで急曲線に対応可能な形状とし，製作性・経済性の比較検討の結果，区間内で2種類の平面形状とする案を採用した（図－5参照）.
- リング間（縦断方向）の接続はPC鋼棒による接続方法を採用し，リング間に調整可能な目地遊間（20mm）を設けることでリングごとの据付け誤差を逐次修正可能な構造とした. 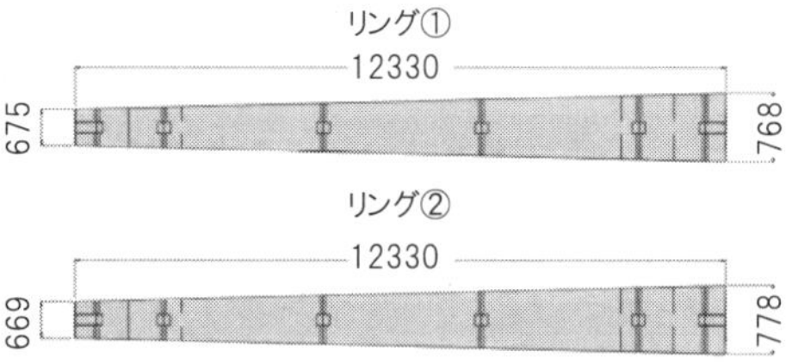

リング①
12330
675
768
リング②
12330
669
778

図－5　部材1リングの形状[1)]

(3) 施工上の工夫

- 横断方向の平面線形が急曲線であるため，事前にPC鋼棒の挿入・接続確認試験，シース管内のグラウト充填確認試験などを実施し，現場での施工性に問題がないことを確認した.
- 目地遊間とPC鋼材のシース管内を同時に充填することで生産性を向上した．充填作業に先立ち，試験体による充填確認試験を実施し，シース内と目地遊間の充填性を確認した.
- 部材間の不陸に配慮し，凹凸への追随性に優れる吹付塗膜防水を採用した.

出　典　1)大田・広地・藤田ら：平面曲線・縦断勾配を有する大断面ボックスカルバートのプレキャスト化（その1），土木学会全国大会年次学術講演会集2018，VI-1027，pp.2053-2054，(公社)土木学会，2018.9の一部を再構成したものである.
2)大田・宗像・斎藤ら：平面曲線・縦断勾配を有する大断面ボックスカルバートのプレキャスト化（その2），土木学会全国大会年次学術講演会集2018，VI-1028，pp.2055-2056，(公社)土木学会，2018.9の一部を再構成したものである.

Q6－11　塩害を受けた橋脚の耐震補強において，河積阻害率からRC巻立て工法を採用できない場合の対応策と工夫を教えて下さい．

1．はじめに[1)]

本工事は竣工から70年以上経過した道路橋において，鉄筋コンクリート橋脚の耐震補強を行うものである（図－1参照）．

対象の橋脚は河川内の汽水域にあるため，以下の課題への対応が必要であった．

- 河積阻害率を基準値以内に抑える必要がある．
- 飛来塩分が多い環境にあり，既に躯体内部に高濃度の塩化物イオンを含有している．

図－1　対象橋梁全景[1)]

2．鉄筋コンクリート橋脚の耐震補強工法

鉄筋コンクリート橋脚の耐震補強工法は，一般に表－1に示す工法が挙げられる．

表－1　鉄筋コンクリート橋脚の耐震補強工法

工法	RC巻立て工法	鋼板巻立て工法	繊維シート巻立て工法	PCM（ポリマーセメントモルタル）巻立て工法
概要	既存橋脚躯体周囲を鉄筋コンクリートで巻立て，橋脚の耐力や変形性能を向上させる工法である．	既存橋脚躯体周囲を鋼板で巻立て，鋼板と既設躯体の間を無収縮モルタル等で充填し，橋脚の耐力と変形性能を向上させる工法である．	既存橋脚躯体周囲を繊維シートで巻立て，橋脚断面の耐力や変形性能を向上させる工法である．	既設橋脚躯体周囲に鉄筋を配置した後，PCMを吹付にて巻立て一体化させることで耐震性能を向上させる工法である．

3．課題に対する対応策および施工上の工夫[1)]

(1)耐震補強工法の選定

巻立て厚が薄く，施工期間の短縮が可能なPCM巻立て工法を採用した．

(2)塩害対策

既設橋脚のかぶり部には塩害と中性化による複合劣化が見られ，それ以深の内部には海砂の使用が推察されたため，既設鉄筋を無効として考え，巻立て部の主鉄筋に耐塩性の高いエポキシ樹脂塗装鉄筋を採用した（図－2参照）．

(3)施工上の工夫

PCM巻立ての施工に乾式吹付工法を採用し，水セメント比を低く抑えることで耐塩性を向上した．エポキシ樹脂塗装は現場では容易に剥離できないため，接合部（ガス圧接，フレア溶接）はあらかじめ塗装せず，接合後に塗装した．

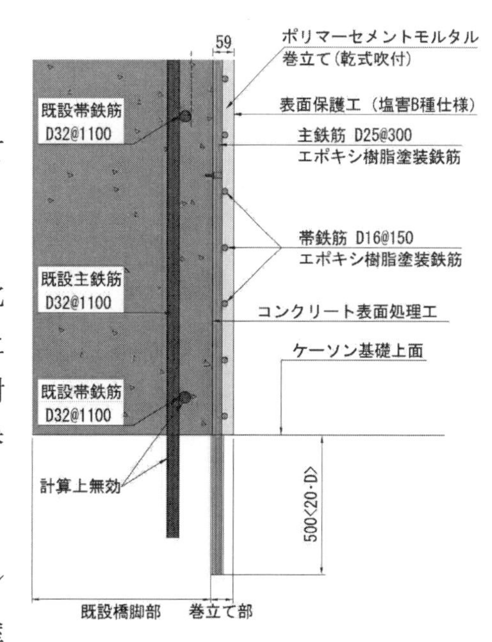

図－2　塩害対策（断面図）[1)]

出　典　1)広瀬・下枝・斎藤ら：塩害環境下におけるRC橋脚の乾式吹付耐震補強工法の設計・施工，土木学会全国大会年次学術講演会集2018，VI-248，pp.495-496，(公社)土木学会，2018.9の一部を再構成したものである．

Q6－12　狭隘な箇所で炭素繊維巻立て工法を行う場合の工夫を教えて下さい．

1．はじめに

当現場は，鉄道の駅部を含む区間のラーメン高架橋において，RC 柱の耐震補強を行う工事である．

耐震補強工法は，狭隘な空間での施工に適した炭素繊維巻立て工法が採用されていた．しかし，対象の RC 柱と鉄骨造の店舗との離隔が 30mm と極端に狭い箇所が存在したため，その対応が求められた（図－1参照）．

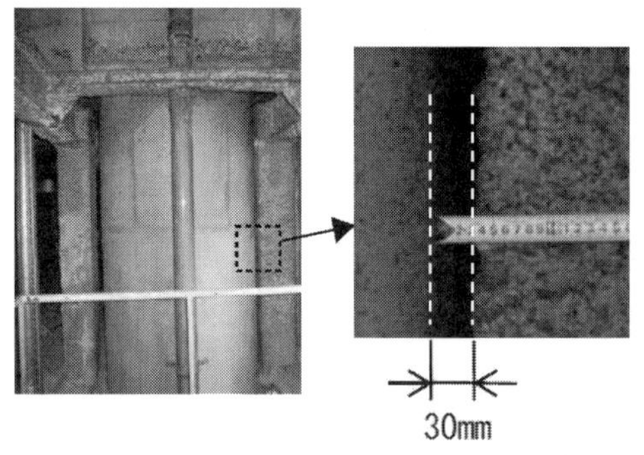

図－1　柱と店舗（鉄骨）の離隔[1)]

2．炭素繊維巻立て工法

炭素繊維巻立て工法は，エポキシ樹脂を含浸させながら炭素繊維シートを柱の周面に巻き立て，橋脚断面の耐力や変形性能を向上させる工法である．繊維シートが軽量で可搬性に優れ，手作業による施工も可能であるため，重機が不要となり，狭隘施工となる現場に適している．標準的な施工模式図を図－2に，エポキシ樹脂塗布状況を図－3に示す．

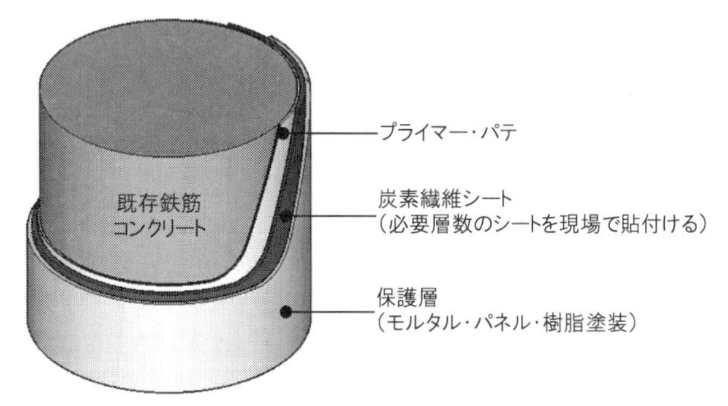

図－2　施工模式図

図－3　エポキシ樹脂塗布状況[1)]

3．炭素繊維シートのプレキャスト板化[1)]

店舗との離隔 30mm での施工を可能とするため，あらかじめ炭素繊維シートを RC 柱の形状にプレキャスト板化した．プレキャスト板は炭素繊維シートを樹脂で含浸させ，必要層分を巻き立てたものであり，狭い隙間に挿入することが可能である．本施工の施工手順を以下および図－4に示す．

①プレキャスト板を狭隘部に挿入し樹脂にて固定する．

②プレキャスト板の端部シート（1 層目）を RC 柱に接着する．

③一般部の炭素繊維シートを②で接着した端部シートに重ね合わせ，接着する．

④必要な層数の重ね合わせを繰り返す．

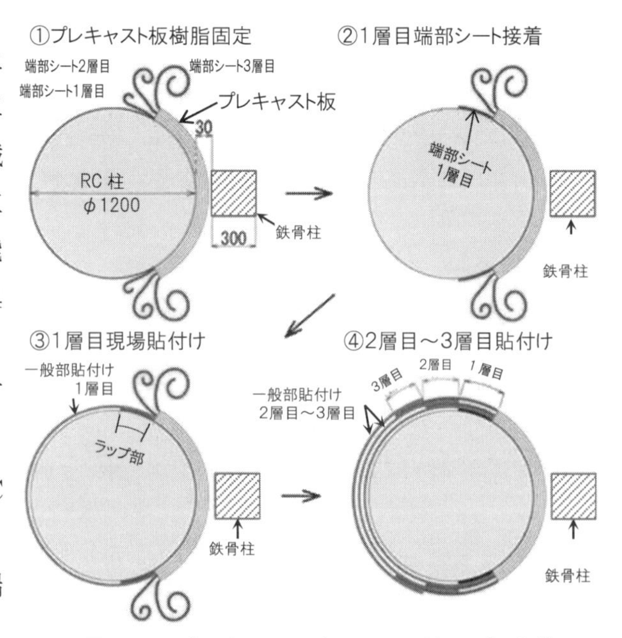

図－4　プレキャスト板による施工方法[1)]

4. 円柱とプレキャスト板の密着性確保[1)]

対象の RC 柱は円柱であったため, RC 柱とプレキャスト板接着面の均一な密着が課題となった. そのため, 全ての RC 柱の外径を実測し, 実測した外径に合わせた円形架台を製作して試験施工を行い, 密着度を確認した(図－5参照). 円形架台の製作には曲線形状を作り出す高度な技術や精巧な作業が必要であるため, 高い技能を有する宮大工が製作を担った.

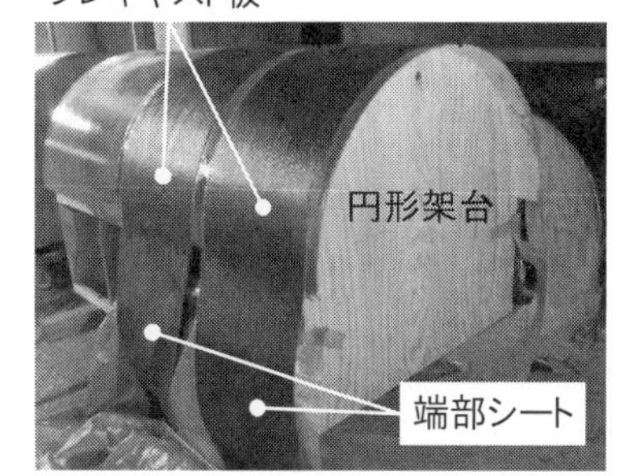

図－5 密着度確認状況[1)]

出 典 1)田島・上坂・竹野ら:炭素繊維シートの円形プレキャスト板化による狭隘部でのRC円柱耐震補強, 土木学会全国大会年次学術講演会集 2018, VI-287, pp.573-574, (公社)土木学会, 2018.9 の一部を再構成したものである.

Q6－13 高橋脚など近接目視点検が困難な箇所がある場合の点検方法を教えて下さい．

1．はじめに

道路法施行規則の一部を改正する省令（平成 26 年国土交通省令第 39 号）が施行され，トンネル，橋梁などの構造物に対して 5 年に 1 回の近接目視点検を基本として実施することとなった．このため，これまで遠望目視も併用しながら点検していた高橋脚などに対しても，全面的に近接目視点検を行う必要が出てきた．

しかしながら現場の環境も様々であり，検査路が設置されていない構造物など，近接目視点検が困難な箇所において，安全かつ効率的に点検する技術の開発が期待されている．

2．近接目視点検困難箇所における点検方法について

既存の近接目視点検作業としては，表－1に示す方法がある．

表－1　近接目視点検が困難な箇所での点検技術

点検方法	ロープアクセス技術	点検ゴンドラ
概　要	スポーツとして洞窟探検（ケイビング）に使用されていた「シングル・ロープ・テクニック（SRT）技術」を改良したもので，ロープを伝って登高・下降や横方向への移動などを安全，かつ容易に行う技術である．	デッキ型ゴンドラを吊りワイヤなどで吊り下げて点検する．橋梁点検車にゴンドラ機能を搭載した機械も開発されている．

3．人による近接目視に代わる点検方法について

効率化，省人化，安定性の向上を目指して，目視困難箇所での人による近接目視に代わる点検方法として，点検ロボットなど様々な技術が開発されている．以下，開発事例を紹介する．

（1）壁昇降点検ロボット[1)]

壁面に吸着し走行できる機構を備えたロボット．近接目視だけではなく打音点検が可能で，壁面状況を遠隔でリアルタイムに確認できる．

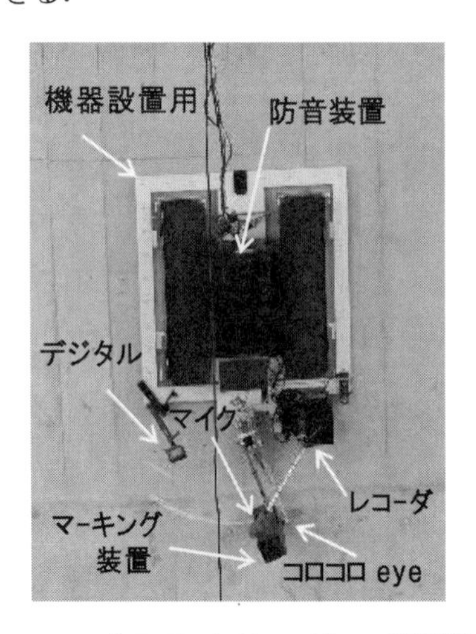

図－1　壁昇降点検ロボット[1)]を改変

(2) UAV（ドローン，マルチコプタ）[2),3)]

- 橋の周囲に発生する複雑な風の変化のなかで安定した飛行が可能なドローン
- 2つの車輪を取り付けて耐風安定性を向上させた二輪型マルチコプタ　など

図－2　橋梁点検用マルチコプタ（ドローン）[2)]

図－3　二輪型マルチコプタ[3)]

(3) 換気塔立坑点検システム[4)]

換気立坑高さ 450m の点検困難箇所にあるトンネル換気立坑の点検・調査を行う際に開発したシステムで，換気塔立坑内撮影ユニット，吊り下げ装置，画像伝送装置からなる．

出　典　1)赤木・高櫻・小出ら：壁昇降点検ロボットの開発，土木学会全国大会年次学術講演会集 2018，VI-386，pp.771-772，(公社)土木学会，2018.9 の一部を再構成したものである．
2)平山・小林・越後ら：橋梁点検用マルチコプタ（ドローン）の運用の多様性に関する一検証，土木学会全国大会年次学術講演会集 2018，VI-377，pp.753-754，(公社)土木学会，2018.9 の一部を再構成したものである．
3)大山・菅原・羽田ら：二輪型マルチコプタを用いた橋梁点検支援ロボットシステムの研究開発について，土木学会全国大会年次学術講演会集 2018，VI-387，pp.773-774，(公社)土木学会，2018.9 の一部を再構成したものである．
4)中村・伊東・堀：安房トンネル換気立坑点検の取り組みについて報告，土木学会全国大会年次学術講演会集 2018，VI-461，pp.921-922，(公社)土木学会，2018.9 の一部を再構成したものである．

Q6－14 海水練りコンクリートの現状について教えて下さい．

1．はじめに[1)]

コンクリートの製造において淡水は練混ぜ水として必要不可欠な材料である．小さな離島においてはわずかな淡水を生活用水としており，その確保は死活問題といえる．離島において新たに鉄筋コンクリート構造物を築造する場合，洗浄された海砂などを現地に運び造られているのが現状で資材費が高くなる要因であり，練混ぜ水や骨材などの材料調達が課題となる．

2．海水や未洗浄海砂を用いて造られたコンクリート構造物の事例と現行基準[1)]

わが国では過去に地理的な制約から建設資材の入手が困難で，練混ぜ水として海水や未洗浄海砂を用いて建設されたコンクリート構造物の記録が少なからず残されており，現存している構造物もある．

鉄筋コンクリート構造物では，昭和 34 年に建設された長崎県佐世保市宇久島の肥前長崎鼻灯台が現地の海水と海砂，高炉セメントを使用して造られたものである．この灯台は打放しコンクリートであるにもかかわらず鉄筋腐食による顕著な劣化は見られず，50 年経過した現在も現役の灯台として供用されている（図－1参照）．

図－1 肥前長崎鼻灯台[2)]

無筋コンクリート構造物としては，沖ノ鳥島の護岸工事における海中根固め部の水中不分離性コンクリートなどに海水が使用されたとする記録がある．

このように現在でも健全な状態で供用されている構造物もあれば海水や未洗浄海砂を安易に用いたため激しい塩害が生じた構造物・建築物もある．

現行の土木学会「コンクリート標準示方書」では，鋼材腐食を防止する観点から鉄筋コンクリート構造物の練混ぜ水としての海水の使用は認めておらず，無筋コンクリートにおいては十分な確認を行った上での使用を認めている．日本建築学会「建築工事標準示方書 JASS 5」では，有筋・無筋に関わらず海水の使用は禁じている．

3．海水練りコンクリート[1)]

結合材や混和材料を適切に使用することにより従来の海水を用いたコンクリートの問題点を改善した海水練りコンクリートが開発され適用された事例も出てきている．表－1に海水練りコンクリートの特徴と適用事例を示す．

現時点の適用事例としてはブロックや舗装コンクリートなどの無筋コンクリートに限られる．東日本大震災により被災した港湾施設の復旧工事においては大量に発生した震災がれきを大割りしたものを骨材とした海水練りコンクリート製ブロックが使用された事例が多くみられる（図－2参照）．

表－1　海水練りコンクリートの特徴と適用事例[1)]

名　称	特　徴	適用事例 （実証実験なども含む）
高耐久海水練りコンクリート	混和材（高炉スラグ微粉末，フライアッシュなど）や特殊混和剤（亜硝酸カルシウム系）を使用することにより，強度増進，水密性，耐久性を向上させたコンクリート．骨材として未洗浄の海砂，製鋼スラグなどの産業副産物の使用も可能．	・消波ブロック （震災がれきを骨材として使用） ・舗装コンクリート （製鋼スラグ骨材使用）
海水・海砂を用いた自己充填型コンクリート	高炉セメントと新たに開発した自己充填型コンクリート用混和剤を使用した自己充填性を持つコンクリート．未洗浄の海砂を使用することも可能．	・漁場施設ブロック ・防波堤本体ブロック （いずれも震災がれきを骨材として使用）
スラグ併用石炭灰コンクリート	フライアッシュ原粉を大量使用し，銅スラグ，製鋼スラグなどを重量骨材として使用し，単位容積質量を確保したコンクリート．海水はフライアッシュの硬化促進のために使用．	・大型消波ブロック （各種スラグを重量骨材として使用）

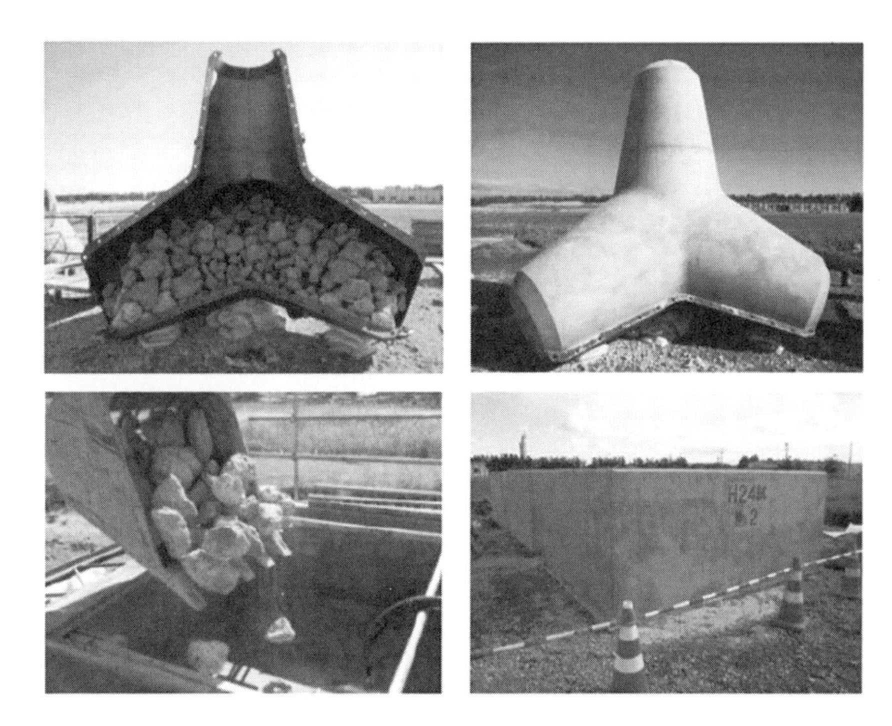

図－2　海水練りコンクリート製ブロック[1)]

4．今後の展開[1)]

現時点では海水練りコンクリートの施工実績は無筋コンクリートに限られるが，特殊混和剤，エポキシ樹脂塗装鉄筋やステンレス鉄筋などの防食鉄筋，炭素繊維ロッドなど非腐食性の補強材を用いることにより水密性や耐久性を要求される鉄筋コンクリート構造物にも適用が展開できると考えられる．

適切な部位において適切な配合設計と施工を行うことを前提条件とすれば，資源有効活用の観点からも有効であると考えられる．

出　典　1)竹田宣典・大即信明：海水練りコンクリート，コンクリート工学 Vol.54, No.5, pp.526-530,（公社）日本コンクリート工学会，2016.5 の一部を再構成したものである．

参考文献　2)コンクリート工学年次論文集 Vol.36, No.1, pp.10-19,（公社）日本コンクリート工学会，2014

7 港湾・河川・海岸

Q7－1　気象・海象条件の厳しい地域において，桟橋上部工を施工する場合，品質・工程を確保する方策にはどのようなものがありますか？

1．はじめに[1)]

現場は気象・海象条件の厳しい東北地方の厳寒期に桟橋上部工を施工する工事である（図－1参照）．

厳寒期施工および上部工下端が H.W.L.以下であることから，気温・海水・波浪などの外的要因に起因するコンクリート品質の低下が課題となった．

また，先行工事の工程の遅延，当工事の完成を待って寄港するクルーズ船対応のため，竣工期日遵守が求められるなど工程の短縮が求められた．

図－1　桟橋全景[2)]

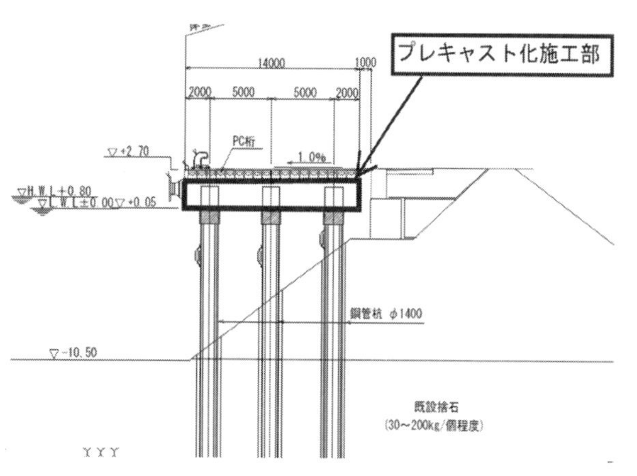

図－2　桟橋断面図[1)]

2．桟橋上部工の施工方法と課題[1)]

(1) 桟橋上部工の施工方法

桟橋上部工は梁，床版構造となっている（図－2参照）．

施工方法で分類すると，すべて場所打ちコンクリートを用いる場合と工期短縮やその他の目的でプレキャストの梁や床版を利用する場合がある．さらに，同じ場所打ちコンクリートでも，鉄筋や鉄骨を現場で組み立てる場合とあらかじめ組み立てた鉄筋，鉄骨を杭の頭部にはめ込む場合がある．

上部工の鉄筋コンクリートを場所打ちする場合は型枠を強固に支持する支保工を設置する．本体の杭にブラケットを取り付け，その上にH形鋼あるいはI形鋼を架ける場合と吊金具で吊り下げる場合がある（図－3参照）．

図－3　一般的な桟橋支保工の例

(2) 課題

床版工事にあたっては，水面が近く足場が限られることから，これまでプレキャスト部材が多く採用されてきた．しかし，梁については杭頭との剛結が構造上の課題となっており，あまりプレキャスト化が進んでおらず，鋼管杭に支保工を設置し，型枠，杭頭溶接，鉄筋組立を潮間作業で行い，水中コンクリートを打設する方法が多く採用されてきた．

高波浪による作業中止や潮間作業による施工日数の増加，海象の急変による手戻りは，工程遅延の大きな要因となってきた．また，コンクリート打設前における鉄筋の海水浸潤，若材齢コンクリートへの波浪外力の作用など，鉄筋コンクリート構造物の品質確保が課題であった．

3．解決策（受梁のプレキャスト化）[1]

解決策として桟橋上部工受梁をプレキャスト化することとした．プレキャスト化にあたっては鉄道高架橋などで施工実績のある鞘管方式（ソケット方式）を採用した（図－4，図－6参照）．

鞘管方式とはプレキャスト化する受梁内にあらかじめ鋼管杭よりも径の大きな鞘管を埋設して製作し，起重機船で，鞘管内に鋼管杭を杭径程度挿入したのち，隙間をグラウトで充填し一体化するものである（図－5参照）．受梁の配筋は当初設計のとおりとした．

プレキャスト受梁製作にあたっては防寒防風対策を施した仮囲いを現場に設置し行った．

受梁のプレキャスト化により，潮間作業回避による工期短縮，鉄筋腐食の要因となる施工中の海水浸潤やコンクリート硬化中の波力作用を避けることができた．また，受梁を仮囲い内で製作することから寒中養生を充分に講じることができ，厳寒期にあっても良好な環境で施工することができた．

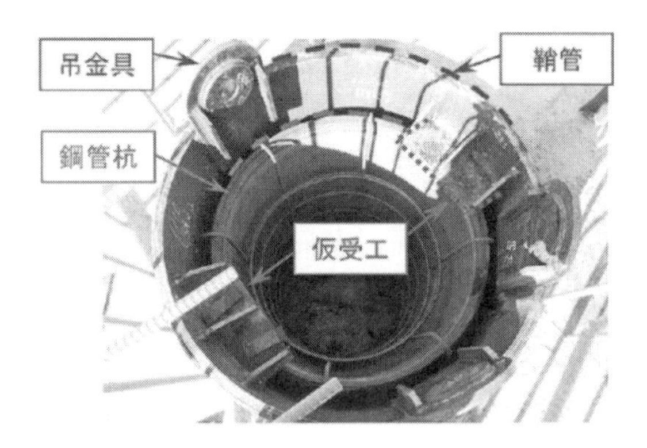

図－4　鞘管方式（ソケット方式）[2]

図－5　プレキャスト受梁設置[2]

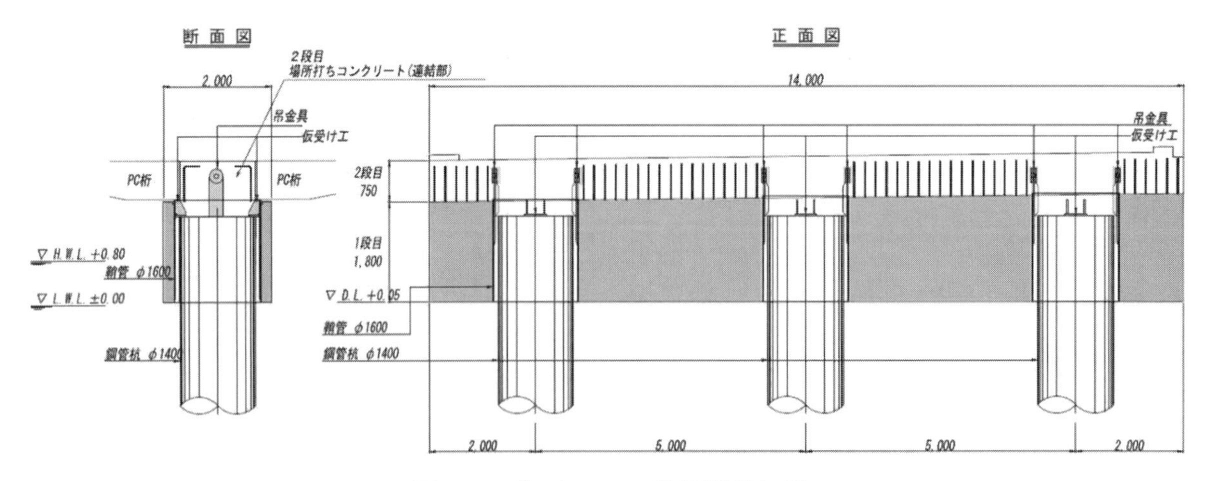

図－6　プレキャスト受梁構造図[1]

出　　典　1)内谷・塩谷・石崎ら：桟橋上部工受梁のプレキャスト化施工について，土木学会全国大会年次学術講演会集 2018，VI-840，pp.1679-1680，(公社)土木学会，2018.9 の一部を再構成したものである．

参考文献　2)マリンボイス 21 Summer 2018 Vol.302：(一社)日本埋立浚渫協会，2018.7

Q7－2　海上工事において陸から離れた場所に新たに位置出しするにはどのような方法がありますか？

1．はじめに

本工事は，浚渫土砂・建設残土の受入処分場となる海面処分場整備の一環として行われたものであり，附帯施設工として埋立護岸の基礎工，被覆・根固工などを施工した．

本工事の施工場所は，陸上部より約900mの沖合に位置するため，陸上部からの測量が困難であり，正確で迅速な測量を行う方法が求められた．

2．携帯型GNSSを使用した測量

従来は，陸上と海上作業箇所の間に測量用やぐらを設置するなどして測量を行っていた．本工事の施工にあたっては携帯型GNSSを用いたRTK-GNSS測量により位置確認を行った．RTK-GNSS測量は既知点に設置した基地局と観測点で同時にGNSS観測を行い，基地局の観測データを無線などにより観測点へ送信し，基地局の位置成果に基づき観測点の位置をリアルタイムに求めることができる．その際の補正情報の入手方法として基地局設置方式とVRS方式がある（図－1参照）．

本工事においては，現場周辺の電波状況が非常に悪く，複数の移動局を使用する予定であるため基地局設置方式を採用した．RTK-GNSS測量により数cmの誤差での位置出しが可能となった．さらに，観測した位置データとCAD図をPCモニター上に一元化し，現在地，目的地および目的地までの移動量を表示させることで潜水士船による旗入れ誘導，丁張設置，出来形確認などにおいて大幅な省力化が可能となった（図－2，図－3参照）．

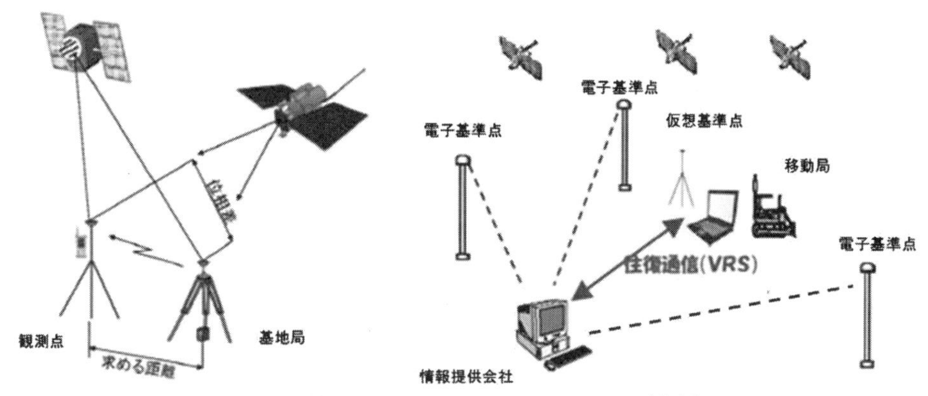

図－1　基地局設置方式，VRS方式[1)を改変]

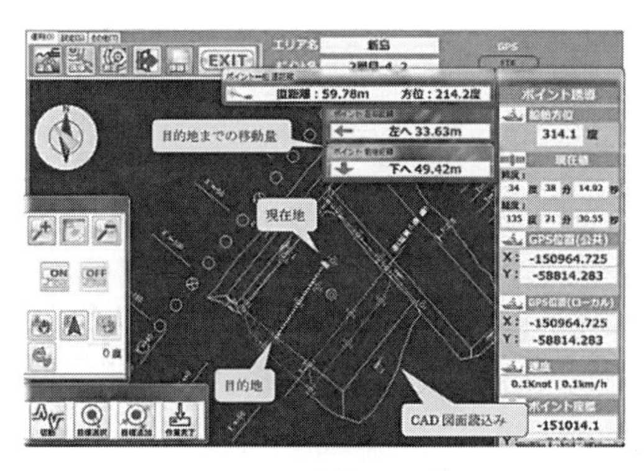

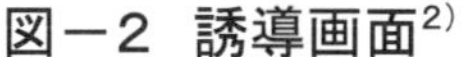
図－2　誘導画面[2)]

図－3　丁張高さ出し[2)]

参考文献　1)国土交通省九州地方整備局HP：http://www.qsr.mlit.go.jp/ict/technology/jitsugen_3.html,
（最終アクセス2020年10月7日）
2)2017生産性向上事例集：（一社）日本建設業連合会，2018.1

Q7－3　グラブ浚渫工事において濁りの拡散を防止するにはどのような方法がありますか？

1. はじめに

グラブ浚渫時の濁りの発生要因として，地切り時の土砂の巻き上げ，水中で引き上げる際の付着土砂の拡散，水面上に揚げる際の土砂の漏れ出しなどが挙げられる（図－1参照）．グラブの昇降スピードが速いほど濁りが大きくなり，また，通常のグラブの濁り発生原単位は対象土砂の細粒分含有率が高くなるほど大きくなるといった特徴がある．グラブ浚渫にあたっては浚渫前と浚渫中の濁り調査を行い，管理目標値を満足するように施工しなければならない．水質汚濁防止対策には施工速度・施工時期の工夫などのソフト対策，発生源対策・伝搬経路対策などのハード対策に分けられる．以下に主なハード対策について述べる．

図－1　グラブ浚渫船[1)]

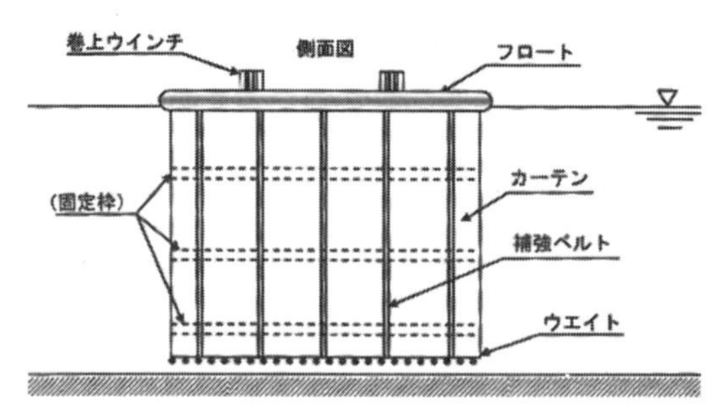

図－2　汚濁防止枠の設置イメージ[2)]

2. グラブ浚渫船の濁り拡散防止対策

(1)汚濁防止膜の使用

通常濁り発生区域からの波・風・潮流などによる濁りの拡散を防止する目的で汚濁防止膜が使用される．これは，汚濁防止膜内に濁りを留め，土粒子の沈降を促進させるなどにより拡散を防止する方法である．汚濁防止膜は合成繊維でできたカーテン部とそれを浮かすためのフロート部および固定するための係留部からなる．この構造形式の1つである汚濁防止枠はフロートの下部にカーテンを垂下させた形式で，グラブ浚渫時，基礎捨石投入時など濁りを局所的に遮断する際に使用される（図－2参照）．

(2)密閉式グラブの使用

近年，グラブ浚渫時の汚濁防止対策として様々な密閉式グラブが使用されている（図－3参照）．グラブ上部からの濁水の溢出を防ぐために蓋を取り付けたもの，水抜き機構やグラブ容量を可変させる機構などにより余分な水の取り込みを防止するものがある．後者は特に汚染底質の薄層浚渫などに用いられる．密閉式グラブにより，水中で引き揚げる際の付着土砂の拡散，水面上に揚げる際の土砂のバケットからの漏れ出し，濁りの拡散を防止できる．

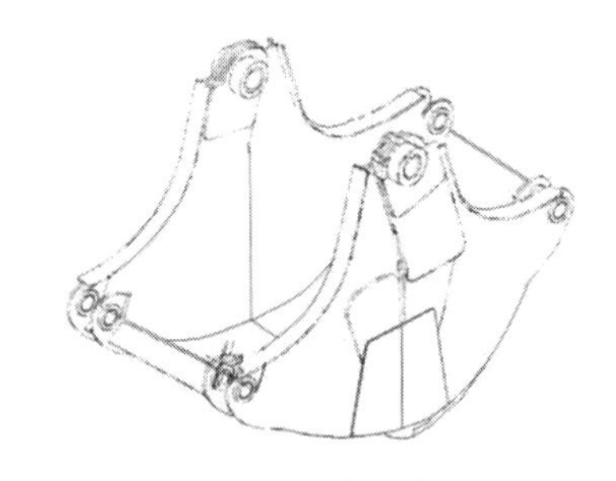

通常グラブ

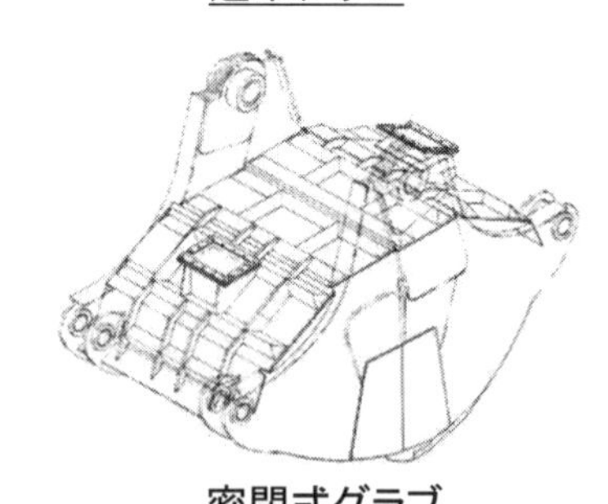

密閉式グラブ

図－3　グラブバケット[2)]

参考文献　1)現有作業船一覧 2019：(一社)日本作業船協会，2019.11
2)港湾工事環境保全技術マニュアル Doctor of the Sea（改訂第3版）：(一社)日本埋立浚渫協会，2015.3

Q7－4　航路内での浚渫工事にあたり，作業船の退避行動の効率化を図る方策にはどのようなものがありますか？

1．はじめに[1)]

本現場は，さまざまな船種船舶が多く行き交う航路内での浚渫工事であり，一般船舶の必要な可航幅を確保するために作業船の退避行動が必要となることがあった．退避行動にあたっては，船体長だけでなく，船種や船重量別に可航幅の選定が必要となった（図－1参照）．

図－1　作業船の退避状況[1)]

2．従来の作業船の退避行動[1)]

作業船の退避行動が浚渫効率に影響する要因として，作業船を退避位置まで移動させるのに時間がかかること，航行船舶の入出港時間の変更により退避時間を多く費やさなければならない場合があること，船舶の船体長などにより，可航幅及び作業船の退避位置が変わることなどが挙げられる．

従来，可航幅の選定や退避判断にあたっては，「可航幅が必要な船舶の動静監視」，「関係企業や機関への入出港時間の確認」などを個々に行っている（図－2参照）．これらの作業には人手を要し，さらに情報が輻輳することもあるため，退避判断が繁雑となり，浚渫効率低下の一因となっている．

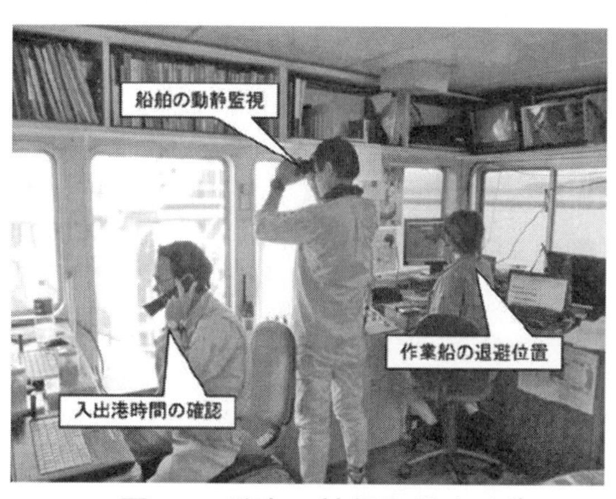

図－2　従来の情報取得方法[1)]

3．効率化を図る方策[1)]

解決策として，航路浚渫における一般船舶の安全確保と作業船の退避行動の効率化を目的としたシステムを採用した．本システムは，AIS（船舶自動識別装置）情報から船舶の動静，航行速度，入出港情報などを自動的に取り込み，接近する船舶ごとに適切な可航幅を選定し，作業船に搭載したモニターへ自動表示する（図－3参照）．その可航幅内に位置する作業船には退避警報が発令される．入出港時刻，可航幅，作業船の位置といった情報の一元化により定式化した手順で自動的に退避警告ができるため安全性が確保でき，さらに，無駄のない退避行動により浚渫作業の効率化や工期短縮につながる．

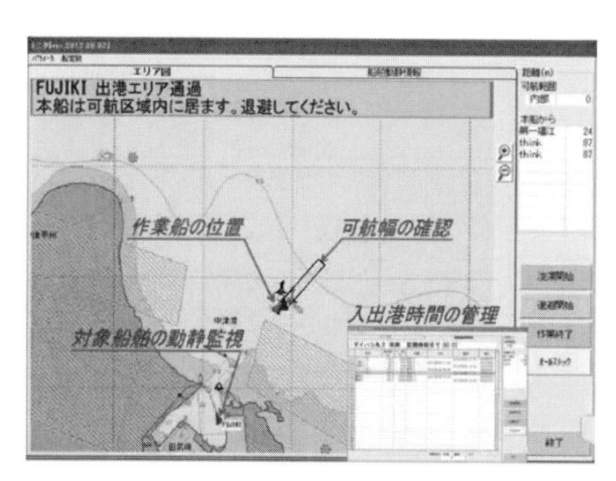

図－3　モニターの例[1)]

出　典　1)新谷聡・合田和弘：航路浚渫支援システム，マリンボイス 21 Winter 2016 Vol.292, pp.12-13,（一社）日本埋立浚渫協会，2016.1 の一部を再構成したものである．

Q7－5　軟弱な浚渫泥土を有効活用する方法にはどのようなものがありますか？

1. はじめに

わが国では河川から流下する大量の土砂が泊地や航路に堆積するため，船舶の航行に必要な水深を確保することを目的とした浚渫を定期的に行う必要がある．その浚渫泥土は土工用材料としてのリサイクルが望まれるが，軟弱で強度が小さいことがほとんどで，リサイクルされることなく土砂処分場や埋立地に投入処分されることが多い．

近年，土砂処分場や埋立地の確保が難しくなっており，浚渫泥土の有効活用が望まれている．しかし，陸域に使用する場合は施工後の地盤強度確保などが課題となり，浅場・干潟・藻場の造成や人工海浜の基盤材など海域に使用する場合は施工中の周辺水質の悪化防止や施工後の形状安定性の確保などが課題となる．

2. 軟弱な浚渫泥土の固化処理，改質処理

(1) 固化処理

軟弱な浚渫泥土を固化する方法としてすでに種々の工法が開発，実用化されている．それらの工法の例を表－1に示す．

表－1　固化処理工法の例[1)を改変]

工法名		適応土質（地盤）	混練り方法	特徴
軟質土固化処理工法	管中混合方式（管中混合固化処理工法）	粘性土	空気圧送のプラグ流を利用した管中混合	・比較的含水比の高い粘性土に，固化材を添加して混合する。 ・管中混合方式は，大規模な埋立地盤などの急速施工が可能であり、固化材の添加位置および添加方法によって種々の方法がある。 ・粘性土の含水比が低い場合には，圧送の効率を確保するために加水を行うことがある。
	プラント混合方式	粘性土	混練りミキサによる機械式混合	・粘性土に固化材を添加して，ミキサで混合する。含水比の比較的低い粘性土にも適応可能である。 ・小規模から中規模の施工に適している。 ・プラント混合方式はミキサによる混練り後に，空気や油圧で圧送するものとベルトコンベヤで運搬するものがある。
事前混合処理工法		礫質土 砂質土 および 粘性土	ベルトコンベヤ・自走式土質改良機による混合	・含水比の低い（15%程度以下）土砂にセメントなどの安定材と分離防止材を事前に添加・混合する。 ・ベルトコンベヤ上での土砂と安定材の混合を行うので，大量で連続施工が可能である。 ・小規模工事では自走式土質改良機が用いられる。
			回転式破砕混合機による破砕混合	・礫混じり土砂などベルトコンベヤ・自走式土質改良機で均質な混合が困難な場合に用いる。 ・固結粘性土，軟岩，土丹などに適用。 ・砂質土と粘性土の混合処理も可能。
			混練りミキサによる混合	・比較的含水比の高い土砂は，混練りミキサにより混合する。
軽量混合処理土工法（ＳＧＭ軽量土）		粘性土	混練りミキサによる混合	・浚渫土や建設残土に加水を行って含水比を調整し，その後セメントなどの安定材と軽量材（気泡または発泡ビーズ）を混合し，軽量で安定した地盤材料をつくる。 ・通常の土砂に比較して密度が小さい（γ_t=10～12kN/m^{3}程度）。

(2) カルシア改質処理

鉄鋼業において，鋼を製造する工程で副産物として生成される転炉系製鋼スラグは，日本全国で年間約 1,000 万 t と大量に生成されており，その一部は道路路盤材やサンドコンパクションパイル用材などに用いられている．副産物リサイクルの観点から新たな用途開発による需要創造が期待され

ていた．

　このような背景のもと，転炉系製鋼スラグを成分管理・粒度調整したもの（カルシア改質材）を浚渫泥土に混合することで，強度の発現，水中投入時の濁り抑制，リンや硫化物の溶出抑制といった特性を持つ混合土となる知見が確認された（図－1参照）．日本全国での種々の実証事業を通して技術の体系化と標準化がなされ，近年，カルシア改質土として浅場干潟造成・浚渫窪地埋戻し・埋立などに多く採用されている（図－2参照）．

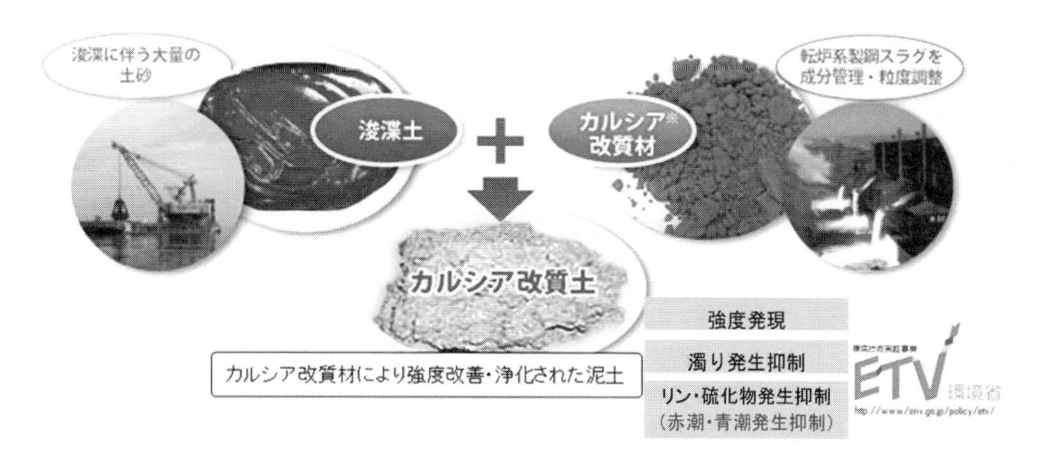

図－1　カルシア改質土の概要[2)を改変]

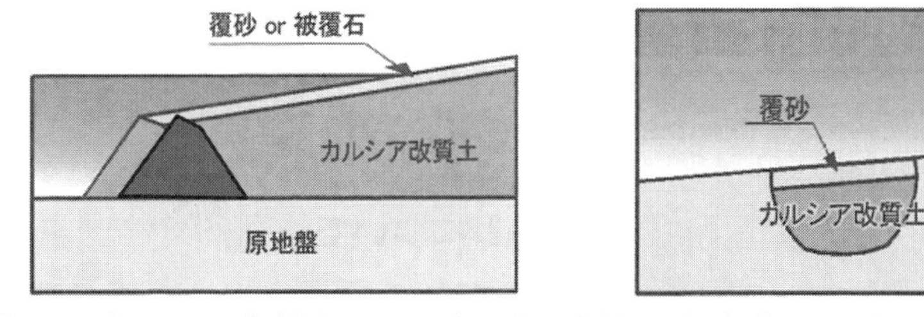

図－2　カルシア改質土の利用例（左：浅場干潟造成，右：浚渫窪地埋戻し）[2)を改変]

参考文献
1)沿岸技術ライブラリーNo.32 管中混合固化処理工法技術マニュアル(改訂版)：(一財)沿岸技術研究センター，2008.7
2)沿岸技術ライブラリーNo.47 港湾・空港・海岸等におけるカルシア改質土利用技術マニュアル：(一財)沿岸技術研究センター，2017.2

Q7－6　海上における深層混合処理工事のICTを利用した施工管理方法について教えて下さい．

1．はじめに[1)]

海上地盤改良工事では専用の作業船を用いて不可視部分である海面下・海底地盤中に大量の改良体を造成するため，目視によりその出来形，出来映えを視認することは不可能である（図－1参照）．

図－1　深層混合処理船[2)]

2．深層混合処理工法の施工管理

海上における深層混合処理工事の施工管理の項目，内容，使用計器を図－2に示す．深層混合処理機は改良杭ごとにこれらを自動で記録する装置を備えている必要がある．

また，事後にチェックボーリングを行い，連続的に改良が行われていることの確認と乱れの少ない試料を採取し一軸圧縮強度試験を行い，改良地盤が設計基準強度以上であることを確認する．

品質・出来形 →

項目	内容	計器
材料計量（セメント，水，混和剤）	所定の水・セメント比に応じた材料の計量値	計量器（検定，点検）
材料注入（セメントスラリー）	安定処理土1m³当たりのセメントスラリー流量	セメントスラリー流量計
混合（攪拌混合性）	処理機昇降速度 処理機回転数	昇降速度計 回　転　計
打込み位置	改良杭1本毎の打込み位置	光波距離計 GPS トランシット
垂直性	処理機の垂直性の確認（船体傾斜，処理機傾斜）	傾斜計
打込み深度	改良杭1本毎の打込み深度	深度計
着底性	改良杭が支持層に着底していることの確認	油圧計，電流計または荷重計

図－2　施工管理の内容[3)]

3. 3D 施工管理システム[1]

近年，ICTやBIM/CIMを取り入れた施工管理システムが様々な工種において用いられているが，海上地盤改良工事においても同様で，施工状況の「見える化」，電子納品に関わる作業の効率化を目的とした3D施工管理システムの実用化が開始された（図－3参照）.

以下にシステムの特徴を示す.

・　改良体の配杭情報をリスト化した設計データを作成し，この設計データをもとに作業船に設置した計測機器やセンサー情報から取得した改良体の造成状況などの施工情報をリアルタイムに画面表示する.

・　工事進捗を曜日ごとに色分け表示する.

・　ネットワーク回線を通じて表示画面を共有し，作業船外の現場事務所や発注者事務所などで画面を閲覧する.

・　出来形管理帳票を自動作成する.

・　各改良杭の3Dモデルへの施工データ属性付与を行う.

・　設計位置に対する改良杭の偏心量を視覚的に示す.

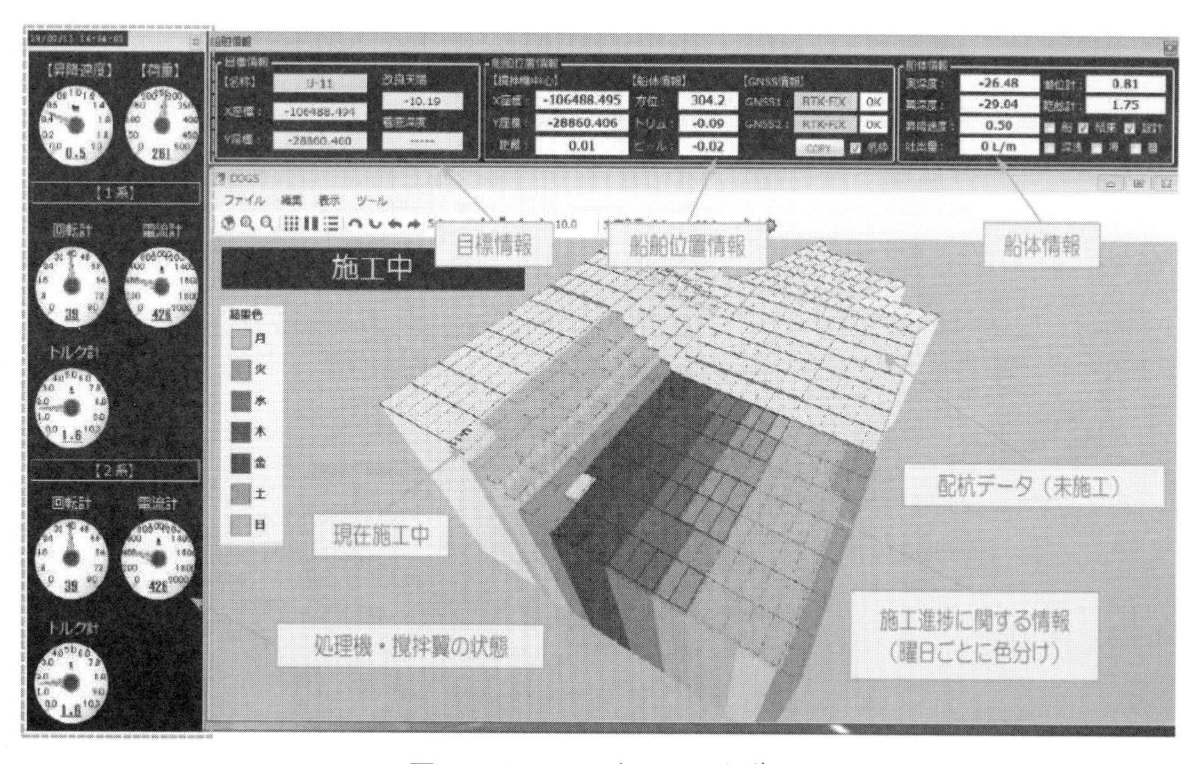

図－3 システム表示画面例[1]

出　　典　1)若松・那須野・田中ら：海上地盤改良工事におけるBIM/CIMを活用した取組事例の紹介，土木建設技術発表会2019概要集，pp.15-18，(公社)土木学会，2019.11の一部を再構成したものである.

参考文献　2)現有作業船一覧2019：(一社)日本作業船協会，2019.11

3)沿岸技術ライブラリーNo.29 海上工事における深層混合処理工法技術マニュアル(改訂版)：(一財)沿岸技術研究センター，2008.7

Q7－7　高波浪域でケーソンを確実に据え付ける方法にはどのようなものがありますか？

1. はじめに[1)]

現場は，1函あたり約8,900tの大型ケーソンを据え付け，上部コンクリートを施工する沖防波堤築造工事である（図－1参照）．外洋に面し高波浪域という厳しい海象条件の中，大型ケーソンの据付精度の確保が必要となる．さらに，本工事のケーソン据付は大潮の満潮時に限定されるため，一度据付機会を逃すと工程がひっ迫する．そのため，高波浪域において確実にケーソンを据え付ける工夫が本工事では必要であった．

図－1　ケーソン据付状況[1)]

2. 一般的な据付方法

ケーソンの据付は高い精度を要求される作業である．静穏な海域ではレバーブロックなどで引き込むことができるが，波浪の影響を受ける場合は既設ケーソン側面に起重機船を配置し，船のウィンチから既設ケーソンと据付ケーソンの上部にワイヤーロープを張り巡らせて引き込む方法が採られる．さらに波が高い条件下では，ケーソンの四隅を引船で引っ張りながら据え付ける流し方式が採用されることもある（図－2参照）．そのほかに，ケーソン天端に注水ポンプとウィンチをすべて搭載して据付作業を行う浮遊曳航方式もあり，本工事においてはこの方式が標準施工方法であった．

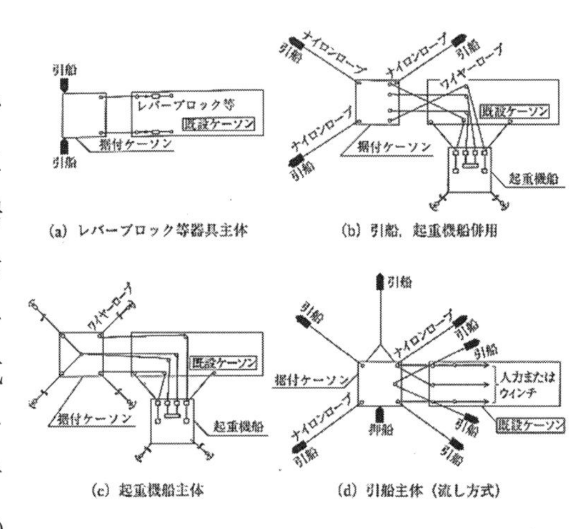

図－2　一般的なケーソン据付方法[2)]

3. 当現場における据え付け方法[1)]

本工事では，浮遊曳航方式によるケーソン据付に加え，すべての隔室内に設置された水圧計による水位情報と，自動追尾型トータルステーションと二軸傾斜計によるケーソンの姿勢・位置情報をもとにポンプの運転とウィンチ操作を自動制御するシステムが使用された（図－3参照）．

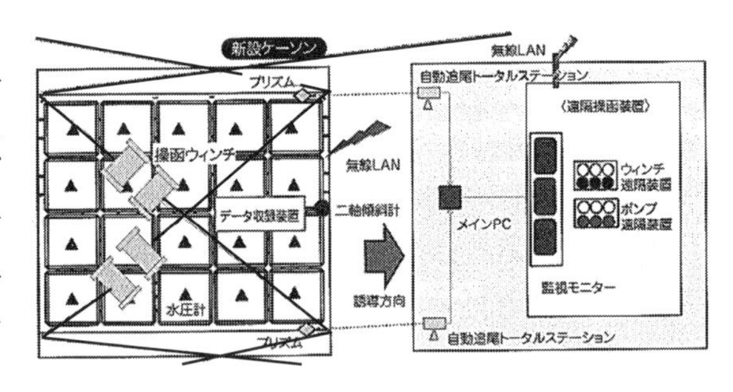

図－3　システム概要図[1)]

据付ケーソンの三次元位置と姿勢および注水状況が一元管理できるため短時間で精度よくケーソン据付ができ，作業員数を半減させ生産性向上の効果もみられた．従来の方式においては，気象・海象の自然条件が複雑であることから，作業員の経験や熟練度に依存していたため，本システムはそれらを補完する役割を果たした．さらに，動揺するケーソン上での作業が無人化されるため安全性が向上した．

出　典　1)加藤直幸：ケーソン据え付け無人化技術について，港湾 vol.94 September 2017, pp.24-25,（公社）日本港湾協会，2017.9 の一部を再構成したものである．
参考文献　2)新版 港湾工学：港湾学術交流会，2014.6

Q7－8　波浪が作用する中で安全に吊り作業を行う方法にはどのようなものがありますか？

1．はじめに

外洋におけるクレーン作業では波浪による起重機船の動揺によって作業の安全性や施工精度を確保できず吊り作業が頻繁に中止となり，稼働率が大きく低下する．特に周期の長いうねり性の波浪のもとでは，作業可能と思われる1m以下の波高であっても，起重機船の巨大な吊りフックや吊り荷が大きく動揺し，吊り荷と作業員の接触・挟まれ災害のおそれがある．

図－1　自己昇降式作業台船[1]

2．安全に吊り作業を行う方法

（1）自己昇降式作業台船（SEP）の使用

自己昇降式作業台船（SEP :Self-Elevating Platform）は，プラットフォーム（台船）と昇降用脚（レグ）をもち，プラットフォームを海面上に上昇させ，クレーン，杭打ちなどの作業を行う台船である．プラットフォームを波浪の届かない高さまで上昇させ保持することにより，風や波浪による本船およびクレーンの動揺を抑え，高波浪海域での稼動を可能とし作業効率および施工精度を高めることが可能である（図－1参照）．

図－2　スラスター[1]

（2）自動船位保持装置（DPS）装備船舶の使用

自動船位保持装置（DPS：Dynamic Positioning System）は，潮流や風など船を動揺させる外力をリアルタイムで把握して，自動で複数基のスラスターの回転数と向きを制御し，船位を指定位置に保持する装置である（図－2参照）．船舶の動揺の中でもサージ（前後揺）やスウェイ（左右揺）を抑える役割を果たす．

図－3　衝撃緩衝装置

（3）衝撃緩衝装置の使用

クレーンの吊りフックと吊り荷の間に衝撃緩衝装置を設置する．クレーン船の動揺により吊りワイヤーから伝達した上下動は衝撃緩衝装置のピストンロッドからシリンダー内部に伝達され，内部に充填された窒素ガスの圧縮・膨張によるバネ作用とオイルの流体抵抗により上下動による作用力を減衰して吊荷に生じる動揺を低減させる．

参考文献　1）マリンボイス21 Spring 2019 Vol.305：（一社）日本埋立浚渫協会，2019.4

関連文献　土木学会全国大会年次学術講演会集2018，VI-182，pp.363-364，VI-843，pp.1685-1686，（公社）土木学会，2018.9

Q7－9　河川内の護岸ブロックなど障害物がある場所における鋼杭打設方法について教えて下さい．

1．はじめに[1)]

当現場は，河川内に国道用橋梁の橋脚構築のための仮桟橋杭を打設する．杭を打設する範囲には，図－1に示すように護岸ブロックや袋型根固め工が存在していた．

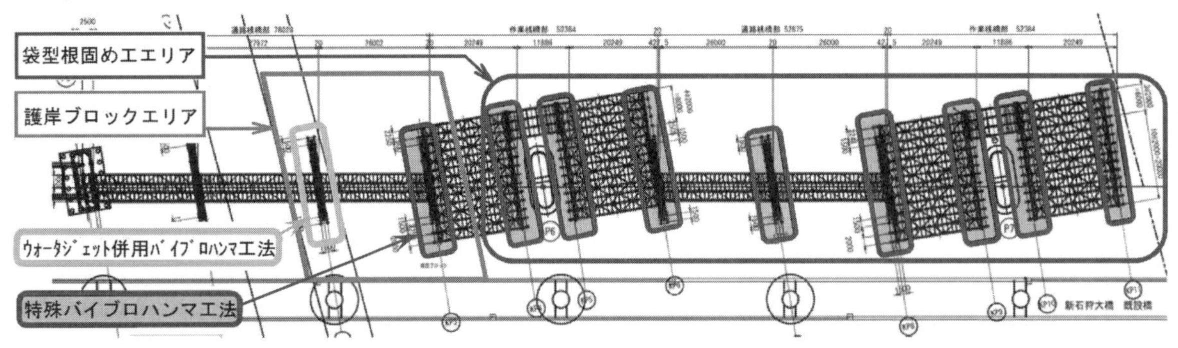

図－1　仮桟橋平面図[1)]

2．障害物層への杭の打設時の補助工法

地中障害物を有する地盤や岩盤，硬質粘性土などの硬質地盤への杭打設において，ウォータジェットを併用した振動工法（バイブロハンマ）もしくは圧入工法で困難な場合には，他の掘削機械による先行削孔などの補助工法を併用する．岩盤削孔および地中障害物に対応できる代表的な工法を表－1に示す．

表－1　岩盤削孔工法の適用性と施工上の留意点[2)を改変]

工法／項目	アースオーガ掘削	ロータリ掘削	パーカッション掘削	ケーシング回転掘削
掘削径，掘削長（φ600mm以上を示す）	掘削径 φ600mm～1,500mm 掘削長　40m	掘削径 φ800mm ～3,200mm 掘削長　70m	掘削径 φ600mm～2,000mm 掘削長　50m	掘削径 φ1,000mm～3,000mm 掘削長　50m
施工条件・施工精度	斜杭の施工が可能で最大施工角度 陸上15°　海上20° 施工鉛直精度 単軸式オーガ 1/200 二軸同軸式オーガ 1/300	斜杭施工，水上施工が可能で 最大施工角度18° 施工鉛直精度 1/200～1/300	重錘，ダウンザホールハンマとも水上施工が可能で 施工鉛直精度 重錘　1/150～300 ダウンザホールハンマ 1/200～300	斜杭の施工が可能で 施工角度　陸上12° 施工鉛直精度　1/300～1/400
適用性	特殊刃先により掘削ずりはスクリューで排出する．崩壊性のない地盤は単軸式オーガが適し，崩壊性の地盤は二軸同軸式オーガが適す．硬岩掘削で鉛直精度を重視する場合および障害物除去には，二軸同軸式オーガが適している．硬岩（II）の場合は，パーカッションの併用あり．	全断面掘削方式で大口径，大深度の掘削が可能．適用地質も一般土から特殊ビットによる岩盤掘削まで幅広く対応できる．水上施工も可能で作業時の騒音，振動発生が少ない．	重錘，ダウンザホールハンマとも全断面掘削方式であるため，重錘は中硬岩，ダウンザホールハンマは硬岩まで確実に掘削できる．ダウンザホールハンマは小口径，重錘は大口径の施工に適し，重錘は水上施工の実績が多い．	内部掘削はハンマグラブを主に使用しているため，特に岩塊・玉石，転石の掘削に適している．ハンマグラブでつかめない硬岩掘削ではチゼルまたはダウンザホールハンマの併用が必要．障害物除去に適している．
施工上の留意点	岩塊・玉石については特殊形状の専用ビット使用の検討が必要である．	ドリルパイプ径より大きい岩塊，玉石などが存在する地質の掘削能力は低下する．	ダウンザホールハンマは，上部に厚い軟弱層がある場合は他工法との併用が望ましい．	節理の少ない岩盤掘削には，掘削岩の搬出方法の検討が必要である．

表－1に示した4工法の概要図を図－2～図－5に示す．

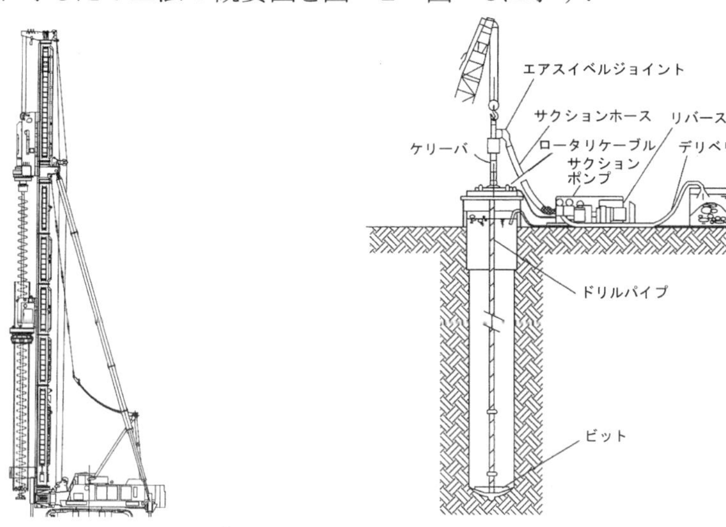

図－2　アースオーガ掘削（二軸同軸）概要図2)を改変

図－3　ロータリ掘削（ロータリテーブル式）概要図2)を改変

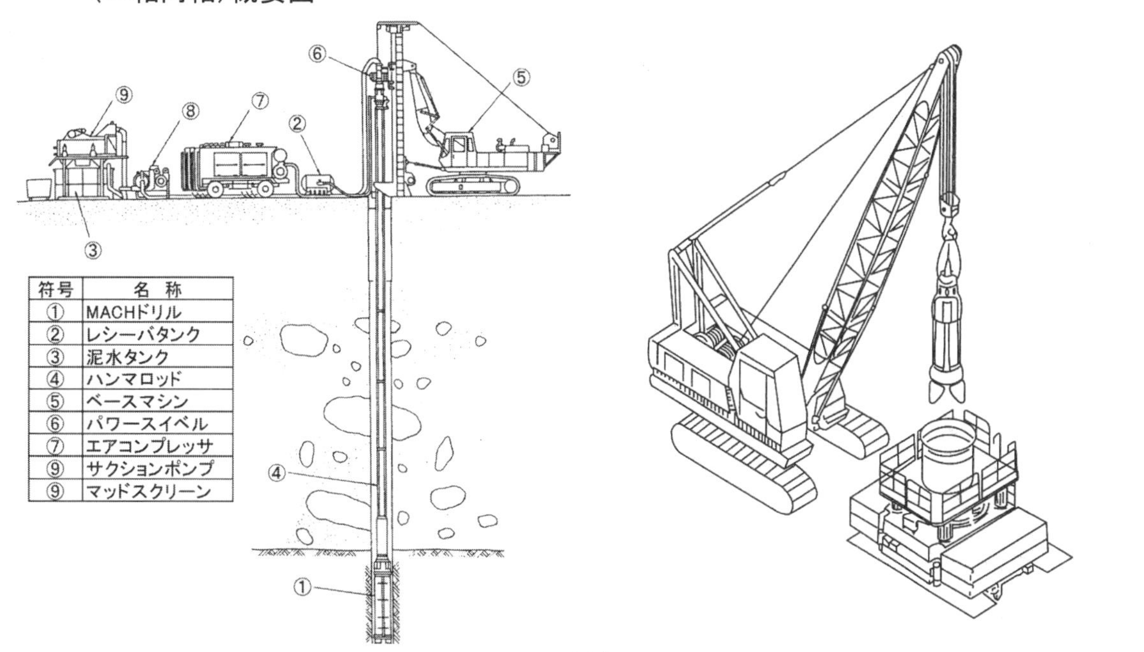

図－4　パーカッション掘削（MACH工法）概要図2)を改変

図－5　ケーシング回転掘削概要図2)を改変

3．当現場での打設方法[1]

当現場では，袋型根固め工エリアおよび護岸ブロックエリアの一部において特殊バイブロハンマを用いて鋼杭を硬質地盤や障害物層に直接打設できる工法を採用した（図－6参照）．本工法は，高強度鋼で杭先端を補強し，長時間の運転に耐えられる特殊バイブロハンマと岩破砕粉を除去するための洗浄水（低圧ジェット水）を用いることで，鋼杭を削孔棒として硬質地盤への直接打設を可能にしている．これにより従来工法に比べて工期短縮を図ることができた．

図－6　特殊バイブロハンマ[1]

出　典　1)嶋田・田口・稲積ら：護岸ブロック及び袋型根固め工への鋼杭打設事例，土木学会全国大会年次学術講演会集 2017，VI-428，pp.855-856，(公社)土木学会，2017.9 の一部を再構成したものである．

参考文献　2)大口径岩盤削孔工法の積算 平成30年度版：(一社)日本建設機械化協会，2018.5

Q7－10　河川近傍の掘削工における施工途中での地下水対策について教えて下さい．

1．はじめに[1)]

当現場は，河川近傍において掘削平面寸法が縦108m，横84mという大きな面積の掘削を行い，水門を構築する工事である．施工区域を盛土により仮締切りした後，施工基盤(T.P.+14.0m)まで掘削した．そのあと構造物施工範囲を鋼矢板(Ⅲ型・Ⅳ型)で締め切った．矢板内の掘削深さは4.7m(床付け高さT.P.+9.3m)であり，鋼矢板先端は難透水層に根入れした(図－1参照)．難透水層の透水係数は，当初 $k=5\times10^{-5}$cm/s と評価されており，矢板のみで締切りを行う計画であったが，融雪による5mの河川の水位上昇(T.P.+18.6m)に伴い掘削底面から湧水が発生し冠水した．そこで，現地透水試験を実施したところ，$k=8.6\times10^{-3}$cm/s(砂利交じりの砂に該当)であり，そのまま掘削すると仮締切りの安全性が損なわれるおそれがあった．

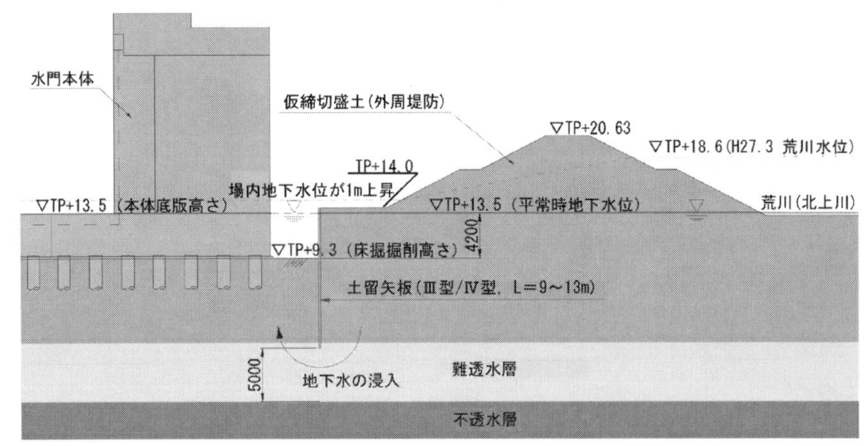

図－1　床掘り深さと河川水位，地下水位の関係[1)]

2．一般的な地下水対策[1)]

土留め壁内の掘削途中での地下水対策を以下に示す．

- 地下水位の低下：ディープウェル，ウェルポイントなどで強制的に地下水位を低下させる方法である．
- 地下水の回り込み防止：鋼矢板先端への地盤改良や鋼矢板の根入れ長の増加により遮水壁を造成し，地下水の回り込みを防止する方法である．
- 地下水の止水：掘削底面を全面地盤改良することで止水版を造成し，地下水の侵入を遮断する方法である．

3．当現場での対策事例[1)]

当現場では，上記対策のうち，周辺には近接構造物がなく，地盤が砂主体であることから地下水位低下の影響がないと判断し，コスト面から地下水位低下工法(ディープウェル工法：φ500mm)を採用した(図－2参照)．なお，河川水位と地下水位が連動していたため，矢板引抜き後は河川の水位に応じてディープウェルの稼働台数を調整した．

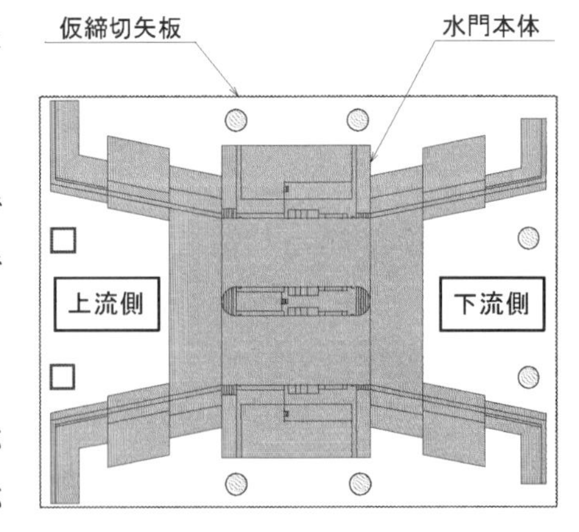

図－2　ディープウェル配置図[1)]

出　典　1)小林・森・佐藤ら：周辺河川の水位変動の影響を強く受ける河川近傍での地下水低下対策について，土木学会全国大会年次学術講演会集2017，Ⅵ-261，pp.521-522，(公社)土木学会，2017.9の一部を再構成したものである．

関連文献　土木施工なんでも相談室[仮設工編]2004年改訂版：(公社)土木学会，2004.5

Q7－11　養浜工における養浜砂の品質管理の事例について教えて下さい．

1．はじめに[1)]

当工事は，津波により破壊された白砂青松の砂浜を再生するための養浜工事である．砂浜の標準断面図を図－1に示す．養浜砂の粒度組成は，砂浜の安定性や形成される地形に深く関わりがある．当工事では，隣接部の養浜工の施工済み区域と一体化させる必要があり，養浜砂（11.3 万 m^3）の品質が非常に重要であった．

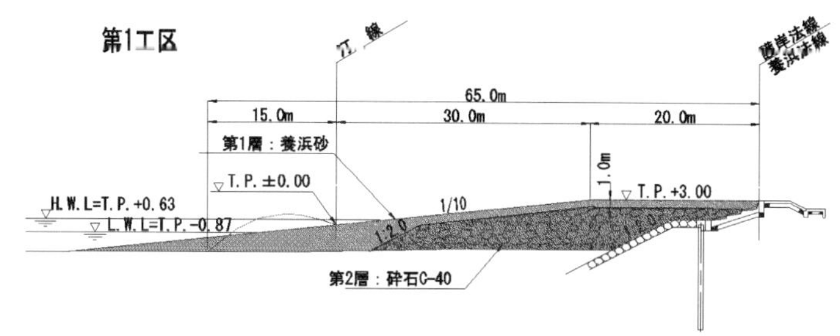

図－1　砂浜の標準断面図[1)]

2．養浜工の施工方法

養浜の施工方法は，養浜材の採取場所，運搬距離，社会的要因などにより選定される．材料の採取地から現地まで海上輸送の場合は，現地沖合から浜までポンプ浚渫船またはバージアンローダ船によりスラリー輸送される．浜まで輸送された砂は，捨吹きされるか仮沈砂池に貯められる．水中部の敷均しには砂撒船を使用する場合もある（図－2参照）．一方，現地の浜まで陸上輸送される場合は，湿地ブルドーザなどを用いて敷き均し整形する．なお，水中部は汀線までブルドーザにより押土し，波などの自然外力により整形する．

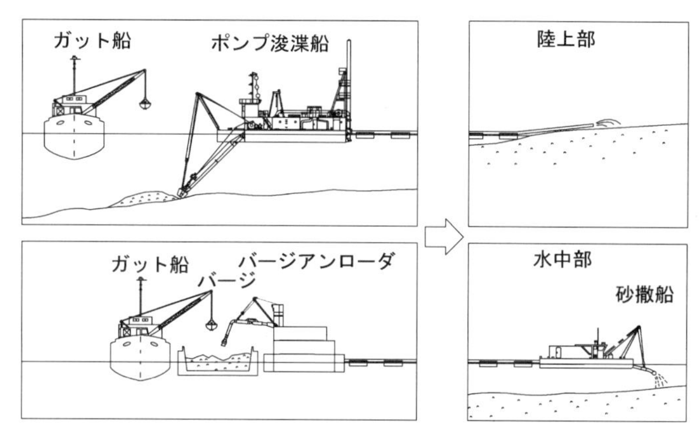

図－2　作業船による養浜施工フロー

3．養浜砂の品質管理[1)]

養浜砂の一般的な品質管理項目としては，砂の比重，粒度分布，色相などがある．

表－1　当工事で実施した養浜砂の受入検査項目[1)]

項目	規格・品質など	管理方法
粒度組成	シルト分0.5%以下	パンフロック試験
	最大粒径4mm程度，中央粒径0.5mm前後	デジタル画像による粒度分析
色	白～明るい灰色系	写真記録、土色計での計測

当工事では，隣接部との一体化の観点から，要求品質として「洗砂」，「粒度組成」，「色」が特記仕様書で規定された．工事着手前に，使用材料が海洋汚染防止法に係る判定項目を含む，所定の品質を満たしていることを確認した．また，日常管理として表－1に示す試験方法を採用し，ガット船ごとに受入検査を実施した．管理内容を以下に示す．

- 粒度組成は，パンフロック試験（メスシリンダーを用いた簡易微粒分量試験）にてシルト分の体積測定を行った．また，最大粒径および中央粒径（D50）については，デジタル画像による粒度分析により測定した．
- 砂の色の確認は，写真記録と土色計での計測を実施した．測定は 10 回行い，L*a*b*値の平均値を測定値とした．なお，色の規格値については施工済み工区の砂の色を基準に決定した．

出　典　1)荻野博史・伊丹洋人：大規模な養浜工事の施工と品質管理，土木学会全国大会年次学術講演会集 2019，VI-970，(公社)土木学会，2019.9 の一部を再構成したものである．

8

土工・ICT

Q8－1　積雪寒冷地における冬期の盛土工の凍上抑制対策について教えて下さい．

1. はじめに

積雪寒冷地における盛土は，冬期の施工とならないように工程管理を行い，極力回避すべきであるが，施工時期の制約や災害復旧，工期短縮などやむを得ず冬期に行わなければならない場合がある．このような盛土は，外気温の低下，土の凍結・凍上，雪の混入，日照時間の減少など厳しい施工環境で行われることになり，品質に影響を及ぼす．凍上とは，冬期の気温の低下により土中の水分が凍り，それが進行すると氷の層（アイスレンズ）が幾重にも形成され地盤が隆起する現象である（図－1参照）．この凍上現象が盛土の品質に及ぼす影響は大きい．

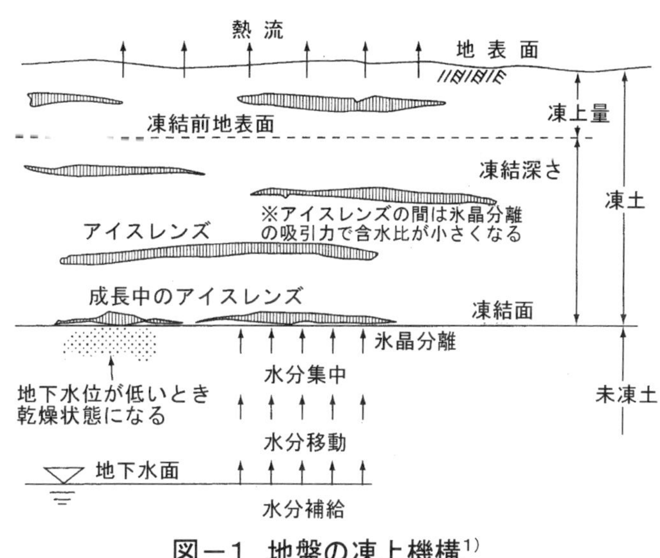

図－1　地盤の凍上機構[1]

2. 凍上の抑制対策について[2]

凍上の抑制対策の基本方針は，3要素（温度・土質・水）のどれか一つを取り除くことであり，以下の対策がある．

- 温度対策：断熱材（断熱マット，板状断熱材など）や覆土，雪により工事休止中の盛土表面を低温から遮断する対策や，1 日あたりの盛土の施工厚さを高くして盛土内に発生する凍土を少なくする対策，また材料自体の温度低下を抑制する対策がある．なお，断熱材による対策は，断熱材の敷設・撤去に時間を要することから構造物周辺など比較的狭い範囲に適している．また，土取り場から掘削土砂を使用する場合は，凍結面より深い部分の材料を使用する対策もある．
- 土質対策：盛土材料に非凍上性材料（切込砕石，砂，火山灰など）を使用して凍上させない対策がある．いずれの材料も凍上性の判定を行い確認する必要がある．なお，これらの材料は高価である．
- 水対策：仮置場ではトレンチ排水を設けるなど盛土材料の含水比を低下させて凍上させない対策や，地盤からの水分を盛土内に浸透させない対策がある．含水比を低下させるためにセメント系などの固化材を適当量混合することで凍上の抑制効果が期待できる．なお，冬期に改良を行う場合には現場条件（温度，養生期間など）で期待する強度が発現することを確認する．

その他の対策として，冬期施工の暫定盛土ののり面位置を 10m オフセットし凍結による将来的な沈下や融雪による表層滑りのリスクを低減した事例を図－2に示す．先行盛土部は降雪前に小段排水まで完成させ，オフセットした範囲は冬

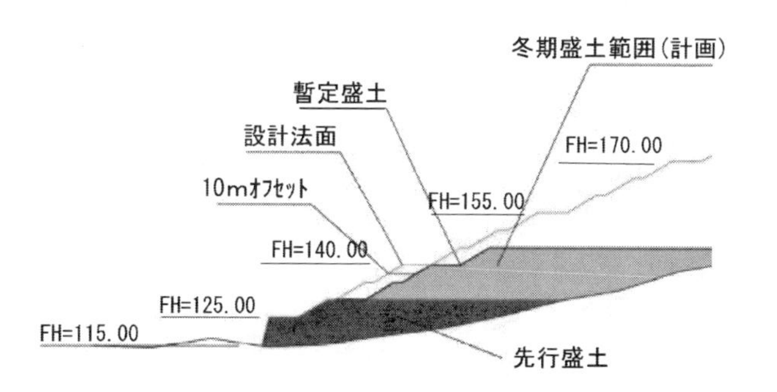

図－2　冬期盛土施工範囲[2]

期施工範囲の沈下の有無，収束などを確認後施工している．

参考文献　1)道路土工要綱(平成21年度版)：(公社)日本道路協会，2009.6

出　　典　2)岩渕一歩・大西満：積雪寒冷地における冬期盛土施工，土木学会全国大会年次学術講演会集2019，VI-93，(公社)土木学会，2019.9の一部を再構成したものである．

関連文献　積雪寒冷地における冬期土工の手引き【道路編】，土木研究所，
HP：https://jiban.ceri.go.jp/cgi-bin/earthwork_in_winter/dl.cgi，(最終アクセス2020年10月29日)

Q8－2　リッパ工法による岩盤掘削において，硬岩に対して周辺環境に配慮した補助工法について教えて下さい．

1. はじめに

硬岩，中硬岩の掘削は，発破による施工が一般的であるが，人家に近接しているなどの条件によってはリッパやブレーカなどにより行う．リッパ工法とは，リッパをブルドーザに取り付け岩盤掘削を行うものであり，軟岩から中硬岩程度の岩盤掘削に適用される（図－1参照）．本工法は掘削効率に優れ，また大型ブルドーザの普及によって，岩種に対する施工の適用範囲が拡大されてきた．さらに岩盤の硬度が高い場合においても，現場の周辺環境に配慮した補助工法を選定することで対応可能となる．

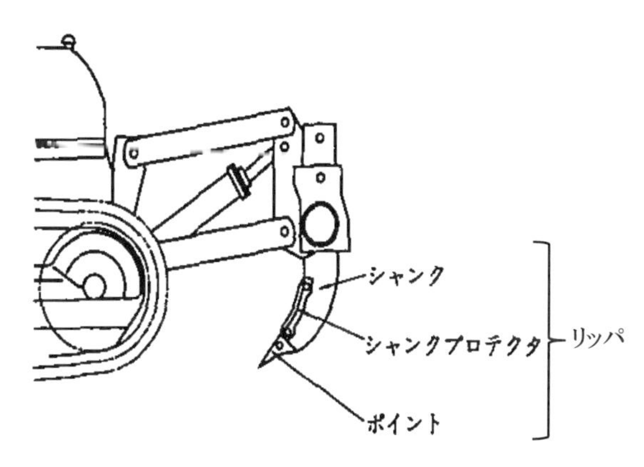

図－1　リッパ各部の名称1)を改変

2. 岩盤硬さ・性状における掘削工法について

掘削工法を検討する場合，岩盤硬さや性状を考慮した上で，施工機械の適応性を図る必要がある．

(1) 弾性波速度と掘削工法の適用限界

弾性波速度から機械の適用限界を判定する方法がある（図－2参照）．一般的に，ゆるい堆積物や間隙の多い岩盤中では弾性波速度が遅くなることから，弾性波速度を測定することによって土砂，軟岩，硬岩の区別が可能となる．これにより，地盤条件に適した機械を選定する．弾性波速度の測定は，ハンマ打撃やダイナマイトの爆発によって振動を起こし，その振動を離れた位置で受振器により受振し，その間の弾性波速度を計測するものである．ハンディサイズの簡易弾性波速度測定器は，リッパビリティ（リッパによって作業ができる程度）を判定する場合などに多く使用されている．ただし，岩盤特性に応じて起振点と受振点との距離に留意する必要がある．

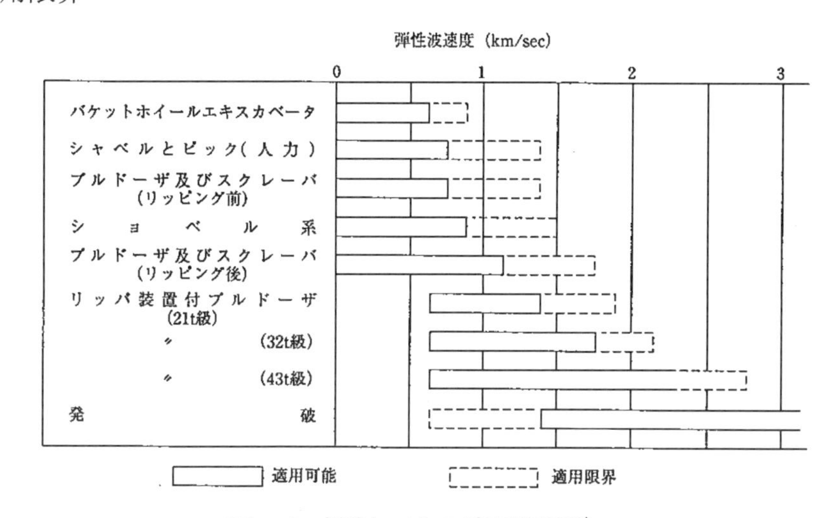

図－2　掘削工法の適用限界1)

(2) 岩盤性状によるリッパビリティの判定

リッパ作業は一般的に，砂岩などの堆積岩の薄い層状のものは作業性が良好となる一方，花崗岩などの火成岩で大きな塊状をなしているものは作業困難となる場合が多い．しかしながら，風化や節理の発達の程度によっては作業可能となる場合もある．よって，目視により亀裂の有無，大きさを調査し，リッパ作業の可否を判断することも必要である．補助工も含めた施工性の検討には，目視あるいはテストハンマによるリッパビリティの判定の目安を示した表－1が参考になる．

表－1 目視あるいはテストハンマによるリッパビリティの判定の目安[1)]

岩種の特徴	テスト	判定
・亀裂，節理はよく密着し，それらの面に沿って風化の跡の見られないもの	テストハンマで強打しても割れない	リッパ不可能 発破によらなければならない
・岩種はかなり堅硬であっても風化作用のため多少軟化した傾向が見られる ・1～2mm の空隙を有するかなり大目の節理あるいは亀裂が発達している	ハンマによっては軽打すれば節理あるいは亀裂に沿って剥脱する	リッパ可能の場合もある ふかし発破併用ならば可能
・風化作用を受けて変質し，黄褐色ないし褐色を呈し，岩種は著しく軟質のもの ・岩盤に大きな開口亀裂あるいは節理が発達し，そのため岩盤は各個の岩塊に分離している ・樹木の毛根が岩盤の節理あるいは亀裂面に侵入しているのがみられるようなもの	誰が見ても風化岩とみえるもの 亀裂面に樹木の毛根が見られるようなもの	リッパ可能

3．補助工法[2)]

図－2に示すようにリッパ工法の適用限界を超えた硬度である場合には，補助工法について検討する．環境に配慮した補助工法として，表－2に示すような工法がある．

表－2 補助工法一覧表[2)]

補助工法		概要	周辺環境への影響度合い[注)]
大型油圧ブレーカ		衝撃エネルギーにより動的に岩盤を破壊する．振動・騒音を低減させたものが普及している．	大
クローラドリル		無限軌道履帯式の走行台車に岩盤または地盤に穿孔するためのドリフタとその機械装置を搭載した自走式建設機械である．	中
発破		岩石にひび割れを発生させる目的で微量の爆薬を用いてふかし発破を行う．	大
岩盤切削工法		切削用ビットを取り付けた回転ドラムを油圧モータで回転させ岩盤を削る機械である．掘削機には自由断面掘削機，面掘削機，トレンチャーなどの種類がある．	中
静的破砕剤		主成分である酸化カルシウムが水和反応により水酸化カルシウムへと時間経過とともに変化することにより体積が膨張する．この膨張圧により破砕する．	小
非火薬破砕工法	蒸気圧破砕薬	破砕薬剤に着火すると金属酸化還元剤反応により大量の熱が発生し，この熱によってミョウバンの結晶水が熱分解して瞬時に蒸気化する．この孔内の蒸気圧により破砕する．	中
	多段式非火薬岩盤破砕システム	テルミット反応による水蒸気圧で岩盤やコンクリート構造物を破砕する．	中
	プラズマカプセル破砕工法	コンデンサーに蓄積した電気エネルギーを非火薬の反応液体に一気に放電することによってプラズマを生成し，反応液体が瞬時に燃焼して発生するガスの膨張圧力で岩盤やコンクリートを破砕する．	中
割岩工法		岩盤に削孔した孔にくさび（セリ矢）を挿入して割裂させる．	中（削孔時）

注）現場条件により周辺への影響度合いは異なる．

発破工法や岩盤切削工法は，平面的に広く使用することで工程短縮を期待できるが，周辺の同意を得る必要があり，また，余掘り量の増加が大きすぎるなどの課題がある．これに対して，クローラドリルを用いて硬岩部を先行削孔させリッパビリティの効率を上げた事例がある（図－3参照）．

図－3 クローラドリルによる削孔[2)]

参考文献 1）道路土工 切土工・斜面安定工指針（平成21年度版）：（公社）日本道路協会，2009.6
出　典 2）堂本・江上・小槻：硬岩掘削補助工法の選定と実績，土木学会全国大会年次学術講演会集 2018，VI-632，pp.1263-1264，（公社）土木学会，2018.9 の一部を再構成したものである．

Q8－3　CSG材の品質管理手法について教えて下さい.

1. はじめに

CSG(Cemented Sand and Gravel)とは，建設現場周辺で手近に得られる材料を分級・粒度調整，洗浄を基本的に行うことなく，必要に応じてオーバーサイズの除去や破砕を行う程度で，セメント，水を添加し，簡易な施設を用いて混合したものである．また，製造したCSGをブルドーザで敷き均し，振動ローラで転圧することによって構造物を造成する工法をCSG工法という（図－1参照）.

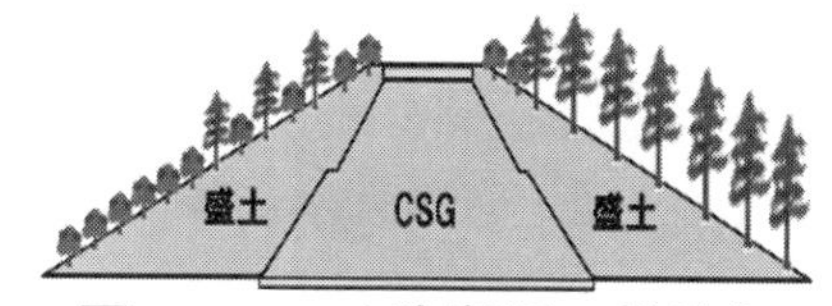

図－1　CSG防潮堤の構造例

2. 一般的なCSG材の品質管理手法[2)]

一般的なCSG材の品質管理手法として，当日使用予定の材料については，前日に二次ストックから材料を採取し，粒度，表面水量の測定を行う.

しかし，採取したCSG材は必要に応じてオーバーサイズの除去や破砕を行う程度となり，材料の洗浄も行わない．そのため，基本的には粒度および表面水量は刻々と変動する．したがって，簡易測定法により，粒度および表面水量を測定し，給水量を決定する．また，施工初期には1時間に1回の測定頻度で実施する必要がある．表－1にCSG材製造時の簡易測定法の採用例を示す.

表－1　CSG材製造時の簡易測定法の採用例[2)を改変]

	事例1	事例2	事例3
母材の種類	河床砂礫	コンクリート原石山廃棄岩	母材山風化岩
粒度	水洗い法	湿潤ふるい分け法	湿潤ふるい分け法 (フライパン乾燥補助法)
表面水量	電子レンジ法 対象粒径:5~0 ㎜ 加熱時間:20分(750W)	電子レンジ法 対象粒径:5~0 ㎜,10~5 ㎜ 加熱時間:20分(500W)	電子レンジ法 対象粒径:5~0 ㎜,10~5 ㎜ 加熱時間:20分(500W)

3. 新たな品質管理手法[1)]

近年，デジタルカメラで撮影した土質材料の画像から粒度分布を迅速に把握できる画像解析技術が活用されつつある．適用現場ではCSG材の品質が安定している状態においては，これまでの測定法の代替として画像解析技術で品質管理を行い，粒度を確認する（図－2参照）．これにより，試験に要する時間や人員を大幅に削減できるため，品質管理の生産性向上に寄与できた．また，測定法よりも試験時間を短縮できるため，より高い頻度（例えば1回/15分）で粒度の変動状況を監視することが可能となり，品質向上にも寄与できた事例が報告されている.

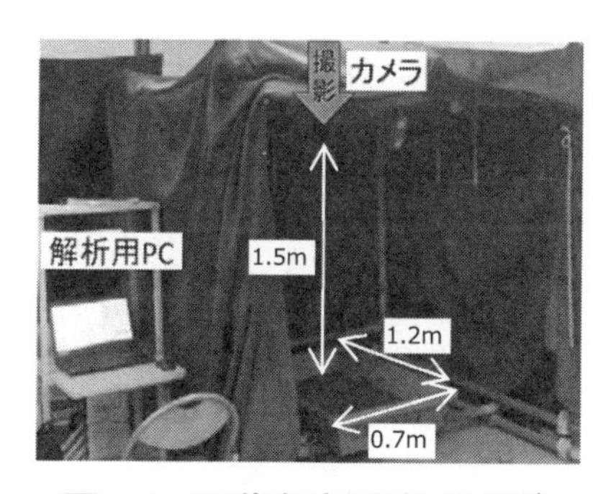

図－2　画像解析実施状況[1)]

出　典　1)田中・藤崎・緑川ら：土工事におけるリアルタイム材料管理の実現に向けた取り組み～画像粒度モニタリングの試行～，土木学会全国大会年次学術講演会集2019，VI-1068，(公社)土木学会，2019.9の一部を再構成したものである.

参考文献　2)台形CSGダム 設計・施工・品質管理技術資料 Cemented Sand and Gravel：(一財)ダム技術センター，2012.6

Q8－4　CSG 堤防の施工効率を向上させた事例について教えて下さい．

1．はじめに[1)]

当現場は，地震により被災した緩傾斜堤防を CSG（Cemented Sand and Gravel）堤防にて復旧する工事である．同堤防は，1層最大 30cm の CSG を堤体高に合わせて層状に施工し，前面・上面をコンクリートで，背面を盛土材にて被覆する構造となっている（図－1参照）．施工フローを図－2に示す．

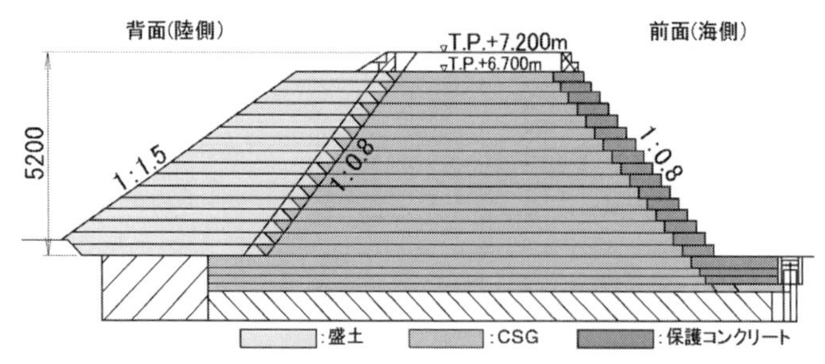

図－1　CSG 堤防施工区分断面図[1)]

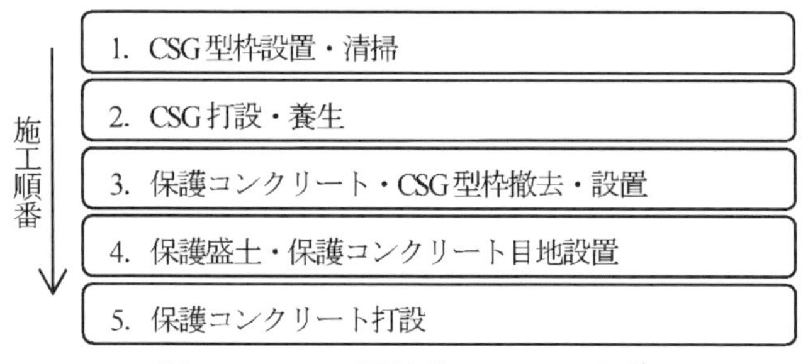

図－2　CSG 堤防施工フロー図[1)]

施工延長 1.2km を 5 ブロックに分け，図－2の 1～5 をブロック（延長 240m）ごとに行い，1 層を 5 日間で仕上げる計画とした．よって，各ブロックの大量な作業量を 1 日で確実に完了させるために効率化が求められた．

2．CSG 堤防施工効率化[1)]

効率化のために下記の対策を実施した．

（1）CSG 製造・運搬のシステム化

CSG 材料の混合方法には，スケルトン型バックホウを用いて現場で混合する簡易な方法もあるが，1 日当たりの施工量 600m^3 を確保するため，CSG 製造プラントおよび運搬管理システムを導入した．CSG 製造では 120m^3/h の製造能力を有する連続式混合装置を使用した．

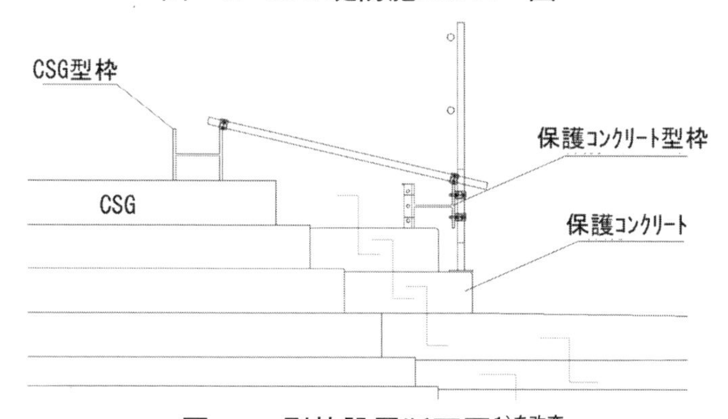

図－3　型枠設置断面図[1)を改変]

図－4　ICT 建機[1)]

（2）型枠設置撤去のシステム化

CSG および保護コンクリートの打設のために，H 形鋼を用いた型枠構造を図－3に示す．CSG 型枠を保護コンクリート型枠のウエイトとすることで，躯体内のアンカー設置が不要となり，また，脱型と設置を同時に行えるため，作業時間が大幅に短縮された．

（3）施工機械のシステム化

敷均しにマシンコントロールブルドーザ（図－4参照），転圧に GNSS 搭載 4t コンバインドローラ，保護盛土整形にマシンコントロールバックホウの ICT 建機を活用し，丁張なしで施工した．

出　典　1)秦宗之・関根智之：CSG 海岸堤防施工に関する効率化，土木学会全国大会年次学術講演会集 2018，Ⅱ-203，pp.405-406，(公社)土木学会，2018.9 の一部を再構成したものである．

Q8－5　ダムのコア材を安定供給するための品質管理手法について教えて下さい.

1. はじめに[1)]

コア材の粒度調整時は数種類の現地発生材を混合して，所要の強度，圧縮性，透水性を確保する. 粒度調整の手法として，一般的にストックパイル方式が適用され，細粒，粗粒の各材料を乾燥重量比に対応した層厚で互層状に積み上げ，ブルドーザで切崩し混合して製造する方式である.

しかし，当現場ではコア材製造時の課題として細粒材の含水比が高く，コア材のブレンド比（乾燥重量比）が細粒材：粗粒材=1：2.5 と粗粒材の割合が大きいことから，ストックパイル切崩しだけで均質なコア材が安定供給できるか懸念された.

2. 新たな品質管理手法[1)]

コア材の均質化を目的として，以下の対策を追加で実施した（図－1参照）.

(1) コア材混合設備

コア材製造過程でコア材混合設備を導入した. 通過する材料を強制撹拌することで細粒材と粗粒材をより均一に混合することが可能となった.

(2) 含水比管理システム

コア材混合設備の前後に近赤外線水分計を設置し，ベルトコンベヤで運搬される材料の含水比の変動傾向を測定した. 含水比が事前に設定した下限値より乾燥側に変化した場合には，材料に加水し，最適含水比に調整した. 逆に材料が上限値より湿潤側に変化した場合には，ジェットファンにより温風を送り，材料の乾燥促進を図った.

(3) 画像粒度解析システム

デジタルカメラで撮影した材料の二次元画像から粒子輪郭を識別し，粒度分布を簡易的に測定した. 目標粒度の上下限値を逸脱する傾向が認められた場合，ふるい分け試験により実際の粒度を確認し，必要に応じて粒度調整を行った.

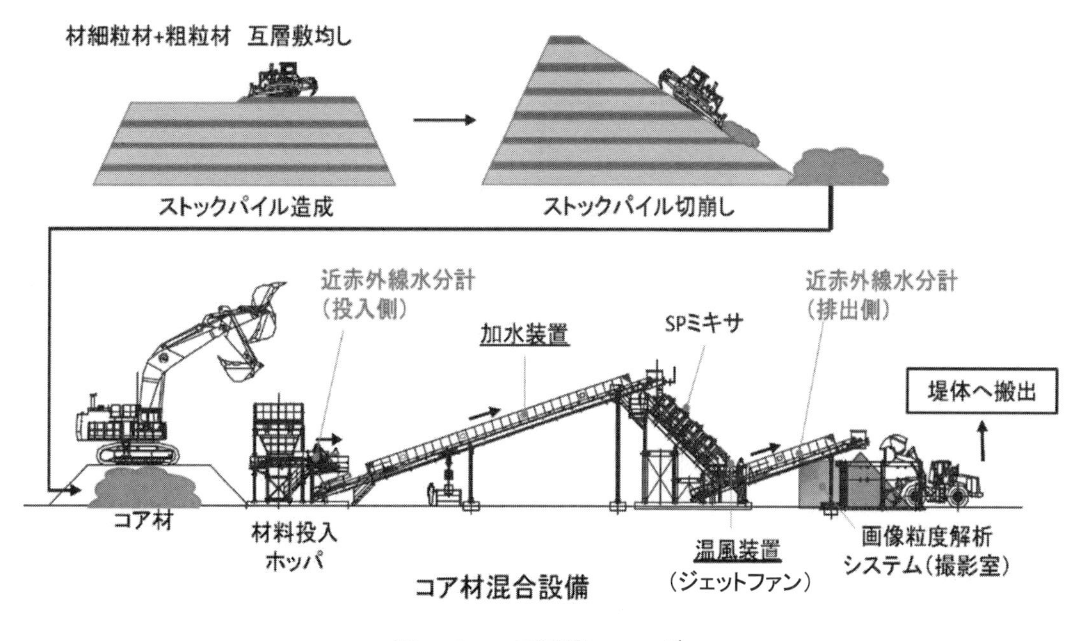

図－1　コア製造フロー[1)]

出　典　1)小林・小原・増村ら：ロックフィルダム盛立におけるコア材製造時の新しい品質管理(その 1)－近赤外線水分計による含水比の全量管理－, 土木学会全国大会年次学術講演会集 2018, VI-1060, pp.2119-2120, (公社)土木学会, 2018.9 の一部を再構成したものである.

Q8－6　発泡スチロールブロック（EPS）の活用事例について教えて下さい．

1．はじめに[1)]

工事は図－1に示すように，既設トンネル上部の傾斜地上に新駅駅舎を，また新駅から高低差20m の位置にホームを整備する工事であった．搬入道路からの資機材運搬と施工性を考慮して，EPS を活用した事例を示す．

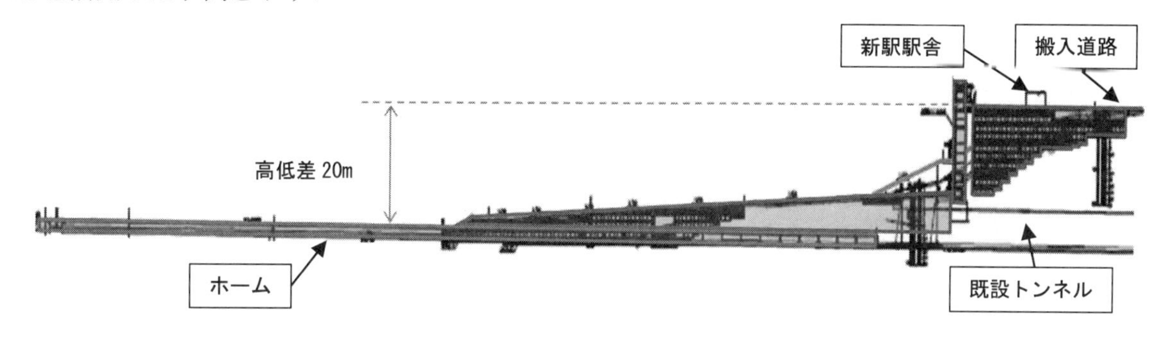

図－1　断面図[1)]

2．ホーム構造および新駅駅舎盛土構造[1)]

(1)ホーム構造

ホーム構造は，20m の高低差でも人力運搬が可能で，昼間間合に施工できる EPS を採用した（表－1参照）．

(2)新駅駅舎盛土構造

既設トンネル上部に新駅駅舎を設置するため，桁式構造による人工地盤と盛土の 2 案を検討した．前者では基礎として深礎杭を必要とし，杭施工時にトンネル近傍まで掘削することや，杭の先端支持反力が局所的にトンネルに作用することから，これらの悪影響を避けるために盛土式を採用した．実施工では，工程確保と新駅駅舎周辺のスペース確保を考慮し，垂直に盛り立て可能な EPS 盛土とした（図－2参照）．EPS 盛土の留意点を表－2に示す．

表－1　ホーム構造検討表[1)]

	桁式	盛土式	軽量盛土（EPS）
材料搬入	× 軌陸搬入路の設置 軌陸車運搬	○ トンネル上部より コンベアなどの利用	◎ 人力運搬
施工条件	× 線路閉鎖間合 （一部き電停止）	△ 昼間間合 （雨天施工不可）	◎ 昼間間合
材料コスト	○	◎	△
総合評価	△	○	◎

表－2　EPS 盛土の留意点[1)]

検討項目	対策
浮上り	EPSは滞水により浮上るため，中間床版による抑えと排水設備を隣接に設けた．
紫外線劣化	EPSの紫外線劣化を防ぐため，EPSと壁面材が一体化されたブロックを周囲に配置した．
使用用途	EPSは種類により耐荷重が決まり，アンカーが効かないなどの制限があるため，EPS上の使用条件をさだめ，表層部にコンクリート床版を設けた．

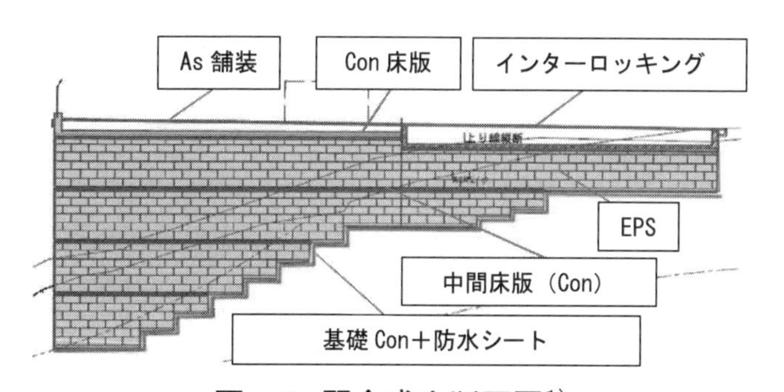

図－2　駅舎盛土断面図[1)]

出　典　1)鈴木裕二・庄司裕紀：軽量盛土を使用した新駅整備計画について，土木学会全国大会年次学術講演会集 2019，VI-853，(公社)土木学会，2019.9 の一部を再構成したものである．

Q8－7　橋台背面など狭隘な箇所を短時間で埋め戻す効率的な方法について教えて下さい.

1. はじめに

鉄道工事では夜間の列車間合や線路閉鎖間合など時間の制約が厳しい中での施工を強いられる場合が多く，橋梁の橋台背面の埋戻しなど時間を要する作業では時間短縮に向けた取組みが必要になる.

2. 橋台背面の埋戻し時間の短縮対策[1), 2)]

橋台背面など狭隘な箇所では，大型機械の使用が困難な場合が多く，ハンドローラやバイブロコンパクタなどの小型締固め機械を適用し，また，敷均し厚さを薄くして締固め効果の向上を図るなどの方策が必要になる.

このような施工条件で，埋戻しの時間を短縮する方法としては次のような材料を用いる方法がある.

- 流動化処理土：建設発生土に泥水（もしくは水）と固化材を適切な配合で混合し流動化させた湿式処理土で，常設のプラントや現場プラントで製造される. 混練後の性状はコンクリートに近く，運搬，打込みなどの施工もコンクリート工と同様に生コン運搬車，コンクリートポンプ車などを使用する. また，速硬性を有する材料も開発されている.
- 大型特殊土のう：透水性を有する特殊土のうに定量の砕石（C-40 など）を詰め，ランマなどで締め固めることで袋と内部拘束具により粒子間に摩擦力が発生し高い強度が得られる（図－1参照）. 砕石が詰まった土のうを，重機を使用して設置し，小型転圧機などで転圧する.
- 高密度発泡スチロールブロック（EPS ブロック）：大型の発泡スチロールブロックを盛土材料や裏込め材料とする. EPS ブロックは軽量なので人力での運搬・据付が可能で，現場での加工も容易である. また，耐水性，緩衝性，耐圧縮性，および自立性などを有しており道路の盛土などに利用されている. 浮力低減型のブロックも開発されている.

図－1　大型特殊土のう設置状況[1)]

- 透水性スラグモルタル：主成分の乾燥した水砕スラグにセメントおよび初期強度の発現と長期安定性を保つために特殊硬化材を添加した製品である. 製造工場にて大型土のうに袋詰めにされ施工現場に運搬される. 現場において 1 層 30cm で敷き均し，散水してバイブロプレートなどで転圧を行う. 気温が低い場合には強度低下や凍害を受ける可能性がある. 表－1に透水性スラグモルタルの標準配合を示す.

表－1　透水性スラグモルタル標準配合[2)]

現場搬入時（1m³当り：大型土のう2袋分）			敷均し時散水
水砕スラグ	ﾎﾟﾙﾄﾗﾝﾄﾞｾﾒﾝﾄ	特殊硬化材	水
1,260 kg	150 kg	10 kg	180 L

- 砕石：C-40 などの所定の締固め度を得るための転圧回数が少なくてすむ材料を用い，事前に実施工で使用する機械，材料で試験施工を行い，所定の品質が確保される施工方法（撒出し厚，転圧回数など）を確定しておき，実施工では工法規定方式で管理し埋戻し時間の短縮を図る.

出　典　1)山地・柿崎・仁藤ら：TC 型省力化軌道の有道床化工事への D・BOX の導入とモニタリングによる監視，土木学会全国大会年次学術講演会集 2019，VI-901，(公社)土木学会，2019.9 の一部を再構成したものである.
2)佐藤豊・若月亮：鉄道橋の桁撤去と透水性スラグモルタルによる盛土・路盤構築，土木学会全国大会年次学術講演会集 2019，VI-867，(公社)土木学会，2019.9 の一部を再構成したものである.

Q8－8　カルバートに作用する鉛直土圧を軽減する方法について教えて下さい.

1. はじめに

カルバートの構築において躯体の幅が大きく土被りが大きい場合，鉛直土圧の影響で頂版および底版の部材厚が大きくなり不経済となる可能性がある．このような場合に，上載荷重を軽減させる目的で埋戻し材に軽量な材料を用いる方法がある．また，カルバートの頂版の上に圧縮性の高い材料を配し頂版部の鉛直土圧の軽減を図る土圧軽減ボックスカルバートという構造形式もある.

2. 軽量な盛土材料について

軽量土には超軽量土，混合軽量土，発生材利用軽量土があり，これらの一覧表を表－1に示す.

表－1　軽量土の分類[1)]

		使用する材料	混合・添加する材料	求められる密度(t/m^3)	備考
土に変わる人工素材(超軽量土)		発泡スチロール(EPS)	なし	0.016～0.035	
		発泡ウレタン		0.03～0.04	
		発泡モルタル	起泡剤	0.3程度	
現地発生材に他の材料を混合して軽量化した土(混合軽量土)		現地発生土	粒状ビーズ ＋ 安定材(固化材)	0.6～1.6	・化学的安定性で不明なところがある ・環境への影響が不明なところがある
			起泡剤 ＋ 安定材(固化材)		
それ自体が軽量な土および発生材(廃棄物や産業廃棄物も含む)(発生材利用軽量)	自然発生	火山灰土	なし	1.0～1.5程度	
		ウッドチップス			実績が少ない
	人工発生	焼却灰	セメント他	1.0～1.5	環境基準が課題
		石炭灰	(a)　(b) なし ／ あり	(a)　(b) 1.1～1.5 ／ 1.0前後	環境基準が課題
		水さいスラグ	なし	1.2～1.6	
		タイヤチップス(タイヤシュレッズ)	セメント他	0.6	我が国では実績が少ないが，米国では多い
		廃棄ガラス	(発泡させる)	0.2～0.4	吸水・保水性がある．環境負荷が少ない
		EPSインゴット	なし	0.7	廃棄 EPS を熱溶融し,ブロック状に加工した材料

3. 土圧軽減ボックスカルバートについて

頂版の上に発泡スチロール(厚さ 50cm)を配した土圧軽減ボックスカルバートの断面図を図－1に示す.

通常のカルバートではカルバート直上の盛土部の沈下量よりも横の裏込め部の沈下量のほうが大きくなり，直上の盛土には周辺から下向きの応力が作用するため，頂版への鉛直土圧は土被り荷重よりも大きくなる．これに対し，図－1に示すように圧縮性の高い発泡スチロールを頂版上に配した土圧軽減ボックスカルバートの場合，発泡スチロールの圧縮沈下量がカルバート横の裏込め部の沈下量に対して相対的に大きくなり，直上の盛土部に周辺からの下向き荷重は作用せず，鉛直土圧は土被り荷重より大きくはならない.

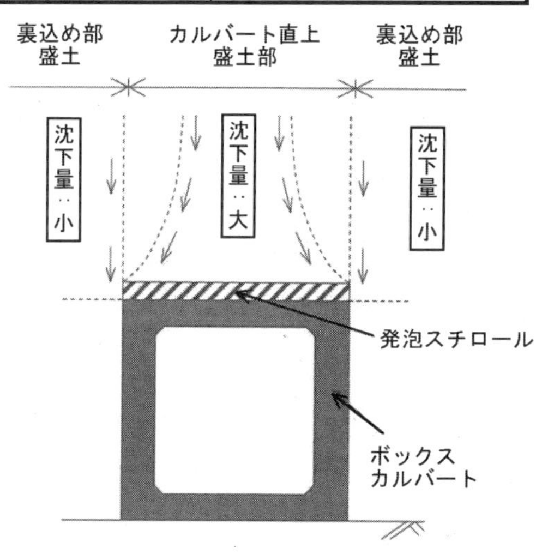

図－1　土圧軽減ボックスカルバート断面図[2)]を改変

参考文献
1)地盤工学 実務シリーズ 22 軽量土工法:(公社)地盤工学会, 2005.6
2)設計要領第二集 カルバート 建設編 令和元年 7 月版:東日本高速道路㈱, 中日本高速道路㈱, 西日本高速道路㈱, 2020.7

Q8−9　鉱さい集積場における耐震補強対策事例について教えて下さい．

1．はじめに[1)]

東北地方太平洋沖地震による鉱さい集積場の堆積物流出事故を受け，経済産業省は 2012 年に技術指針を改定し，特定の集積場の所有者に集積場のレベル 2 地震動に対する耐震安定性評価の実施を義務付けた．

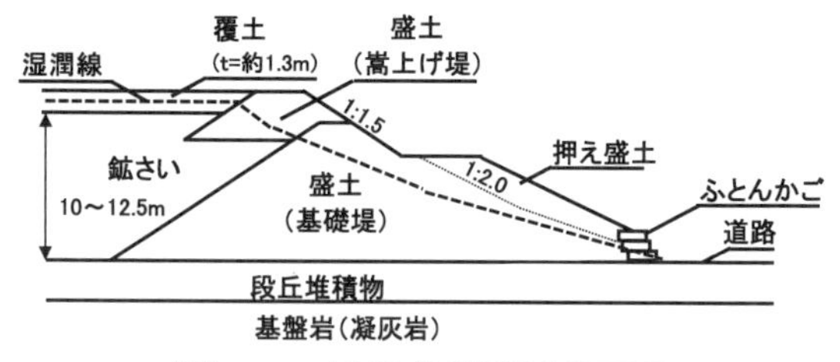

図−1　対象集積場断面図

当現場の集積場は，道路に面した延長約 260m，高さ約 15m の盛土で鉱さいを囲う構造である（図−1参照）．盛土は基礎堤と 1 段の嵩上げ堤で構成され，法尻は押え盛土とふとんかごで補強されている．鉱さいの堆積厚さは 10〜12.5m，鉱さい上部には厚さ約 1.3m の覆土が施されている．耐震安定性評価の結果，鉱さいと盛土が液状化する可能性があり，耐震補強対策が必要と判断された．

2．対策工法について[1)]

検討した耐震補強対策工法を表−1に示す．

表−1　盛土の耐震補強対策工法

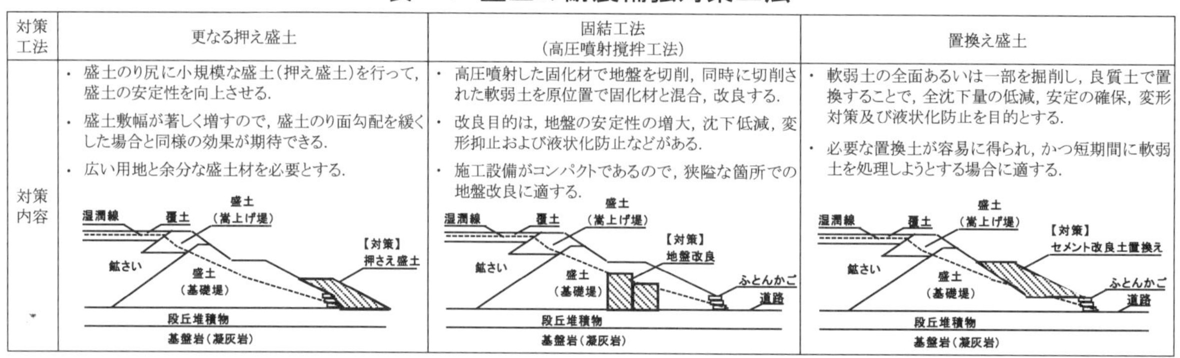

対策工法	更なる押え盛土	固結工法 （高圧噴射撹拌工法）	置換え盛土
対策内容	・盛土のり尻に小規模な盛土（押え盛土）を行って，盛土の安定性を向上させる． ・盛土敷幅が著しく増すので，盛土のり面勾配を緩くした場合と同様の効果が期待できる． ・広い用地と余分な盛土材を必要とする．	・高圧噴射した固化材で地盤を切削，同時に切削された軟弱土を原位置で固化材と混合，改良する． ・改良目的は，地盤の安定性の増大，沈下低減，変形抑止および液状化防止などがある． ・施工設備がコンパクトであるので，狭隘な箇所での地盤改良に適する．	・軟弱土の全面あるいは一部を掘削し，良質土で置換することで，全沈下量の低減，安定の確保，変形対策及び液状化防止を目的とする． ・必要な置換土が容易に得られ，かつ短期間に軟弱土を処理しようとする場合に適する．
	湿潤線　覆土　盛土（嵩上げ堤）　【対策】押さえ盛土　鉱さい　盛土（基礎堤）　段丘堆積物　基盤岩（凝灰岩）	湿潤線　覆土　盛土（嵩上げ堤）　【対策】地盤改良　鉱さい　盛土（基礎堤）　ふとんかご　道路　段丘堆積物　基盤岩（凝灰岩）	湿潤線　覆土　盛土（嵩上げ堤）　【対策】セメント改良土置換え　鉱さい　盛土（基礎堤）　ふとんかご　道路　段丘堆積物　基盤岩（凝灰岩）

3．当現場の対策事例[1)]

当現場は，集積場が道路に近接しているため，更なる押え盛土が困難なことと，冬期は作業が困難なため，積雪期までの短期間で完工できる工法とする必要があった．

以上を踏まえ，盛土下流部の固結工法とセメント改良土による置換え盛土で既設盛土の耐震補強を実施し，鉱さいが液状化しても外部に流出させない構造とした（図−2参照）．

また，改良体を盛土内に配置することで堤内の湿潤線が上昇する可能性があるため，既存の盛土とセメント改良土との境界にドレンパイプを設け，浸透水を法尻へ排水する構造とした．

セメント改良土の置換え盛土では，既設盛土との一体化を図るために 1m 程度の段切りを実施した．

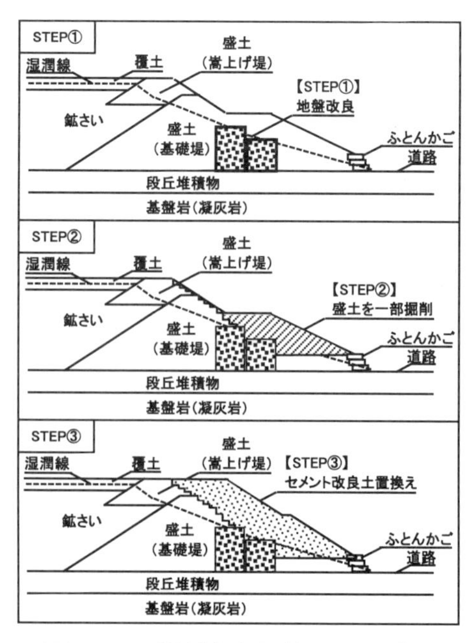

図−2　耐震補強対策ステップ図

出　典　1)富樫・前田・高橋ら：鉱さい集積場におけるかん止耐震補強対策の設計施工，土木学会全国大会年次学術講演会集 2017，VI-893，pp.1785-1786，(公社)土木学会，2017.9 の一部を再構成したものである．

関連文献　道路土工 軟弱地盤対策工指針(平成 24 年度版)：(公社)日本道路協会，2012.8

Q8－10　補強土壁の排水対策事例について教えて下さい．

1．はじめに[1)]

当工事では集水地形にある切土部へ工事用道路を構築するため，補強土壁を採用した．工事用道路の使用年数と，本線供用後も補強土壁の一部が永久構造物として残ることを考慮すると，降雨や湧水などの侵入が原因となる補強土壁の排水処理が重要となる．

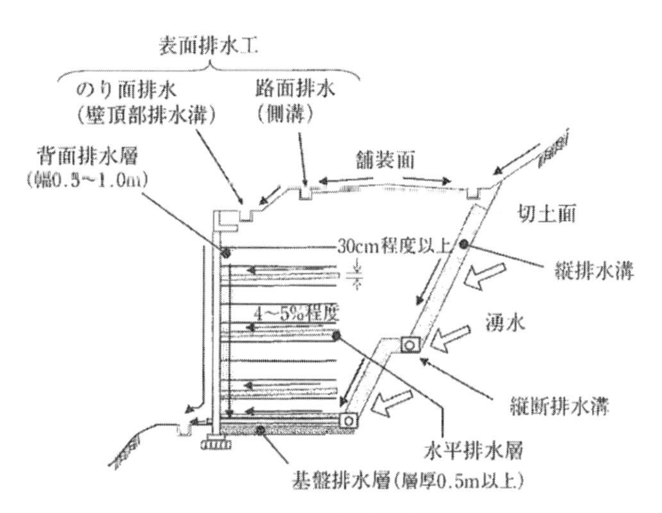

図－1　切土を伴う排水工[2)]

2．一般的な排水処理対策[2)]

一般的な排水対策としては，路面やのり面に降った雨水，雪解水，あるいは補強土壁が横断する沢の水を円滑に流下，排除し，補強領域への浸入を防止する表面排水工がある．他には，切土面における湧水などの補強領域内への浸入の防止と補強領域内に浸透した水をすみやかに排除する地下排水工がある．また，施工中においてもその進捗状況に応じて，補強領域内への水の浸入を防ぐ適切な排水対策を行う必要がある．図－1に切土面に設置する補強土壁の排水工の例を示す．

3．補強材ふとんかごによる補強土壁の施工[1)]

当工事では，排水性の保持を考慮し，補強材一体ふとんかごと亀甲金網を併用した補強土壁を適用した．補強材一体ふとんかごは，図－2および図－3に示すように，前面のふとんかごと補強材が一体構造であり，前面のふとんかご部に栗石を充填することから，排水性に優れた仕様となる．

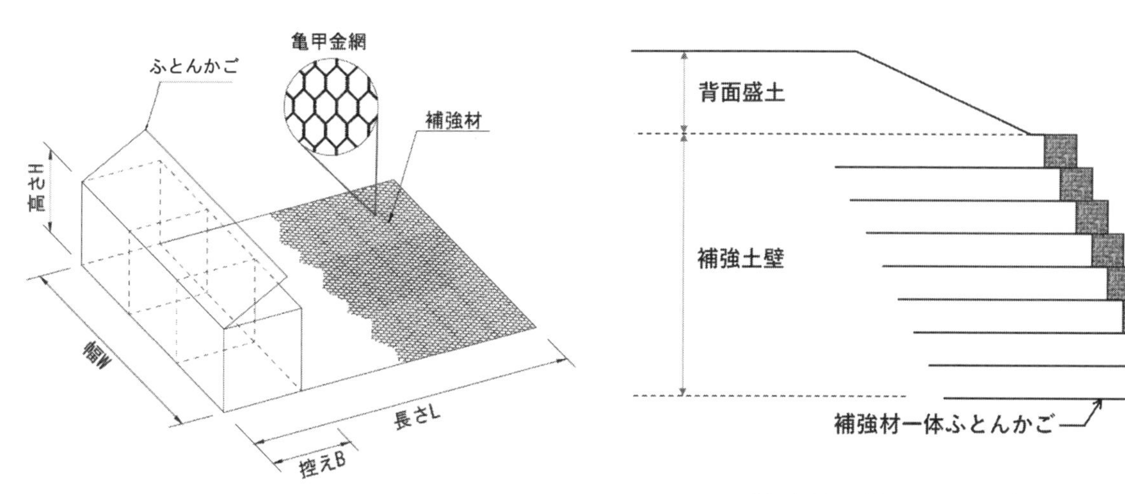

図－2　補強材一体ふとんかご概要[1)]

図－3　補強材一体ふとんかごの適用例

出　典　1)安部・丸山・宮崎ら：補強材一体ふとん籠による補強土壁の施工，土木学会全国大会年次学術講演会集 2018，VI-1016，pp.2031-2032，(公社)土木学会，2018.9 の一部を再構成したものである．
参考文献　2)道路土工 擁壁工指針(平成 24 年度版)：(公社)日本道路協会，2012.7

Q8－11　地下埋設物の損傷事故を防止する方法を教えて下さい.

1. はじめに

地下埋設物の損傷事故を防止するためには，事前に地盤調査を行い，埋設物位置を把握することが基本である．埋設物を探査するために用いられる物理探査法を表－1に示す．

表－1　地下埋設物の調査に用いられる代表的な物理探査法[1)の一部を参考に編集]

探査名		地中レーダ	磁気探査（埋没鉄類調査）
概念図		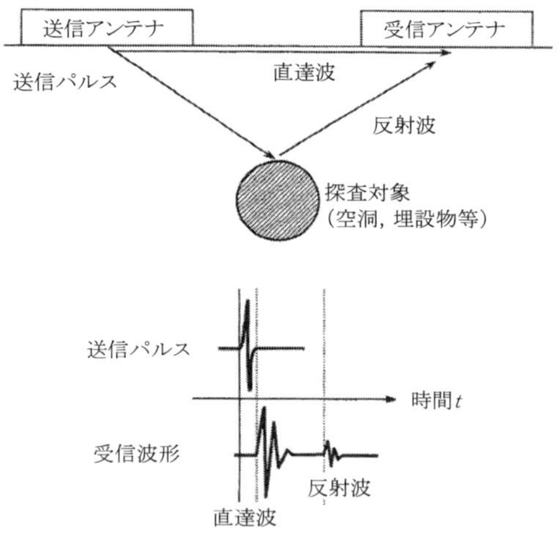 送信アンテナ　受信アンテナ　送信パルス　直達波　反射波　探査対象（空洞，埋設物等）　送信パルス　時間t　受信波形　反射波　直達波	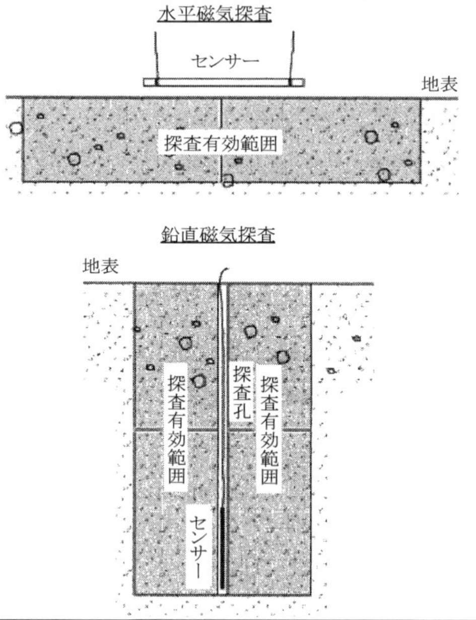 水平磁気探査　センサー　地表　探査有効範囲　鉛直磁気探査　地表　探査有効範囲　探査孔　探査有効範囲　センサー
特徴		電磁波の反射，屈折，透過現象を利用して地中の構造を把握する手法である．地表の送信アンテナから電磁波を地中に放射し，地中の電磁気的性質の異なる境界面等で反射した電磁波を受信アンテナで計測する．計測した反射波を連続的に並べ反射断面図を作成し，反射断面図から反射面の深さや広がりを把握する．	埋没した鉄類（以下，異常物）によって局所的に生じている磁場を測定し，異常物の位置と磁気量を求める手法である．同一特性の検知器を2つ持ち，差分を検出することで測定に伴うノイズや地磁気を除去し局所的な磁場変動だけを検出する．
測定する物理量		電磁波	磁場
着目する物理量		電磁波形	磁気異常
調査される情報		断面 異常抽出	面的 異常抽出
対応深さ	～10m	◎	○
	～100m	△	△
	100m～	－	●
探査効率		◎	○
主な対象		空洞，埋設管，埋設物および遺跡調査	爆弾等の金属埋設物調査
備考		一般的に深さ2～3mを対象	火山岩，蛇紋岩の分布調査にも適用

注1）対応深さ　◎：最適，○：適，△：適用可，●：主として資源探査で適用
注2）探査効率　◎：手軽に測定，○：普通，△：大がかりに測定
注3）対応深さや探査効率は目安である

2. 新たな探査方法の取組み

今日では，地下埋設物を調査する手法として，地中レーダ探査装置で収集する膨大な画像データから，人工知能（AI）が空洞の可能性のある個所を判定する技術も開発されている．また，事前調査に加え，施工中に埋設物の位置を把握するために，施工機材に探査装置を設け，本質的に事故を防止する試みも行われている．

参考文献　1)地盤調査の方法と解説－二分冊の1－:(公社)地盤工学会，2013.3
関連文献　土木学会全国大会年次学術講演会集 2018，VI-686，pp.1371-1372，(公社)土木学会，2018.9

Q8－12　土工におけるICT活用の効果について教えて下さい．

1．はじめに[1)]

当工事では，延長約 1.1km 区間において，切土工および補強土壁を主体とした盛土工を行い，自動車専用道路を整備するものである．のり面整形や盛土の敷均し作業において，ICT 技術を活用した施工効率の向上事例について示す．

2．ICT 活用事例[1)]

（1）3次元起工測量

地上型レーザースキャナ（TLS）にて 3 次元起工測量を行った（図－1参照）．当工事においてはトータルステーション（TS）やレベルによる横断測量と比較して，約 70%の省力化を図ることができた．

パイロット道路

図－1　TLS 計測状況[1)]

（2）ICT 建機による施工

切土，盛土のり面整形および盛土の敷均しを行う際は，ICT 建機を活用した．測量は，切土のり面の最長部に最低限の切出し丁張のみ設置し，その他の丁張やトンボは設置せずに作業を行った．ICT 建機にはマシンガイダンスシステム（MG）やマシンコントロールシステム（MC）があるが，それぞれの技術概要を以下に示す．

MG は TS や GNSS の計測技術を用いて，施工機器の位置情報や施工情報，および現場状況と設計値（3 次元設計データ）との差異を車載したモニタを通じてオペレータに提供し，操作をサポートする技術であり，機械操作はオペレータが行う（図－2参照）．また，MC はマシンガイダンス技術に施工機械の油圧制御技術を組み合わせて，設計値（3 次元設計データ）に従って機械をリアルタイムに自動制御し施工を行う技術である（図－3参照）．

MC を活用することで測量作業の人工が削減され，建機による接触，巻き込まれ災害も排除された．切土のり面整形の施工精度は，従来建機に比べて 1.3～1.6 倍であった．また，ブルドーザの敷均し作業は，1.1 倍程度の精度向上に留まった．

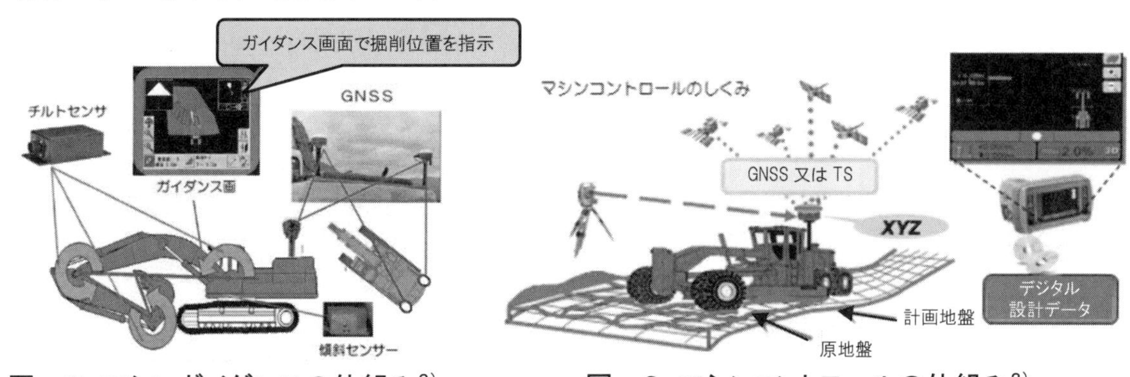

図－2　マシンガイダンスの仕組み[2)]　　図－3　マシンコントロールの仕組み[2)]

出　典　1)木付・齊藤・川本ら：切土・盛土におけるICT活用工事の実施結果およびICT建機の出来形精度検証，土木学会全国大会年次学術講演会集 2019，VI-382，(公社)土木学会，2019.9 の一部を再構成したものである．

参考文献　2)公共事業におけるi-Constructionの概要【九州地方整備局版】，国土交通省 九州地方整備局 HP：http://www.qsr.mlit.go.jp/ict/technology/shiken_2.html，(最終アクセス 2020 年 12 月 10 日)

Q8－13　大規模造成工事における起工測量および出来形測量の作業効率化について教えて下さい.

1. はじめに[1)]

当現場は，全体面積が 4ha の盛土形状となっており，最下点と天端の高低差が約 20m，道路中心線の曲線半径が R=50.0m~53.0m の急カーブを有するほか，クロソイド曲線，片勾配，道路拡幅を有する複雑な形状であり，起工測量および出来形測量の作業効率が求められた.

2. ICT土工の活用

調査，測量において，写真やレーザーを用いた測量が普及しつつある. 表－1に写真測量と地上型レーザー測量について示す. また，レーザーで距離の測定を行えるトータルステーション以外にも，面的な広範囲の計測が容易なレーザースキャナー技術や無人航空機（以下，UAV：Unmanned Aerial Vehicle）を用いた写真測量についても利用が進んでいる（図－1参照）.

表－1　測量手法比較

ICT 活用手法	UAVによる写真測量	3Dレーザースキャナーによる測量
概要	あらかじめ撮影範囲内で基準端を設置する. その後，測量範囲を撮影・解析することにより地上の3次元データを作成する.	レーザーを照射し，地表面や地物に反射した 3 次元データを取得し，地形データを作成する.
長所	・時間を大幅に短縮 ・災害現場や危険・測量困難箇所での測量が可能	・即座に3次元データを取得可能 ・高速，高密度に点群データを取得可能
留意点	・強風や降雨など，天候に影響を受けやすい ・裸地での撮影を基本とする	・データ量が膨大

3. 無人航空機の活用による生産性向上[1)]

当現場のような複雑な盛土形状において，UAV 測量を実施した結果としては，正確な形状を計測するためには標定点の省略はできず，変化点や特異点がない箇所および急カーブでは細かく標定点を設置する必要があった. また，複雑な形状かつ測量面積が大きい場合，標定点を設置する時間や解析時間が増大するため，複雑な地形では 3 次元レーザースキャナーを活用する方が効率化できた.

測量精度に関して，測量誤差が大きい場所があったが，土量は標定点が少なくても差異が全体の 3.6%と少なかったため，全体把握や出来高への利用は十分に可能であることがわかった.

図－1　UAV 参考例[1)]

出　典　1)長谷部・須長・二村ら：複雑な盛土地形における標定点の省力化検証，土木学会全国大会年次学術講演会集 2018，VI-735，pp.1469-1470，(公社)土木学会，2018.9 の一部を再構成したものである.

Q8－14　土工における盛土の品質管理手法について教えて下さい.

1. はじめに

河川土工および道路土工における盛土の締固め管理においては，これまで砂置換法および RI 法など点的に品質管理を行う品質規定方式が用いられてきた. 土工における ICT の全面的な活用（以下，ICT 土工）に際して，試験施工により決定した撒出し厚さや転圧回数などを面的に管理する工法規定方式の採用が増えているが，従来の RI 法など現場密度試験による土の密度や含水比などの測定を面的に行う取組みもなされている.

2. RI 法について

従来の現場密度試験を行う RI 計器には，一般に透過型と散乱型があり，両者の特徴を表－1に示す.

表－1　透過型と散乱型の特徴

項目		透過型	散乱型
測定範囲（深さ）		200mm	160~200mm
測定時間	標準体	5分	10分
	現場	1分	1分
測定項目		湿潤密度，水分密度，乾燥密度，含水比，空隙率，締固め度，飽和度（平均値，最大・最小値，標準偏差）	
長所		・軽量で扱いやすい ・表面の凹凸に左右されにくい ・使用実績が多い	・孔あけ作業が不要 ・路盤などにも適用可能 ・感度が高く計測分解能力が高い
短所		・孔あけ作業が必要 ・礫に適用できない場合がある（削孔不可な地盤） ・線源棒が露出している	・測定表面の凹凸の影響を受けやすい ・礫の適用に注意を要する ・重い

3. 非接触移動式 RI 測定器[1)]

図－1に示すように，非接触移動式 RI 測定器（散乱型）を用いて盛土の密度および水分の分布を測定する試みもなされている. また，ICT 土工における品質管理を補完する手法として，ICT 建機に同様の測定器を取り付け，品質管理を行う手法も提案されている.

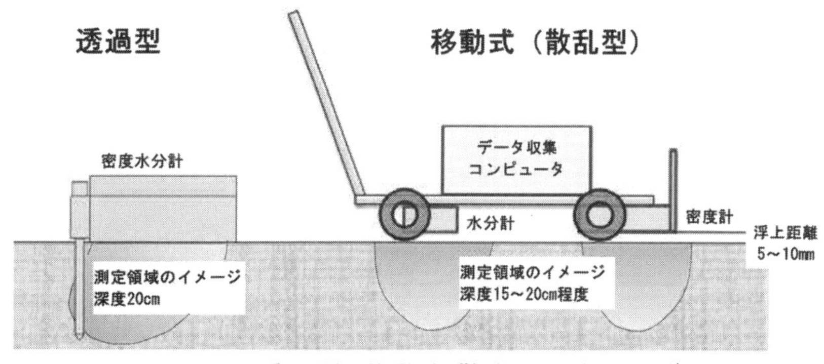

図－1　透過型，移動式(散乱型)の概要図[1)]

出　典　1)後藤・池永・松浦ら：非接触型移動式 RI 測定器による盛土の品質管理手法の検討，土木学会全国大会年次学術講演会集 2018，VI-733，pp.1465-1466，(公社)土木学会，2018.9 の一部を再構成したものである.

関連文献　RI 計器を用いた盛土の締固め管理要領(案)：建設省，1996.8

編 集 後 記

土木学会建設技術研究委員会建設技術 Q&A 小委員会では，委員会研究活動の一環として「土木施工なんでも相談室」と題した建設技術 Q&A 集を 5 刊発行してまいりました．「仮設工編 2004 年改訂版」，「コンクリート工編 2006 年改訂版」，「基礎工・地盤改良工編 2011 年改訂版」，「環境対策工編 2015 年版」，さらに内容を一新した再改訂版として「土工・掘削編 2018 年改訂版」を発行し，読者の皆様にご好評をいただいております．

これらにつきましては，現場で活躍する入社 5 年目程度の若い土木技術者を対象として，日々の業務の中で遭遇する土木技術の基礎的な問題や課題を取り上げ，現場の施工技術者の立場で回答し，設計・施工に役立てていただけるようまとめております．

一方で，若手技術者から「そのような基礎的な技術が実際の現場において，どのように応用，工夫されているのだろう」という声を耳にする機会も多くなりました．またそのようなニーズに沿う一般向け図書も少ない現状にあります．

このことから，当 Q&A 小委員会では，現場で直面する技術的な課題を具体的に示したうえで，基本的な対策方法と，実際に現場で行った解決策や創意工夫事例をとりまとめる作業に取り掛かりました．参考とする事例としましては，主に最新の土木施工技術が多数報告されている土木学会全国大会年次学術講演会のセッション・第Ⅵ部門の中から，より普遍的な現場課題を抽出しました．その課題に対して，実際に現場で行った工夫や対策事例の概要と，関連する技術の説明を加え，「なんでも相談室」シリーズ共通の Q&A 集として編集し，このたび，「最新の現場課題とその対策事例集編 2021 年版」を土木学会より発行の運びとなりました．若手から中堅の現場技術者まで幅広い土木技術者の業務に少しでも役立てていただければ幸いです．

最後になりますが，本書の作成にあたり，コロナ禍の大変な状況の中，執筆編集作業にご協力くださった皆様，建設技術研究委員会関係各位に厚くお礼申し上げます．

2021 年 6 月

土木学会　建設技術研究委員会　建設技術 Q&A 小委員会
委員長　浜添　光太郎

編集担当
建設技術 Q&A 小委員会

尾崎健一郎	上谷　秀一	川田　美邦
神田　裕史	小林　純	坂崎　信夫
佐藤　拓	佐藤　友厚	篠崎　哲也
白子　将則	杉浦　康志	須藤　敏明
滝波　真澄	竹尾　吾一	友近　宏治
橋本　敦史	平川　彩織	平野　三雄吉
前田　周吾	吉田　征司	

（50 音順，敬称略）

定価 2,200 円（本体 2,000 円＋税 10%）

土木施工なんでも相談室　［最新の現場課題とその対策事例集編］
2021 年版

令和 3 年 6 月 30 日　第 1 版・第 1 刷発行
令和 5 年 3 月 17 日　第 1 版・第 2 刷発行

編集者……公益社団法人　土木学会　建設技術研究委員会
建設技術 Q&A 小委員会
委員長　浜添　光太郎
発行者……公益社団法人　土木学会　専務理事　塚田　幸広

発行所……公益社団法人　土木学会
〒160-0004　東京都新宿区四谷 1 丁目（外濠公園内）
TEL　03-3355-3444　FAX　03-5379-2769
http://www.jsce.or.jp/
発売所……丸善出版株式会社
〒101-0051　東京都千代田区神田神保町 2-17　神田神保町ビル
TEL　03-3512-3256　FAX　03-3512-3270

ISBN978-4-8106-1021-5
印刷・製本：キョウワジャパン（株）　用紙：（株）吉本洋紙店

土木学会　建設技術研究委員会の本

	書名	発行年月	版型：頁数	本体価格
※	仮設構造物の計画と施工　2010年改訂版	平成22年10月	A4：375	6,000

土木施工なんでも相談室

	書名	発行年月	版型：頁数	本体価格
	土木施工なんでも相談室　基礎工・地盤改良工編	平成13年3月	A4：314	
※	土木施工なんでも相談室［仮設工編］2004年改訂版	平成16年5月	A4：253	2,500
	土木施工なんでも相談室［土工・掘削編］2005年改訂版	平成17年6月	A4：324	
※	土木施工なんでも相談室［コンクリート工編］2006年改訂版	平成19年1月	A4：285	2,800
※	土木施工なんでも相談室［基礎工・地盤改良工編］2011年改訂版	平成23年9月	A4：262	2,200
※	土木施工なんでも相談室［環境対策工編］2015年版	平成27年6月	A4：266	2,700
※	土木施工なんでも相談室［土工・掘削編］2018年改訂版	平成30年11月	A4：341	2,500
※	土木施工なんでも相談室［最新の現場課題とその対策事例集編］2021年版	令和3年6月	A4：137	2,000

※：土木学会または丸善出版（株）にて販売中です，価格には別途消費税が加算されます．

あらゆる境界をひらき
持続可能な社会の礎を築く
JSCE
公益社団法人 土木學會
Japan Society of Civil Engineers